高等教育应用型人才计算机类专业系列教材

# 算法与数据结构

## （C语言版）

李广水　钱海忠　主　编
何　静　Fuguo Wei　副主编

電子工業出版社
Publishing House of Electronics Industry
北京·BEIJING

## 内 容 简 介

本书共分 10 章，分别是绪论、线性表、栈和队列、串、多维数组和广义表、树、图、排序、查找和经典算法分析。全书的算法程序基于 C 语言实现。

本书的知识体系符合当前对该课程的主流认知，从文字组织及示例设置上，将教材划分为四个部分，包括基础理论、基础应用、常规应用和经典算法分析。既体现由理论到实践的递进，又保证教材的紧凑完整。

本书虽然是应用型本科教材，但几乎覆盖了该课程的全部知识，并给出了算法实现代码，对比较复杂的问题不仅给出设计思路，还给出具体示例分析，以帮助读者朋友理解掌握，因此本书也适合技术人员参考使用，同时也可以作为相关专业学生的考研辅导用书。



**图书在版编目（CIP）数据**

算法与数据结构：C 语言版 / 李广水，钱海忠主编. —北京：电子工业出版社，2017.8（2022.6 重印）

ISBN 978-7-121-31513-8

Ⅰ. ①算… Ⅱ. ①李… ②钱… Ⅲ. ①算法分析-高等学校-教材 ②数据结构-高等学校-教材
Ⅳ. ①TP301.6 ②TP311.12

中国版本图书馆 CIP 数据核字（2017）第 105071 号

策划编辑：李　静（lijing@phei.com.cn）
责任编辑：朱怀永
文字编辑：李　静
印　　刷：北京七彩京通数码快印有限公司
装　　订：北京七彩京通数码快印有限公司
出版发行：电子工业出版社
　　　　　北京市海淀区万寿路 173 信箱　邮编 100036
开　　本：787×1092　1/16　印张：15.25　字数：390.4 千字
版　　次：2017 年 8 月第 1 版
印　　次：2022 年 6 月第 12 次印刷
定　　价：38.00 元

凡所购买电子工业出版社图书有缺损问题，请向购买书店调换。若书店售缺，请与本社发行部联系，联系及邮购电话：（010）88254888。

质量投诉请发邮件至 zlts@phei.com.cn，盗版侵权举报请发邮件至 dbqq@phei.com.cn。

本书咨询联系方式：（010）88254604，lijing@phei.com.cn。

# 前言

将本门课程多年的教学经验总结归纳成书，是编者的初衷。

作为计算机类相关专业学生的专业基础课程，“算法与数据结构”具有较长远的开设历史，同类教材也非常多，本书知识体系及内容撰写具有以下一些特色。

（1）知识结构符合当前对该课程的主流认知。

（2）针对当前大学生编程普及，但对计算机工作原理却比较薄弱这一特点，内容编写中强调了顺序存储与链式存储，以加强同学们对内存管理及计算机工作原理的了解。

（3）强调函数的重要性，包括示例的函数的讲解、栈在递归函数的应用等，以加强模块化设计的理念。

（4）重视整本书的内在逻辑性，从文字组织及示例设置上，隐性地分为四个部分：基础理论（第1～2章），基础应用（第3～7章），常规应用（第8～9章），经典算法分析（第10章）。既体现教材由理论到实践的递进，也保证72（56+16）课时左右的紧凑完整。

作为应用型本科专业基础教材，“创新”并不是一个主要的追求目标。本书基于多年教学经验，在汇集出本课程的一些重点和难点基础上，针对不同内容设计解析过程，除了文字描述外，还包括图示分析、示例演算、表格总结等，力求将问题讲清讲透。其中，KMP算法，二叉树线索下的前驱后继的查找，图的遍历，图的最短路径、关键路径等内容的讲解，都不同于一般教材直接给出对应的公式或解决方案，而是从思维的习惯性出发，采用朴实的举例或说理，希望更加有助于同学们的理解。诸如此类的尝试，虽然在教学中实践多次，但作为一本正式出版教材中的内容，我们依然谨慎处理，首先由编写老师共同分析，再请学生参照其他教材阅读比较，给出心得体会和改进意见。对每一章结尾的小结，给出具有启发意义的观点，即使未经证实但在没有证伪的情况下，也呈现给广大师生，以提高其深究、探索的兴趣。

全书采用C语言实现函数，方便一般高校培养计划的顺利实施，同时，因为C语言对底层的操作能力要求及非封装特性，可以更为全面地刻画出数据结构与算法的一些关键问题，以帮助学生对计算机编程有更深刻的理解。

由于我们一直采用由唐善策等主编的《算法与数据结构——用C语言描述》，所以在本次编写过程中，参照了该教材部分内容，在此特别申明并表示感谢。其他参考文献，已列于书后，在此对相关作者一并表示感谢。

本书的1～9章内容作为本课程的传统知识体系应该课内讲授，其中一些较难的章节，例如，约瑟夫问题、迷宫问题等，可以考虑选讲。最后 1 章，可以仅选择一两个算法进行讲解。

本书由金陵科技学院李广水、钱海忠两位老师任主编，广东省科学技术情报研究所何静从应用实践方面、昆士兰科技大学 Fuguo Wei 从软件工程国际合作培养角度提出编写意见，对教材的整体结构及内容组织给予了极大的帮助，任本书副主编，李广水进行全书统稿工作。

真心感谢电子工业出版社李静编辑的悉心审稿，她认真的工作态度、执着的精神，真实地感动了我们，也提高了我们对本书质量保证方面的信心。

即便如此，由于知识及能力的有限，疏漏及不足之处依然难免，恳请广大读者朋友给出批评建议，在此表示衷心感谢！

作者邮箱：yz_lgs@126.com

编　者

2017 年 6 月

# 目录

# 第 1 章　绪论

“算法与数据结构”是计算机及其相关专业的专业基础课，通过该课程的学习，可以比较系统地了解数据在计算机中的存储及运算特点，掌握一些经典的数据结构及算法，为后续编程课程学习和开发应用程序奠定良好的基础。

本章内容主要介绍数据结构的相关概念，利用计算机求解问题的一般过程，算法特点及分析。

本章的其中一个重点是理解真实世界的问题，如何描述出适合计算机解决的过程；另一重点是函数及其特点。

## 1.1　数据结构的概念

一般而言，可以将**数据结构**理解为：真实世界中的数据经过一定的加工，有效地存储在计算机中并在其上实现相应的运算。其中，在真实世界中的数据依然称为数据，而对应于计算机中的存储称为“**结点**”。

真实世界中同一问题的不同数据称为“**元素**”，如一系列整数、26 个英文字母，当然也包括非简单类型的数据，如学生的自然信息（见表 1.1），其中每一个元素可能包含学号、姓名、性别、籍贯、出生日期、联系电话等多个“**数据项**”，这样的数据在高级语言如 C 语言中须要利用结构体来定义，在这里称为“**结构型数据**”。

**表 1.1　学生自然信息表**

| 学号 | 姓名 | 性别 | 籍贯 | 出生日期 | 联系电话 |
|---|---|---|---|---|---|
| 1501360001 | 曾小芹 | 女 | 江苏南京 | 1997-11-8 | 1891891212 |
| 1501360005 | 王志军 | 男 | 浙江宁波 | 1998-5-11 | 1891891367 |
| 1501360003 | 朱正红 | 女 | 北京市 | 1997-4-16 | 1891892286 |
| 1501360026 | 于越 | 男 | 上海市 | 1996-12-22 | 1891893066 |

我们将真实世界中数据之间的关系称为“**逻辑关系**”，如一个班级的学生的自然信息依据学号存在且从小到大的线性关系排序，逻辑结构常常可以采用二元组 $S=(D, R)$ 来表示，其中，$D$ 是元素的有限结合，$R$ 是定义在 $D$ 上的关系集合。

为了利用计算机处理数据，需要将其存储在计算机中形成关系，这种关系称为“**物理关系”。相同逻辑关系的数据可能采用不同的物理存储结构，其目的一方面是方便地保存数据之间的逻辑关系；另一方面，更加有效地进行相应的运算。数据存储的主要逻辑结构、物理结构及其对应的运算如下：

- 数据的逻辑结构，线性结构、非线性结构；
- 数据的物理结构，顺序存储、链式存储、索引存储、散列储存；
- 数据的运算，插入、删除、查找、修改、排序。

下面首先介绍与数据结构相关的概念。

（1）线性结构

除了第一个数据元素外，每个元素都有一个唯一的前驱；除了最后一个元素外，每个元素都有一个唯一的后继。我们日常排队所形成的人与人之间的关系就是一个线性结构。本书第 2～4 章介绍线性结构。需要注意的是，一些看起来像非线性结构的数据通过适当的转换也可以转化为线性结构来处理，如在第 5 章我们将要学习的矩阵类型的数据集。

（2）非线性结构

一个元素可能有多个前驱和多个后继，两种典型的非线性结构分别是树和图。其中树形结构是一对多的关系，家族中一对父母对应多个孩子，就是典型的树形结构，树及其相关理论将在第 6 章进行学习。图形结构的数据元素之间存在多对多的关系，如教师与学生之间就是图形关系，因为一个老师可以教很多学生，一个学生可以选修几个老师的课程，图及其相关知识将在第 7 章学习。

（3）顺序存储

顺序存储要求逻辑上相邻的元素物理位置也必须相邻，元素间的逻辑关系由存储结点的邻接关系决定。顺序存储在高级语言中一般采用数组实现。

（4）链式存储

该方法不要求逻辑上相邻的元素在内存中必须存在相邻的结点，元素之间的逻辑关系通过结点附加的指针描述，由此得到的存储称为链式存储。高级语言中采用指针来实现。

（5）索引存储

索引存储要求在存储结点信息的同时，建立附加的索引表，索引表中的每一项称为索引项，索引项的形式一般为（关键字，地址），关键字能唯一标志一个结点的哪些数据项。假设学生基本信息包括有照片、声音等大量数据，将每个学生基本信息保存后，基于学号关键字建立成的索引表将包含学号，以及该学生信息存储在内存中的起始地址。

（6）散列存储

散列存储的主要思想是基于所要存储的数据值决定所要存放的内存地址，这种存储方式便于查找，但对内存的要求也非常高，将在第 9 章进行详细介绍。

上面列出的相关运算概念比较易于理解，不再一一解说。需要说明的是，上述 6 种运算是普遍的，对于不同的数据类型和实际情况，可能会强调不同的运算或一些新的运算，如字符串中进行子串的查找、两个串的连接等，这些都可以由这些基本运算组合实现。

## 1.2 为什么要学习数据结构

早期的计算机主要解决数值计算问题，因此程序设计者关心的是程序的设计技巧、正确

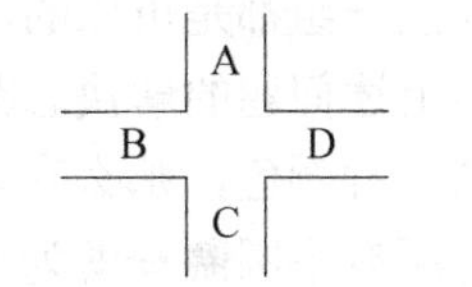

图 1.1 十字路口示意图

性、运算结果的精度等。而随着计算机的快速发展，非数值计算问题越来越普遍，这类问题所涉及的数据已不是单纯的数值，已无法完全使用数学表达式进行描述，所要解决的问题也不是一个简单的计算结果，可能涉及大量的数据更新、查找、分析等功能。由于数据量的庞大及处理的复杂性，对程序的运行效率也提出了新的要求。这时，针对不同的数据特征及实现功能，设计出对应的存储结构及有效的解决思路就显得非常必要，这正是数据结构研究的内容。这就是所谓的"算法+数据结构=程序"理论。

下面以信号灯问题为例，举例说明一个真实问题的求解思路。

考虑一个十字路口（如图 1.1 所示）共有 4 条道路，其中 A，B，C 都是双行线，而 D 是单行线，只能往 D 的方向行驶。需要为此设计一个安全有效的信号灯。

### 1. 分析

依据实际情况，首先确定所有可能的线路。为简单起见，以 AB 表示由从 A 向 B 方向行驶的路线，由此，可以得到以下 9 条路线：AB，AC，AD，BA，BC，BD，CA，CB，CD。如果在某个时间段内只有一条线路可以通行，可将整个路段分成 12 组，显然是可以的，但这种方式的行驶效率太低。我们的目的是希望尽可能少分组，从而保证在一个固定的时间段，每组获得更多的分配时间。

由图 1.1 可以看出，AC，CA，DA，BC 是不冲突的，因此可以分为一组。但实际解决这一问题时，需要首先找出所有可能的冲突线路，为此，分析得到表 1.2。

表 1.2 十字路口各行驶冲突路线

| 当前线路 | 冲突线路 |
|---|---|
| AB | 无 |
| AC | BD，BA，CB |
| AD | CA，BA |
| BA | AC，AD |
| BC | 无 |
| BD | AC，CA，CB |
| CA | BD，AD |
| CB | AC，BD，BA |
| CD | 无 |

### 2. 建模

依据表 1.2，将每一个线路用一个小圆圈表示，将有冲突的线路的两个圆圈用一条实线相连，由此，得到一个**无向图**，也称为着色图，如图 1.2 所示。

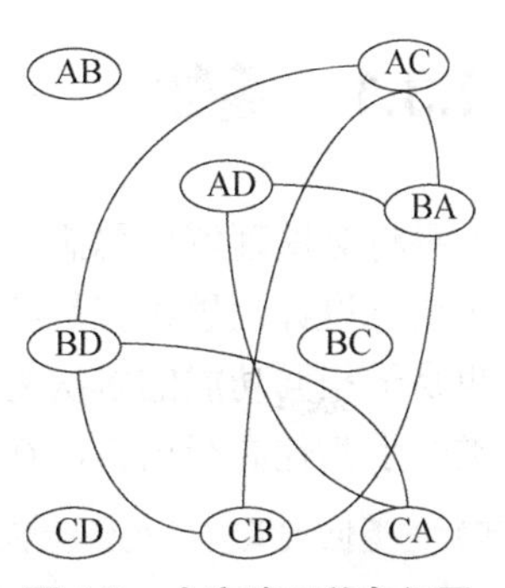

图 1.2 十字路口着色问题

依据图 1.2，可以将没有线相连的线路分为一组，这样，既保证了每组线路的不冲突，也实现了最少分组的原则，见表 1.3。

当然，依据图 1.2，还有多种其他分类方法，由于 CD，AB，BC 三条线路与任何线路没有冲突，因此，放在任意一组都是可以的。

上述问题的解决思路是一种经典的“着色问题”。其起源是如果将有边相连的所有圆圈涂上同一种颜色，那么有多少种颜色就可以分为多少组。着色问题可以解决很多现实事情，如果将所有小圆圈理解为不同国家，有线相连表示两个国家之间疆域接壤，则可以采用着色问题绘制出世界地图。同样的，如果某高校举办校运动会，由于一个老师可以参加多个比赛项目，为保证比赛的顺利进行和使得比赛日程最短，也可以采用着色问题解决。

**表 1.3 依据着色图的十字路口交通分组**

| 组数 | 线路 |
|---|---|
| 第一组 | AB，BC，CD，AC，CA |
| 第二组 | AD，CB |
| 第三组 | BD，BA |

3. 实现

利用抽象出来的模型，设计出相应的存储方案并编写应用程序，从而得到问题的求解。

以上内容是解决问题的一般过程，而数据结构知识提供计算机处理数值特别是非数值问题的一些基本原理及其常用方法，例如，上述信号灯问题的核心就是图的相关知识，即使已经抽象出如图 1.2 所示模型，但如何利用计算机程序存储图结构数据并进行有效分组依然是一个比较麻烦的问题。而本书第 7 章将进行图的存储、遍历等知识的讲解，由此也为解决这类问题奠定了坚实的基础。因此，当拥有了数据结构相关知识后，学生在面对实际问题时，将自觉利用所学知识分析问题并进行抽象建模，可以设计并编写出合理的应用程序。

## 1.3 算法

**算法**是由有穷规则构成的、为解决某一问题的运算序列。算法包括**输入**、**输出**，输入一般是算法开始时给出的初始条件，而基于这些条件所得到的结果称为输出。

算法必须具有**有穷性**、**确定性**、**可行性** 3 个特性。有穷性是指一个算法在执行了有穷的步骤之后必须结束，确定性是指算法的每一步必须有确切的定义，可行性是指设计的算法必须是可行的，即能够被计算机识别并正确执行。

### 1.3.1 函数

如果将算法理解成思想，那么函数是程序的一部分，是实现算法的载体。

模块化设计的思路就是将一个大的系统分割成多个小的功能模块，这不仅便于管理维护，并且也易于相同功能的多次复用。而函数可以理解成一个基本功能模块的实现。

类似于其他高级语言，在 C 语言中函数的定义严格规范，其具体格式如下：

```
函数的返回类型　函数名（形式参数）
{
```

```
    说明语句
    执行语句
}
```

1. 算法 1.3.1

以下函数的功能是交换数组中第 i 个元素和第 j 个元素的值，该函树有 4 个参数，分别是整型数组、数组长度、要交换的两个位置，没有返回值。

```
void arrayread（int[    ]a,int n,int i,j）{
    int temp;
    temp=a[i];
    a[i]=a[j];
    a[j]=temp;
}
```

2. 算法 1.3.2

以下函数的功能是求 n 个结点的完全二叉树的深度，该算法有 1 个整型参数，为完全二叉树的结点个数，返回值为整型，为该二叉树的深度。

```
int deeptree（int n）{
    int i=1;
    while （i<=n）
    I=i*2;
    return i;
}
```

3. 算法 1.3.3

以下是选择排序函数，该函树的 2 个参数分别为分布式数组及该数组的有效数据长度，没有返回值。

```
void selectsort（int[] a,int n ）{
    Int   i,j,k,t;
    for（i=0;i<n−1;i++）{
        J=i;
        for（k=i+1;k<n;k++）
        if（ a[k]>a[j] ） j=k;
        t=a[i];
        a[i]=a[j];
        a[j]=t;
    }
}
```

4. 算法 1.3.4

以下算法是求两个 n 阶方阵的乘积函数，该函树 3 个参数，分别是二维数组描述的矩阵 A，B，C，与 AB 相乘的结果存放于 C 中。

```
void matrixmlt（A,B,C）{
    float A[][n],B[][n],C[][n];
    {
        Int i,j,k;
        for （i=0;i<n;i++）
```

```
        for（j=0;j<n;j++）{
          C[i][j]=0;
            for（k=0;k<n;k++）
          C[i][j]=C[i][j]+A[i][k]*B[k][j];
          }
      }
  }
```

5. 算法 1.3.5

在 C 语言中，函数的定义不可以嵌套，但函数可以嵌套调用自身，这称为递归调用，递归调用在实际编程中得到广泛应用，下列函数是求整数 n 的阶乘，该函数有 1 个整型参数 n，返回值为整型。

```
int  fac（n）{
  If n==1 return 1;
  else return n*fac（n−1）;
}
```

## 1.3.2 算法分析

一个算法仅仅是正确的还不够，还应该考虑算法的效率问题，这里的效率主要指时间效率和空间效率，就现实情况而言，前者更为重要。

要分析算法的时间或空间效率，首先须要了解问题的规模，问题的规模一般基于问题所处理的数据量的大小而确定。例如，对 $n$ 个自然数累计求和，这时问题的规模就是 $n$，对 $n$ 个整数进行排序，这时问题的规模也是 $n$。算法空间效率分析就是在某种算法下，除保存初始数据外还需要额外占用的存储空间大小，而算法的时间效率分析则为执行该算法所有简单语句之和。一般而言，算法的时空效率常常是规模 $n$ 的函数，写作 $O(f(n))$，其中 $f(n)$ 是规模 $n$ 的函数。

算法 1.3.1 中，由于读取数组中某一位置的数据，依据数组初始地址直接计算出所要读取数据的地址（称为“随机读取”），因此与规模 $n$ 无关，此时算法的时间效率记为 $O(C)$，类似的算法仅需要额外占用一个整型空间的内存大小，与规模 $n$ 无关，其空间效率也记为 $O(C)$。

算法 1.3.2 中，该算法不占用额外的存储空间，所以，空间效率为 $O(C)$，该算法的第一条语句与 $n$ 无关，主要分析第二条 while 语句，假设第二条语句须要执行 $f(n)$ 次，则有：

$$2^{f(n)} \leqslant n$$

即 $f(n) \leqslant \log_2 n$，由此可知，该算法的时间效率为 $O(\log_2 n)$。

算法 1.3.3 中，第一层 for 循环须要执行 $n$ 次，当第一层的 i 值由 1 逐渐增大至 $n$ 时，第二层 for 循环可以计算如下：

i=1 执行 1 次

i=2 执行 2 次

i=3 执行 3 次

⋮

故一共需执行 $1+2+3+\cdots+n=n\times(n+1)/2$ 次。考虑到规模 $n$ 很大时，系数 1/2 及 $n$ 与 $n^2$

相比时很小则可以忽略，因此该算法的时间复杂度记为 $O$（$n^2$），同样，该算法不占用额外的存储空间，所以，空间效率为 $O$（$C$）。

算法 1.3.4 中，该算法也不占用额外的存储空间，所以，空间效率为 $O$（$C$）。在分析时间效率时，可以发现最里层的 for 循环无论第二层循环的 $n$ 值为多少，总是执行 $n$ 次，因此，第一层循环的 i 值无论为多少，总有 $n$ 次嵌套循环，因此整个循环的次数为

$$n+2n+3n+\cdots+nn=n\times[n\times(n+1)/2]$$

依据前面的分析，该算法的时间效率为 $O$（$n^3$）。

在算法 1.3.5 中，函数采用递归来实现，递归在实际运行过程中，使用栈来存储中间的过程，即在调用函数 fac（n）时需要首先求出函数 fac（n−1），因此要在内存中保留 fac（n）的状态。以此类推，在该函数的运行过程中，需要开辟与 n 线性相关的内存空间保留中间状态，因此该函数的空间效率为 $O$（$n$）。另外，虽然程序本身没有与规模 n 相关的循环，但递归调用确是与 n 线性相关的，因此时间效率也是 $O$（$n$）。

算法分析的目的是针对某一具体问题，设计出时空效率更高的算法。依据数学相关知识，在 $n$ 足够大时有：

$$O(C)<O(\log_2 n)<O(n)<O(n\log_2 n)<O(n^2)<O(n^3)<O(2^n)$$

# 本章小结

本章简要介绍了数据结构 3 个方面的内容，包括数据的逻辑结构、物理结构及运算，基于一个典型的着色示例探讨了利用计算机求解实际问题的一般思路，分析过程事实找出已知信息和求解的问题；建模过程实际上是针对该问题设计出可行的求解方案，在此借用已经学过的求解方案或将问题演化为某一经典问题，是一种常用方法；求解是针对已经明确的方案进行程序设计及实现。

本章特地开辟一个段落讲解函数的基本特点，一方面是想强调函数在现实编程中的重要性；另一方面，本书所有算法的实现都采用函数的方式，读者在实际上机过程中仅须编写一个主程序来调用该函数即可。

本章最后依据几个函数讲解算法的时空效率问题，并列出常用复杂度排序，虽然是随机给出，但一般而言，给出 $\log_2 n$ 而不是常见的以 10 为底的 $\log_{10} n$ 或自然对数 $\ln n$，其一个重要原因是因为非线性数据结构中一个很重要的逻辑结构——二叉树的很多属性与 $\log_2 n$ 紧密相关。

# 本章习题

## 一、填空题

1. 数据结构被形式地定义为（$D$，$R$），其中 $D$ 是________的有限集合，$R$ 是________的有限集合。

2. 数据结构包括数据的________、数据的________ 和数据的________这 3 个方面的内容。

3. 数据结构按逻辑结构可分为两大类，分别是________和 ________。

4. 线性结构中元素之间存在________关系，树形结构中元素之间存在________关系，图形结构中元素之间存在________关系。

5. 数据的存储结构可用4种基本的存储方法表示，分别是_____、_____、_____、_____。

6. 数据常用的运算有5种，分别是_____、_____、_____、_____、_____。

7. 一个算法的效率可分为________效率和________效率两种。

## 二、选择题

1. 非线性结构是数据元素之间存在一种（　　）。

A. 一对多关系　　B. 多对多关系

C. 多对一关系　　D. 一对一关系

2. 数据结构中，与所使用的计算机无关的是数据的什么结构（　　）。

A. 存储　　B. 物理

C. 逻辑　　D. 物理和存储

3. 算法分析的目的是（　　）。

A. 找出数据结构的合理性　　B. 研究算法中的输入和输出的关系

C. 分析算法的效率以求改进　　D. 分析算法的易懂性和文档性

4. 算法分析的两个主要方面是（　　）。

A. 空间复杂性和时间复杂性　　B. 正确性和简明性

C. 可读性和文档性　　D. 数据复杂性和程序复杂性

5. 计算机算法指的是（　　）。

A. 计算方法　　B. 排序方法

C. 解决问题的有限运算序列　　D. 调度方法

## 三、分析题

分析下面各程序段的时间复杂度。

1.
```
for (i=0;   i<n; i++)
for (j=0; j<m; j++)
A[i][j]=0;
```

2.
```
s=0;
for (i=0; i<n; i++)
for(j=0; j<n; j++)
s+=B[i][j];
sum=s;
```

3.
```
x=0;
for(i=1; i<n; i++)
for (j=1; j<=n-i; j++)
x++;
```

4.
```
i=1;
while(i<=n)
i=i*3;
```

## 四、简答题

1. 简述将一个现实问题转化为可用计算机解决的问题的过程。

2. 简述构建或使用函数应关注哪些属性。

3. 设有数据逻辑结构 $S=(D, R)$，试按各小题所给条件画出这些逻辑结构的图示，并确定相对应关系 $R$，哪些结点是开始结点，哪些结点是终端结点。

（1）$D=\{d1, d2, d3, d4\}$　　$R=\{(d1, d2), (d2, d3), (d3, d4)\}$

（2）$D=\{d1, d2, \cdots, d9\}$

$R$={($d1$，$d2$)，($d1$，$d3$)，($d3$，$d4$)，($d3$，$d6$)，($d6$，$d8$)，($d4$，$d5$)，($d6$，$d7$)，($d8$，$d9$)}

（3） $D$={$d1$，$d2$，…，$d9$}

$R$={($d1$，$d3$)，($d1$，$d8$)，($d2$，$d3$)，($d2$，$d4$)，($d2$，$d5$)，($d3$，$d9$)，($d5$，$d6$)，($d8$，$d9$)，($d9$，$d7$)，($d4$，$d7$)，($d4$，$d6$)}

4. 田径赛的时间安排问题（无向图的着色问题）。设有六个比赛项目，规定每个选手至多可参加3个项目，有5人报名参加比赛（见表1.4），设计比赛日程表，使得在尽可能短的时间内完成比赛。

**表1.4 选手报名情况**

| 姓名 | 项目1 | 项目2 | 项目3 |
|---|---|---|---|
| 王兴元 | 跳高 | 跳远 | 100米 |
| 张玉屏 | 标枪 | 铅球 | |
| 赵刚 | 标枪 | 100米 | 200米 |
| 吴建宇 | 铅球 | 300米 | 跳高 |
| 程娟 | 跳远 | 200米 | |

# 第2章 线性表

线性结构是最简单的一种逻辑结构，也是最常用的一种数据结构，如 26 个英文字母，A～Z 就是一个线性结构，该线性表中的每个元素是一个简单数据类型——字符型。当然，并非每个线性表的元素都是简单类型，第 1 章的表 1.1 表示的学生自然信息就是一个非简单类型的线性数据集。

学生的自然信息包括学号、姓名、性别、籍贯、出生日期、联系电话等，其实，该表的每一行也是一个数据元素，只不过每个元素包含多个数据项，在数据库中称该表中的每个元素为一条记录，每个数据项为一个字段。而在用高级语言（如 C 语言）中，一般采用结构化方式描述、处理该类数据。

本章首先介绍线性表的逻辑结构及其相关概念，并归纳线性表的常用运算，在给出线性表的两种常用存储方式——顺序存储和链式存储之后，分别给出在不同的存储方式下相关运算的算法设计与实现，并比较两种存储方式各自的特点。

本章主要介绍两种常用存储方式及各自特点，它们是数据结构的核心知识之一，因为无论何种逻辑型数据，在计算机处理过程中首先要进行存储，而广泛被使用的存储方式就是顺序存储和链式存储。同时，不同的运算特点需要不同的存储格式的支持，因此对存储格式的掌握是设计出高效程序的必需过程，可以说，完全理解顺序存储和链式存储的各自特点是学好算法与数据结构的关键基础。

## 2.1 基本概念与抽象数据类型

在第 1 章中已经提到，数据的运算是定义在抽象数据类型上的，也称为抽象描述。虽然，第 1 章给出数据的五种基本运算，但具体到不同逻辑特征的数据时，常常给出更具有针对性的运算类型，而数据运算的实现需要存储结构来支撑。但是，在逻辑结构上定义的运算仅仅是“做什么”，而具体的“如何做”，则需要在物理结构上才可以实现。

**线性表**是有零个或多个元素的有穷序列，一般表示为

$$L=\{k_0，k_1，\cdots，k_n\}$$

其中，$k_i$ 称为线性表的元素，下标 $i$ 表明元素在线性表 $L$ 中的位置。线性表中的元素之间是一

对一的关系，除第一个元素外，每一个元素有唯一的前驱；除最后一个元素外，每一个元素有唯一的后继，非常容易理解。

对于线性表的基本运算，常见的有以下几种。

① 置空表 SETNULL（L）。结果是将线性表L置空，该函数没有返回值。

② 求长度 LENGTH（L）。结果是求取线性表L中元素的个数，返回值是整型。

③ 取结点 GET（L，i）。读取线性表L中第i个元素的值，该函数的返回值依据线性表数据类型而定。

④ 查找定位 LOCATE（L，x）。查找信息表L中首次出现值为x的元素所在的位置，如果存在则返回该元素所在的位置i；否则，返回一个特定的值，一般为-1。

⑤ 插入 INSERT（L，x，i）。在线性表L的i位置插入一个值为x的元素，该函数没有返回值。

⑥ 删除 DELETE（L，i），在线性表L中删除位置i的值。

应该明确，并非线性表的基本运算一定是以上6种，不同的书可能给出不同的基本运算，并无严格的定义。另外，上述运算是一些基本运算，一些更为复杂的运算可以由基本运算组合而成。假设要清除线性表L中所有重复的数据，利用上面的基本运算来实现的算法如下所示，由于还没有给出线性表的存储结构，因此只能给出如下伪代码算法，而不是C语言的函数。

```
M=LENGTH（L）
tag=1
For i=0 to M{
  x=GET（L, i）
  Do while tag==1{
    pos=LOCATE（L, x）
    If pos>i   DELETE（L,pos）
    else tag=0
  }
}
```

上述算法的时间效率初看是 $O$（$M$），但进一步分析可以得出，由于LOCATE（L，x）函数本身也需要从头循环线性表，因此该算法的时间效率实际为 $O(M^2)$，深入分析还可以得出，如果线性表L中没有任何两个元素重复，则上述算法的时间效率最低。与规模 $M$ 的关系严格为 $M^2$。

如果不使用基本运算提供的LOCATE函数，自己编写定位代码，这时就可以将每次定位查找从当前的i位置开始，伪代码如下：

```
M=LENGTH（L）
For i=0 to M{
  x=GET（L,i）
  j=i+1
  While（j<=M）{
  y=get（L,j）
  If y==x   DELETE（L,j）
  else j++
  }
}
```

虽然，上述算法的时间效率依然为 $O$（$M^2$），但深入分析可以发现，它实际与规模 $M$ 的关系为（$M$+$M^2$）/2，应该说，第二种算法效率更高。

由此，能够得出正确的设计能够有效提高程序的效率。高级语言提供一些通用标准函数库，给日常编程带来极大的便利，但在一些实际情况下，有针对性的编写自己的函数来实现具体问题，可能会得到更好的效果。随着编程水平的提高及研究问题的专业深入，采用更多自己编写的函数也会变得越来越普遍。

## 2.2 顺序表示

采用顺序存储线性表是一种既简单又自然的方式，顺序保存的线性表简称为**顺序表**。

### 2.2.1 顺序表的特点

顺序存储的特点是逻辑上相邻要求物理上也相邻，其存储示意图如图 2.1 所示。

在 C 语言中，采用一维数组保存顺序表是最常用的形式，其具体定义如下：

```
#define MAXNUM 100
typedef struct{
  datatype data[MAXNUM ];
  int   last;
} sequenlist;
```

上述结构中的整型 last 域表示在一个足够大的数组中，当前真正存放的最后一个元素在顺序表中的位置，如果数组的下标从 0 开始，则该顺序表中保存元素的个数是 last+1。

用一个结构型变量 sequenlist 来封装顺序表，这符合结构化程序设计的思想。

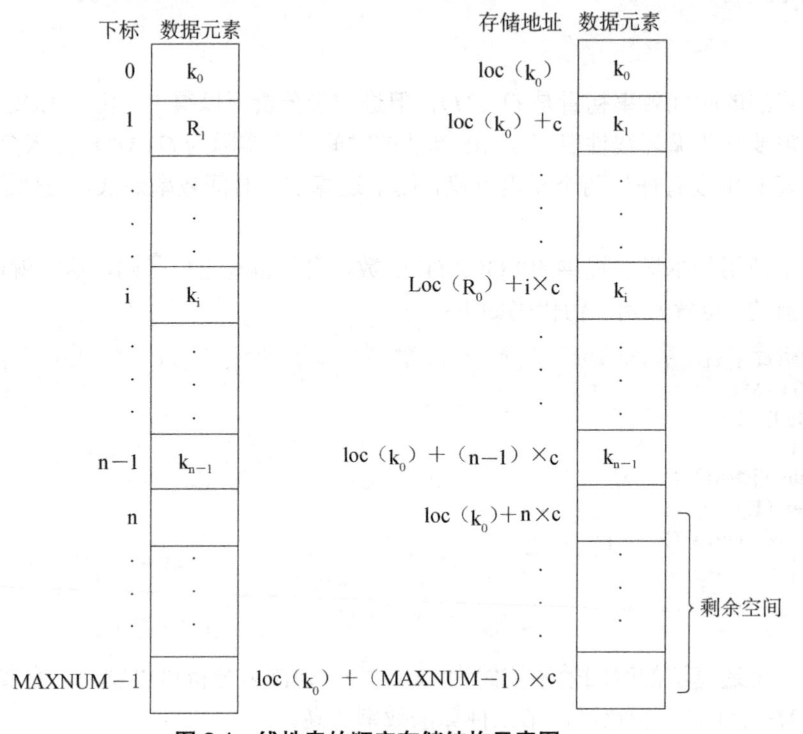


图 2.1　线性表的顺序存储结构示意图

顺序表的“逻辑上相邻物理上也相邻”决定了顺序存储具有以下两个重要特点。

① 需要预先开辟一个连续的足够大的内存空间。由于顺序表要求数据逻辑上相邻物理上也相邻，因此，保存整个顺序表的空间必须是连续的，以保证存储单位彼此是连续的；预先开辟的原因是如果每需要一个存储单位再申请一个，则无法保证刚刚申请的存储单位与已有单元的连续相邻；足够大，是因为如果一个顺序表在使用过程中不断添加新的元素，而原先开辟的空间不足以申请新的空间时，将无法保证新的空间地址与原有地址的连续性。

② 顺序表是随机存取结构。由于顺序表的存放特点，如果要访问顺序表中某一个位置 i 的元素，假设每一个数据元素占用 c 个存储单元，依据上面形式化定义，知道 data[i]的地址 loc（data[i]）可由下式计算得到：

loc（data[i]）=loc[data[0]+（i−1）*c]

在顺序表中，每个结点的存储地址是该数据元素在逻辑位置上的线性函数，因此，基于位置的访问是高效的，时间效率与规模 $n$ 无关，为 $O$（$c$），称为“随机存取”。

## 2.2.2 顺序表的运算实现

当线性表利用顺序保存之后，相关的运算就可以实现。其中，创建空表仅需直接定义一个包含数组域及整型下标域的结构体，并指定下标域的值为 0。类似的，求一个顺序表的长度仅需要读取 last 域可得到，取结点和查找定位也容易实现，下面重点分析在一个顺序表中插入一个新的元素和删除一个已有元素的实现过程。

在顺序表中插入一个新元素操作如下。

在顺序表中插入某一新的元素，其实现函数显然包含 3 个参数，分别是顺序表 l、要插入的元素 x 和插入的位置 i。由于顺序表具有“逻辑上相邻物理上也相邻”特点，因此逻辑位置 i 上的元素显然在顺序表中也要求原先处于 i 位置的元素后移一个位置，这进一步要求 i 之后的所有元素都要向后移一位，考虑到不能被覆盖，因此移动必须从最后一位元素开始，即先将 last 位的元素移动到 last+1 位置，再将 last−1 位的元素移动到 last 位置，直至 i 位的元素移动到 i+1 位置，之后将新的元素 x 存放于 i 位置，另外，由于插入了一个新的元素，顺序表的元素个数需加 1，即 last++。其具体代码如下：

```
int INSERT（l, x, i）
   sequenlist *l;
   int i;
   {
          int j;
          If （((*L）.last ）>=MAXNUM−1）    return NULL;
          else
          if （(i<1）|| (i>（(*L）.last+1）  return NULL;
          else {
        for（j=（*L）.last;j>=i-1;j−−）   （*L）.data[j+1]= （*L）.data[j];
          （*L）.data[j−1]=x;
          （*L）.last=（*L）.last+1;
      }
      return 1;
      }
```

上述插入算法的时间效率与插入位置 i 有关，假设 i 值为 1～（*L）.last（设为 $n$），显然，*n* 个 i 值由小到大需要移动的元素分别为 *n*，*n*−1，*n*−2，…，0，其平均移动的次数为（0+1+2+…+*n*）/*n*，即其时间效率为 *O*（*n*），可以发现，该算法没有占用额外的存储空间，即空间效率为 *O*（*C*）。

类似的，对一个顺序保存的数据进行删除运算也必须移动所删除结点位置以后的所有元素至前一个结点位置，其时间效率为 *O*（*n*），同样的，该运算的空间效率为 *O*（*C*），注意每删除一个元素需要将 last 的值进行一次 last− −运算。

## 2.3 链式表示

对线性表顺序存储时，如果需要频繁地进行插入与删除操作，则运行的时间效率就不够理想，为此，提出链式结构的存储线性表，称为**链表**。

### 2.3.1 单链表

在顺序表中，一个重要的特点是连续的存储单元依次存放线性表的结点，因此结点的顺序与数据原先的顺序一致，称为逻辑上相邻物理上也相邻，这实际上对内存空间的分配与使用提出了更严格的要求。而链表则不然，链表采用一组任意的存储单元来存放线性表中的元素，为能够使得数据原先的逻辑关系不致丢失，在每个元素的存储结点还应指示其后续结点的地址，这个信息称为**指针**，由此，链表的结点的结构如图 2.2 所示。

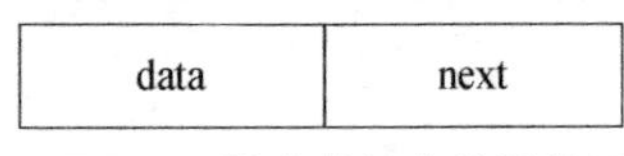


**图 2.2 链表的结点的结构**

其中，data 域是数据域，用于存放线性表中的数据，而 next 域则是指针域，指出该数据的逻辑意义上下一个元素在内存结点的地址，因此，链表通过链结点中的指针将线性表的 n 个元素依其原先的逻辑顺序保存在内存中。

图 2.2 中结点只有一个指针域，称为单链表，依据数据的不同逻辑结构及具体的运算，有时候需要构建有多个指针的链表，如双链表、十字链表等，这在下面的章节中将涉及。

链表结点的 C 语言描述如下所示：

```
typedef struct node{
  datatype    data;
  struct node *next;
} linklist;
linklist *head, p
```

上述链表结点定义了一个结构体 node，该结构体包含了两个域，数据域 data 及指针域*next，基于该结点数据类型 linklist 定义了两个变量*head，*p，在此说明如下。

首先，对内存中的数据访问本质上是访问某一内存地址指定类型的值，在顺序保存数组情况下，系统依据数组的首元结点的地址就可以立即计算出第 i 个位置的地址（随机读取）。因此，在顺序表中没有必要强调指针的概念。在 C 语言中，用数组名来隐藏第一个结点的地址，但链表存储却无法做到如此简单，如果须要访问第 i 个位置的元素，须要访问第一个结点的*next 值找出第二个结点的地址，再由第二个结点的*next 值找出第三个结点的地址，直到第 i 个结点。

然后，由于链表中的每个结点至少包含两个域，数据域和指针域，不可能同顺序表一样，用链表变量表示链表的首元地址，须要给出一个专门的变量来指定一个链表首个结点所在的地址，一般设为*head。另外，日常的数据访问操作都需要从链表的*head开始，依次往下，因此需要设定一个游标变量*p，以便于循环操作。可以设想，如果仅给出一个变量，假设为*head，当需要对该链表进行某一操作，如查找一个值，利用*head 循环，无论是否找到该值，*head停留的位置很可能已不是原先链表的首元地址（除非查找的值就是第一个结点的值），此时，该链表的完整性已不复存在。

单链表保存某一线性表的示意图如图 2.3 所示。

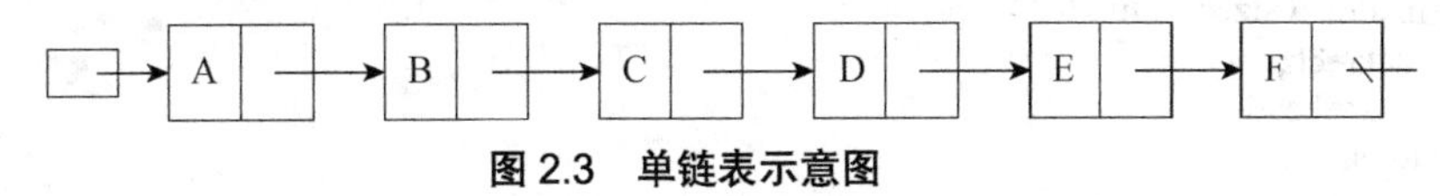


**图 2.3 单链表示意图**

单链表结构如图 2.4 所示。

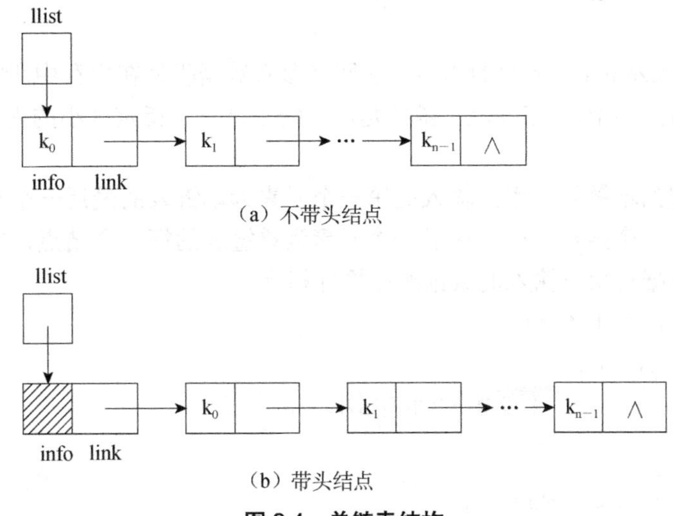


**图 2.4 单链表结构**

有些单链表在第一个结点前还设置一个结点，该结点的数据域中并没有存放线性表的任何数据，这个结点称为头结点。设置头结点常常是为了操作的方便，如在其数据域中存放该单链表的长度、数据类型等。另外，对于有头结点的空单链表，*head 值永不会为空，编程更为方便。相对应的，将存放线性表第一个元素的结点称为首元结点。

再次强调一下指针变量和结点的区别，p 是指向结点类型为 linklist 的指针，如果它非空（p!=NULL)，则其值为 node 所在的某一地址，如果需要访问该结点中的值，假设 data 值，则写成（*p）.data，有时写成 p->data。

## 2.3.2 单链表的基本运算

本节主要讨论单链表的几个常用基本运算，包括建立单链表，对已存在的单链表进行指定值的查找、某一结点的删除、在某一指定结点的前（或后）插入新的数据。

### 1. 单链表的建立

动态建立单链表主要有**前插法**和**后插法**两种。

前插法是从一个空表开始，重复读入数据，并将读入的数据存放到新结点的数据域中，再将新的结点插入到当前链表的表头，如此往复直至结束，函数具体实现过程如下所示。

```
linklist *CREATLIST（）{
  char ch;                    //数据为字符
  linklist *head, *p;
  head=NULL;                  //链表创建开始
  ch=getchar（）;
  while（ch!="$"）{
    s=malloc（sizeof（linklist））;
    s->data=ch;
    s->next=head;
    head=s;
    ch=getchar（）;
  }
  return head;     //返回链表头指针，创建结束
}
```

上述代码中，sizeof（）函数的作用是返回其参数数据类型在内存中所需的空间大小，并将其格式化成该数据类型，malloc（）函数是向系统申请一个指定大小的内存空间，并返回该空间的地址。

上述代码构建的单链表，用户输入的第一个元素为单链表的最后一个结点，第二个元素为单链表的倒数第二个结点，…，最后一个元素为单链表的第一个结点，因此该单链表由头指针顺序得到的数据与用户输入的数据顺序恰好相反。

下面一段代码，纠正该问题。

```
linklist *CREATLIST（）{
    linklist *head, *p, *s;    //多设定一个中间指针
    char ch;
    ch=getchar（）;
    head=malloc（sizeof（linklist））;
    head->data=ch;
    p=head;      //head 不再改变，利用 p 与 s 交替创建连接新的结点
    ch=getchar（）;
    while（ch!='$'）{
      s=malloc（sizeof（linklist））;
      s->data=ch;
      p->next=s;
      p=s;
      ch=getchar（）;
    }
    p->next=NULL;            //链表创建结束
    return head;
}
```

上述插入的方式为每一个新的结点存放在已存在链表结点的后面，所以也称为后插法。

### 2. 单链表的查找运算

（1）按序号查找

在链表中，即使知道被访问结点的序号 i，也不能像顺序表中那样直接按序号 i 访问结点，只能从链表的头指针出发，顺着链域 next 逐个往下搜索，直至搜索到第 i 个结点为止。因此，

链表不是随机存取结构。

设单链表的长度为 n，要查找表中第 i 个结点，仅当 1≤i≤n 时，i 值是合法的。但对于有头结点的链表，需要从头结点的位置开始，一般将头结点看作第 0 个结点，从头结点开始顺着链扫描，用指针 p 指向当前扫描的结点，用 j 作为计数器，累计当前扫描过的结点数。p 的初值指向头结点，j 的初值为 0，当 p 扫描下一个结点时，计数器 j 加 1。因此当 j=i 时，指针 p 所指的结点就是要找的第 i 个结点。

下列代码在带头结点的单链表 head 中查找第 i 个结点，若找到（0≤i≤n），则返回该结点的存储位置 p，否则返回 NULL。

```
linklist * GET（head, i）{
  int j;
     linklist * p;
     p = head; j=0;        /* 从头结点开始扫描 */
     while（(p-> next ! = NULL）&&（j < i)）{
    p = p-> next;  /* 扫描下一个结点 */
    j ++;                  /* 已扫描结点计数器 */
    }
  if （i == j）return p; /* 找到了第 i 个结点 */
else return NULL;        /* 找不到，i≤0 或 i>n */
}
```

该算法中，while 语句的终止条件是搜索到表尾或者满足 j≥i，其频率最大为 i，它和被寻找的位置有关。在等概率假设下，平均时间复杂度计算公式为

$$\sum_{i=0}^{n} i/(n+1)=1/(n+1)\cdot\sum_{i=1}^{n} i = n/2 = O(n)$$

（2）按值查找

按值查找是在单链表中，查找是否有结点值等于给定值 key 的结点，若有的话，则返回首次找到的其值为 key 的结点的存储位置；否则，返回 NULL。查找过程从头指针所指结点出发，顺着链逐个将结点的值与给定值 key 做比较。其 C 语言实现代码如下：

```
linklist * LOCATE（head,key）{
      linklist * p;
      p = head -> next; /* 从开始结点比较 */
      while（p ! = NULL）{
        if （p->data ! = key）
        p = p->next; /* 没找到，继续循环 */
          else break; /* 找到结点 key，退出循环 */
        }
      return p;
} /* LOCATE */
```

该函数返回值类型为链表结点指针，若找到则返回该结点的位置 p，否则返回 NULL。上述算法的平均时间复杂度与按序号查找相同，也为 $O(n)$。容易分析出，在顺序表中进行按值查找，也必须从顺序表的第一个元素开始，因此时间复杂度与在链表上一样，也为 $O(n)$。

### 3. 单链表的插入运算

在顺序表中要进行新的元素插入，需要指定插入的位置 i，而在链表中一般指定插入结点

的指针 p。假设指针 p 指向单链表某一结点，那么链表中的插入是指将要插入的值 x 的结点放在链表中，假设指向该结点的指针为 s，此时，s 结点与 p 结点之间的关系有两种情况，若将新结点 s 插入结点 p 后，则称为“后插”；若将新结点 s 插入结点 p 前，则称为“前插”。两种插入操作都必须先生成新结点，然后修改相应的指针，再插入。

以下代码实现在指定结点 p 后插入数据 x，其插入过程如图 2.5 所示。

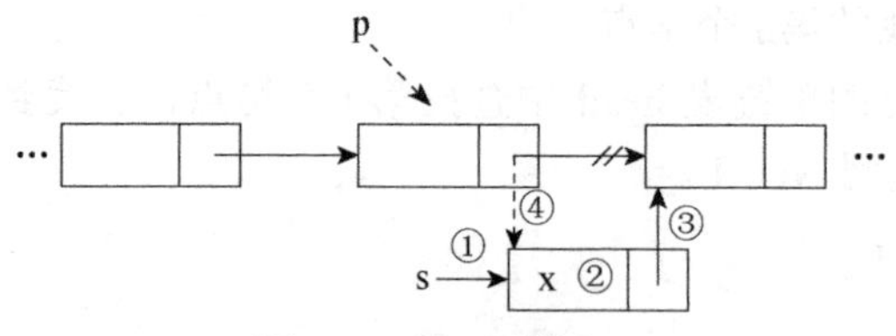


图 2.5 在 p 后插入 s

```
INSERTAFTER（p, x）{
  linklist * s;
  S= malloc（sizeof（linklist））; /* 定义新结点*s */
  S->data = x;
  S->next = p->next;
  P->next = s; /* 将*s 插入*p 之后 */
} /* INSERTAFTER */
```

由于前插操作必须修改*p 的前驱结点的指针域，需要确定其前驱结点的位置，但由于单链表中没有前驱指针，一般情况下，必须从头指针起，顺着链表找到*p 的前驱结点*q，前驱插入过程如图 2.6 所示，相应的程序如下。

```
INSERTBEFORE（head,p,x）{
  linklist * s, * q;
  s = malloc（sizeof（linklist））; /* 定义新结点*s */
  S-> data = x;
  q =head; /* 从头指针开始 */
  while（q->next ! = p） q = q → next; /* 查找*p 的前驱结点*q */
  S->next = p ; q ->next = s; /* 将新结点*s 插入到*p 前 */
}
```

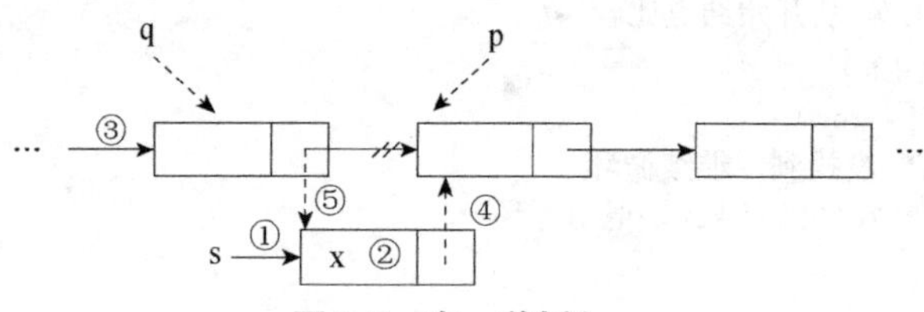


图 2.6 在 p 前插入 s

显然，后插算法 INSERTBEFORE 的时间复杂度为 $O$（1），而前插算法 INSERTBEFORE 的执行时间与位置 p 有关，在等概率下，平均时间复杂度为 $O$（$n$）。要想改善前插的时间性能，可使用一个技巧，即在*p 之后插入新结点*s，然后交换*s 和*p 的值。假设*p 的值是 a，新结点的值是 x。这种改进的前插过程，如图 2.7 所示。其程序如下：

```
INSERTBEFORE1（p,x） {
  linklist * s;
```

```
    s = malloc (sizeof (linklist)) ;
    s->data = p->data;
    s-> next = p->next;
    p->data = x; p->next = s;
}
```

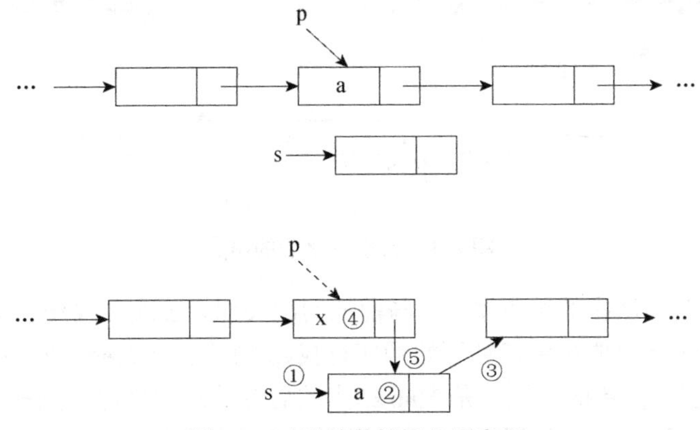


**图 2.7　改进的前插操作示意图**

由此可以看出，改进后的前插算法 INSERTBEFORE1 的时间复杂度为 $O$（1）。但是，若结点数据域的信息量比较大，则交换*p 和*s 的值时，时间开销也较为可观。

比较上述两种插入操作可知，除在表的第一个位置上的前插操作外，表中其他位置的前插操作都没有后插操作简单方便，因此在一般情况下，应尽量把单链表上的插入操作转化为后插操作。

现实中，也有可能存在要求将某一数值插入到单链表的某一具体位置，简单分析可以得知，该算法必须从单链表的头指针开始，向下计数扫描到该位置（在没有头结点的情况下，应该比指定位置少一个，以便进行后插），获取所在结点的指针，下列代码实现这一功能。其中，函数 GET 用来求得第 i–1 个结点的存储位置 p。

```
INSERT (L, x, i) {
    linklist * p;
    int j;
    j = i–1;
    p = GET (L,j) ;   /* 找第 i–1 个结点*p */
    if  (p == NULL)  print ("error") ; /* i<1 或 i>n+1 */
    else INSERTAFTER (p,x) ; /* 将值为 x 的新结点插到*p 之后  */
}
```

上述 INSERT 函数调用了两个函数 GET 和 INSERTAFTER，已在前文讲过。设单链表的长度为 n，合法的前插位置是 1≤i≤n+1，而合法的后插位置是 0≤i−1≤n，因此用 i−1 作为参调用 GET 时，可完成插入位置的合法性检查。算法 INSERT 的时间主要耗费在查找操作 GET 上，所以时间复杂度为 $O$（$n$）。

### 4. 单链表的删除运算

与插入运算类似，要删除单链表中结点*p 的后继很简单，首先用一个指针 r 指向被删除结点，接着修改*p 的指针域，最后释放结点*r，其过程如图 2.8 所示，图中的“存储池”是备用的结点空间，释放结点就是将结点空间归还存储池，具体程序如下。

```
DELETEAFTER（p）{
  linklist * r;
  r = p->next;
  P->next = r->next;
  free（r）;
}
```

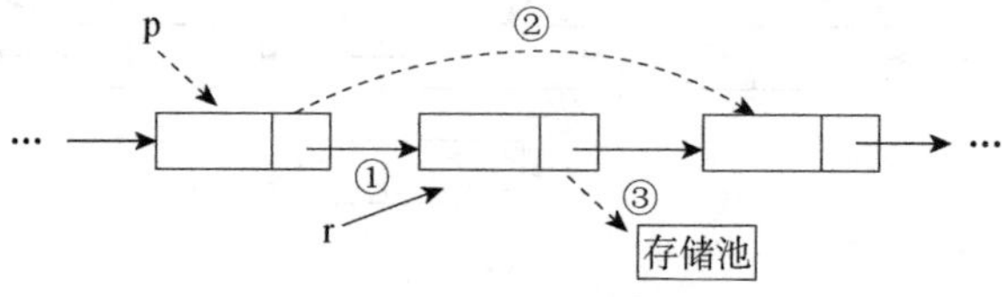


图 2.8　删除*p 之后的结点

若被删结点就是 p 所指的结点本身，与前插问题类似，必须修改*p 的前驱结点*q 的指针域，因此，一般情况下也要从头指针开始顺序查找*p 的前驱结点*q，然后删去*q，其删除过程如图 2.9 所示。但较简单的方法，是把*p 结点的后继结点的值前移到*p 结点中，然后删去*p 的后继结点，并要求*p 有后继结点，也就是说，它不是终端结点，有兴趣的读者朋友可以自己编写该代码。

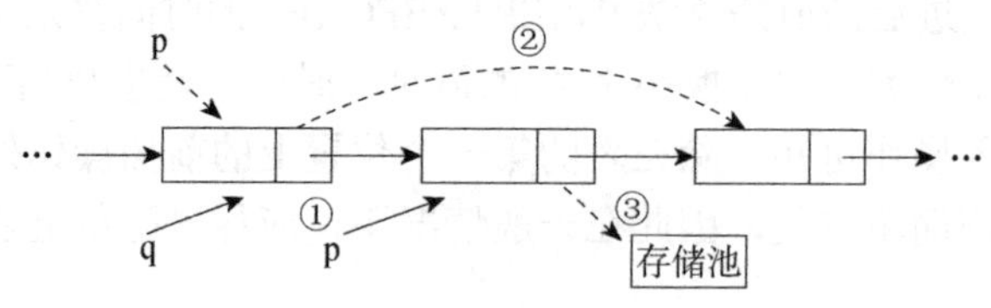


图 2.9　删除结点*p

以下算法是将单链表上第 i 个结点删除，显然，要删除第 i 个结点，要找到第 i 个结点的前驱结点 p，在找到结点 p 之后，就如同上面的算法直接删除 p 的后继结点。具体代码如下：

```
DELETER（L,i）{
  linklist * p;
  int j;
  j = i-1;
  p = GET（L,j）;    /* 找到第 i-1 个结点*p */
  if（(p ! = NULL）&&（p->next ! = NULL))
    DELETEAFTER（p）;  /* 删去*p 的后继结点 */
    else    /* i<1 或 i>n */
    print（"ERROR"）;
}
```

设单链表的长度为 n，则删去第 i 个结点仅当 1≤i≤n 时是合法的。注意，当 i=n+1 时，虽然被删结点不存在，但其前驱结点仍存在，它是终端结点。因此被删结点的前驱*p 存在并不意味着被删结点就一定存在，仅当*p 存在（即 p!=NLL）且*p 不是终端结点（即 p-＞ext!=NULL）时，才能确定被删结点存在。显然算法 DELETE 的时间复杂度也是 $O(n)$。

从上面的讨论可以看出，链表实现插入和删除运算，无须移动结点，仅须修改指针。

# 2.4　单链表的改进和扩充

本节将介绍单链表的 3 种改进和扩充形式：**循环链表、双链表和循环双链表**。

## 1. 循环链表

将单链表的形式稍做改变，使最后一个指针不为 NULL，并使它指向第一个结点，这样就得到循环链表。

与单链表相比，循环链表没有增加新的存储空间，但是，从循环链表中任意结点出发，都可访问所有结点。在图 2.10 中（a）所示的循环链表中，为找到最后一个结点则必须从头指针 clist 出发，访问所有结点。如果把 clist 的值修改为尾指针，让它指向最后一个结点，如图 2.10（b）所示，从 $k_{n-1}$ 的 link 字段立即就可得到 $k_0$ 的位置，这样无论是查找第一个结点还是查找最后一个结点都很方便。由于链表中的第一个结点和最后一个结点往往具有特殊的意义，需要经常使用，所以在实际应用中，多采用后一种方式。

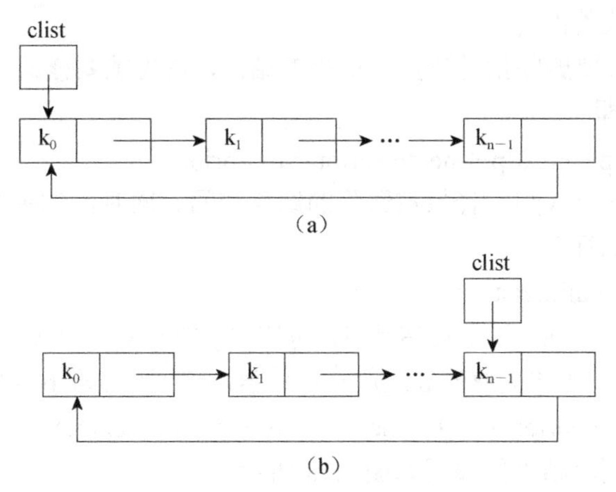


**图 2.10　循环链表**

循环链表的运算与前面讨论过的单链表运算基本相同，只是算法中控制循环结束的条件不是判断单链表中的某个结点的指针 p 是否为 NULL，而是判断循环链表中的结点位置的指针 p 是否和 head 相等。

## 2. 双链表

用单链表表示线性表，从任何一个结点出发，都能通过指针字段 next 找到它的后继结点。但要，找出指定结点的前驱结点则比较困难，必须从头结点开始，搜索每个结点的后继结点（同时还须要保存这个后继的前驱结点），直到最新的后继结点就是指定的结点时，它的前驱结点就是算法需要的结果。显然，这是十分不方便的。

为克服单链表的单向性的确定，可以设计具有双向性的链表，简称为双链表。顾名思义，在双链表中的每个结点除数据域外还有两个指针域：一个指向其前驱结点；另一个指向其后继结点。每个结点的结构如图 2.11 所示，算法如下：

| llink | info | rlink |
|---|---|---|

**图 2.11　双链表结点的结构**

```
typedef struct dNode;{
  DataType data;
  Struct dNode *prior,*next
}dlinklist;
dlinklist *head
```

假设 dlist 是 struct dlinklist 类型的变量，则 dlist.head 指向双链表中的第一个结点，dlist.rear 指向双链表中的最后一个结点，如图 2.12 所示。

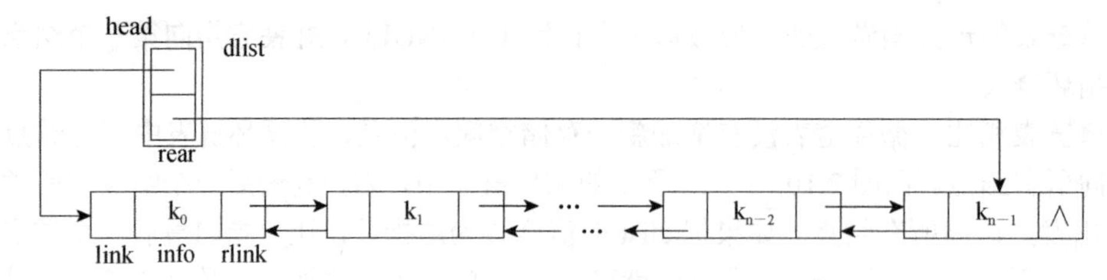


**图 2.12　双链表**

双链表的最大优点是可以很容易地找到结点的前驱结点和后继结点，这是以每个结点增加一个指针的存储为代价的。

在双链表中，如果要删除指针变量 p 所指的结点，首先须要修改结点的前驱 prior 指针和后继 next 指针的值，即

P–>prior–>next = p–>next;p–>next–>prior = p–>prior;

然后，执行函数 free（p），释放被删除的结点空间。同时，如果要在 p 所指结点后插入一个新结点，应首先执行

s= malloc（sizeof（dlinklist）;

之后，设置 s 结点的 prior 和 next 指针值，再修改 p 的 next 指针值和 p 原先后继结点的 prior 指针值，注意先后顺序（如果先修改 p 结点 next 的值，将无法获取 p 原先后继结点的指针），即

s–>next=p–>next;s–>prior=p;（p–>next）–>prior=s;p–>next=s;

双链表中插入和删除结点的过程如图 2.13 所示。

类似于单链表的循环表，也可以将双链表的第一个结点和最后一个结点链接起来，这样不增加额外存储却给某些算法带来方便。另外，也可以将链表的头尾指针存放在头结点中，头结点由头指针 head 指出，并链接在开始结点和终端结点间，构成常见的循环双链表结构，如图 2.14 所示。

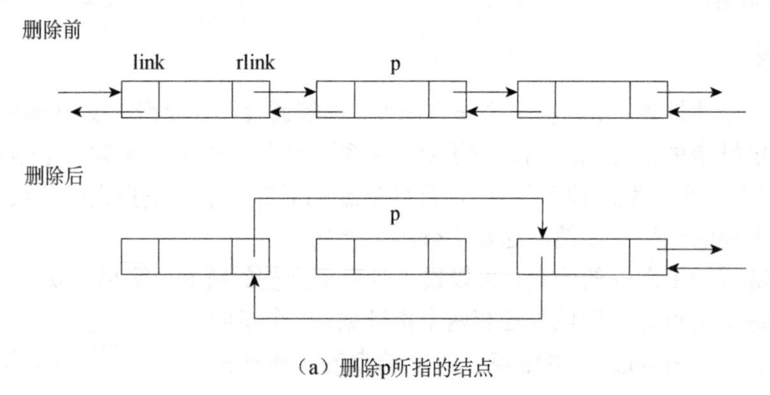


（a）删除p所指的结点

**图 2.13　双链表的插入与删除**

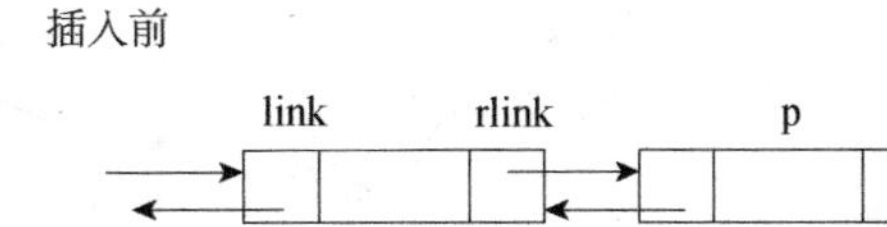


q

x

插入后

p

q

x

（b）在p所指结点后面插入一个q所指的新结点

**图 2.13　双链表的插入与删除（续）**

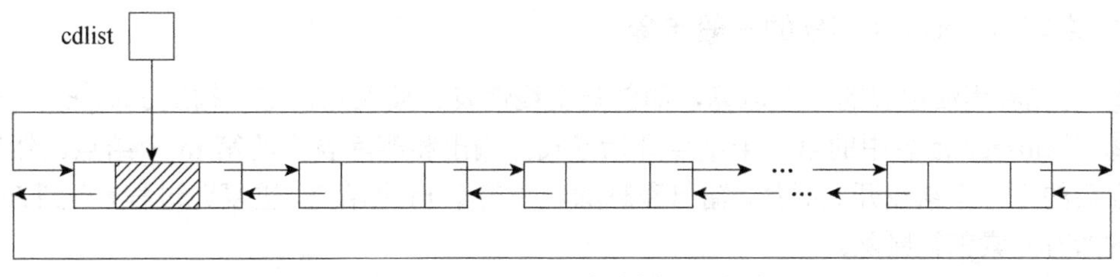


**图 2.14　加入头结点的循环双链表**

循环双链表有一个性质，即若 p 为指向链表中的某结点的指针，则

p=p–>prior–>next=p->next–>prior;

## 2.5　应用举例

本节通过著名的 Josephus 问题说明线性表的应用。首先解释问题本身，然后分别采用顺序表和链表两种存储结构给出求解的过程。

### 1. Josephus 问题

设有 $n$ 人围坐在一个圆桌周围，现从第 $s$ 人开始报数，数到第 $m$ 的人出列，然后从出列的下一个重新开始报数，数到第 $m$ 的人又出列……如此反复，直到所有的人全部出列为止。Josephus 问题是：对于任意给定的 $n$，$s$ 和 $m$，求出按出列次序得到的 $n$ 个人的序列。

现以 $n$=8，$s$=1，$m$=4 为例，Josephus 问题的求解过程如图 2.15 所示。图中 $s_1$ 指向开始报数位置，带圆圈的是本次应该出列的人员。若初始的顺序为 $n_1$，$n_2$，$n_3$，$n_4$，$n_5$，$n_0$，$n_7$，$n_8$，则问题的解为 $n_4$，$n_8$，$n_5$，$n_2$，$n_1$，$n_3$，$n_7$，$n_6$。

当 $n$ 和 $m$ 较大时，使用人工来解 Josephus 问题是相当烦琐的，因此可用计算机来模拟。根据 Josephus 问题的描述，显然可以归结为线性表的多次删除问题。

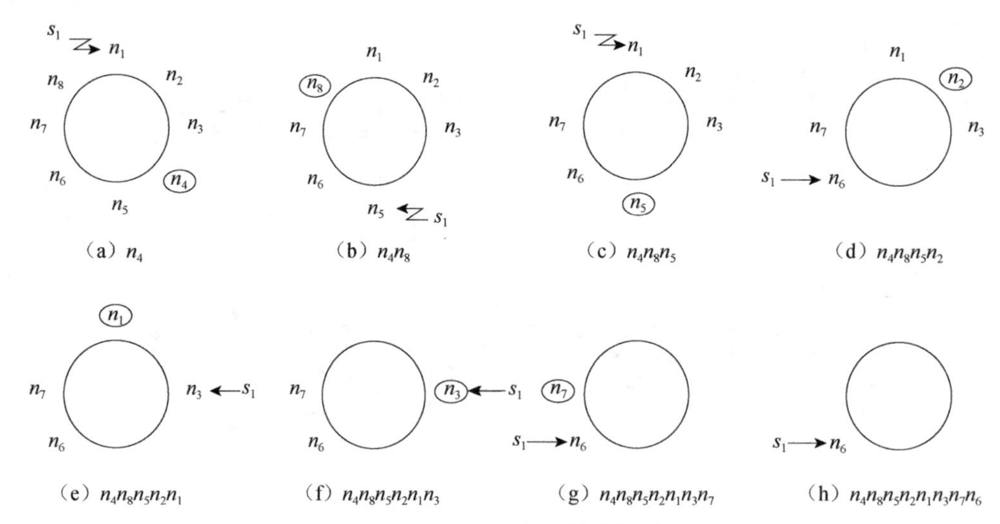


（a）$n_4$　（b）$n_4n_8$　（c）$n_4n_8n_5$　（d）$n_4n_8n_5n_2$

（e）$n_4n_8n_5n_2n_1$　（f）$n_4n_8n_5n_2n_1n_3$　（g）$n_4n_8n_5n_2n_1n_3n_7$　（h）$n_4n_8n_5n_2n_1n_3n_7n_6$

**图 2.15　Josephus 问题的求解过程**

### 2. 求解 Josephus 问题的一般步骤

① 首先利用线性表的一些运算，如创建空线性表、插入元素等，构造 Josephus 表。

② 从 Josephus 表中的第 s 个结点开始寻找，输出和删除表中的第 m 个结点。然后再从该结点后的下一个结点开始寻找，输出和删除表中的第 m 个结点，重复此过程，直到 Josephus 表中的所有元素都被删除。

线性表可以用顺序表表示，也可以用链表表示。下面主要介绍用顺序表和循环单链表两种方式模拟 Josephus 问题的求解过程，对于其他表示形式，读者朋友可作为练习自己完成。

（1）采用顺序表模拟

可以用整数 i 来代替 $n_i$，将初始序列改写成一个整数的序列 1，2，3，…，n，并把它们存储在一个 palist 所指的顺序表中，当 s≤n 时，第 s 人放在 palist->element[s−1]中，因此第一个报数出列的应该是下标为 s−1+ m−1 对 n 取模后的元素，如果这个下标为 i，出列工作只要将 palist->element[i]从顺序表中删除（将 element[i+1]…等顺序移入 element[i]…），然后对 palist->element[0]，palist->element[1]，…，palist ->element[n−2]从下标 i 开始重复上述过程。

下面给出 C 语言程序（其中用到顺序表的结构定义、创建空顺序表的操作 createNull List_seq、顺序表的插入运算 inesrt_seq、删除运算 delete_seq 等）。

```
#define Maxnum 100
#define FALSE 0
#define TRUE 1
typedef int DataType;
void josephus_seq（PSeqList palist,int s,int m）{
   int s1,i,w;
   s1 =s −1;
   for（i = palist->n;i>0;i--）{               /* 找出列的元素 */
     s1 = （s1+ m−1）%i;
     w = palist->element[s1];                  /* 求下标为 s1 的元素的值 */
     printf（“Out element & d\n”,w）;           /* 元素出列 */
     deletep_seq（palist,s1）;                  /* 删除出列的元素 */
     }
}
```

```
main（）{
    PSeqList jos_alist;                                    /* 主函数 */
    int i,k;
    int n,s,m;
    printf（"\n please input the values （<100） of n="）;
    scanf（"%d ,&n"）;
    printf（"please input the values of s ="）;
    scanf（"%d",&s）;
    printf（"please input the valuse of m ="）;
    scanf（"%d",&m）;
    jos_alist = createNullList_seq（n）;              /* 创建空顺序表 */
    if（jos_alist!=NULL）{
        for（i = 0;i < n;i++）
        insertpre_seq（jps_alist,i,i + 1）;            /* 线性表赋值 */
        josephus_seq（jos_alist,s,m）;
        free（jos_alist → element）;
        free（jps_alist）;
    }
}
```

该程序函数 josephus_seq 的运行时间主要是求出应出列元素后，将它删除时，移动数组 element 中元素所花费的时间，每次最多移动 i−1 个，总计移动元素个数不超过

$$(n-1)+(n-2)+\cdots+1=\frac{n(n+1)}{2}=O(n^2)$$

（2）采用循环链表模拟

将初始序列看作一个整数序列 1，2，3，…，n，为了处理方便，将它们存储在一个循环单链表中，循环单链表的结构如图 2.16 所示。

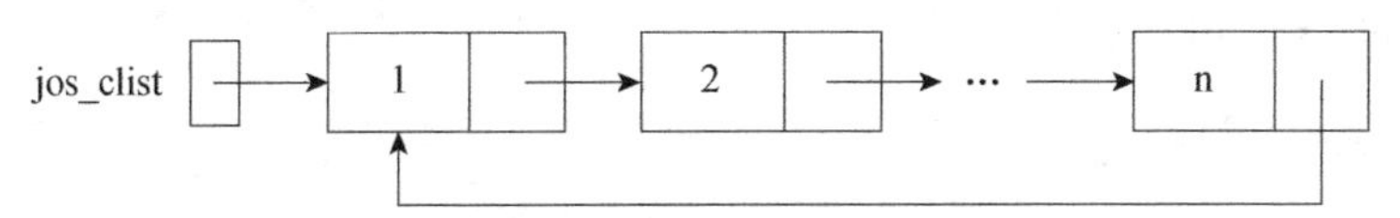


**图 2.16　Josephus 循环单链表结构**

在这种循环单链表结构中，Josephus 问题的解主要由以下两个函数组成。

①建立一个由头指针 jos_head 指示的 Josephus 循环单链表，该算法主要由 init_link 实现。

②从 jos_head 所指的循环单链表的第 s 个结点开始寻找，反复输出和删除循环单链表的第 m 个结点，该算法主要由 josephus_head 实现，此算法的具体步骤如下：

- 找到 jos_head 所指的循环单链表的第 s 个结点，放在指针变量 p 中；
- 从 p 所指结点开始计数，寻找第 m 个结点；
- 输出该结点的元素值；
- 删除该结点，并将该结点的下一个结点放在指针变量 p 中，转去执行第 2 步，直到所有结点被删除为止。

完整的 C 语言程序如下所示：

```
#define FALSE 0
#define TRUE 1
typedef struct node{
    datatype   data;
    struct node *next;
```

```
} linklist;
LinkList * PLinkList;
int init_head（PLinkList pclist,in n）{
                                /* 用 1，2，…，n 为*pclist 所示的循环表初始化 */
  Linklist   *p, *q;
  int i;
  q = malloc（sizeof（linklist））;
  if（*q = = NULL）return FALSE;
  pclist = q;
  q-> data= 1;
  q->next = q;
  if（n = = 1）return TRUE;
  for（i = 2;i<n+1;i++）{
    p=malloc（sizeof（linklist））;
    if（p = =NULL）return FALSE;
    P->data = i;
    P->next = q->next;
    Q->next = p;
    q = p;
    }
return TRUE;
}
void jodephus_head（PLinkList pclist,int s,int m）{
  Linklist *p, *pre;
  int i;
  p = pclist;
  /* 找第 s 个元素 */
  if（s = = 1）{
    pre = p;
    p = p->next;
    while（p! = * pclist）{
    pre = p;
    p = p->next;
    }
   }
   else for（i = 1;i<s;i ++）{
     pre = p;
     p = p->next;
     }
   while（p! = p->link）{                          /* 当链表中结点个数大于 1 时 */
     for（i = 1;i<m;i ++）                        /* 找到第 m 个结点 */
       { pre = p;
        p = p->next;
        }
     printf（"Out element :& d\n",p → info）;/ * 输入该结点 */
     if（ pclist = = p）           /* 该结点是第一个结点时，删除时需特殊处理 */
     pclist = p->next;
     Pre->next = p->next; /* 删除该结点 */
     free（p）;
     p = pre->next;
}
printf（"Out element :& d\n",p->data）;  /*输出最后一个结点 */
* pclist = NULL;
free（p）;
}
```

```
main () {
LinkList jos_head;      /* 输入所需各参数的值 */
int n,s,m;
do{
      printf ("please input the values of s =") ;
      scanf ("%d",&s) ;
   }while (n<1) ;
do{
      printf ("please input the values of s =") ;
      scanf ("%d",&s) ;
   }while (m<1) ;
if (init_clist (&jos_head,n))
josephus_clist (&jos_head,s,m) ;
else
print ("Out of space!\n") ;
}
```

该程序的运行时间主要由以下几部分组成：

第一部分是创建 Josephus 循环单链表，所花费的时间为 $O(n)$；

第二部分是找 pclist 循环单链表中的第 s 个结点，所花费的时间为 $O(s)$；

第三部分是求第 $m$ 个应出列的元素，所花费的时间为 $O(m)$，每次出列一个元素，总计查找元素个数不超过 $n\times m$ 个，所花费的时间为 $O(n\times m)$。

# 本章小结

本章主要介绍线性表的特点、顺序表和链表两种常见的存储结构，以及线性表在两种不同的存储结构上相关运算的实现。本章以 Josephus 问题作为实例进行分析，分别采用顺序存储和链式存储两种方式，给出完整的实现代码。依据对算法的分析可知，链式存储的时间效率高于顺序存储，进一步表明，针对不同的问题，采用不同的存储结构，可以有效提高程序的运行效率。

通过对顺序表及链表的学习，也希望学生掌握系统对内存的管理及程序实际在内存中运行的特点，不仅知其然也能知其所以然，这样在实际编程中，就能设计出更高效的程序。

# 本章习题

**一、填空题**

1. 在顺序表中插入或删除一个元素，需要平均移动__________个元素，具体移动的元素个数与__________有关。

2. 在顺序表中访问任意一结点的时间复杂度均为__________，因此，顺序表也称为__________的数据结构。

3. 顺序表中逻辑上相邻的元素在物理位置上__________相邻，单链表中逻辑上相邻的元素在物理位置上__________相邻。

4. 在单链表中，除了首元结点外，任一结点的存储位置由__________指示。

5. 在n个结点的单链表中要删除已知结点*p，须找到它的__________，其时间复杂度为__________。

## 二、判断题

(　　) 1. 链表的每个结点中都恰好包含一个指针。

(　　) 2. 链表的物理存储结构具有与链表表达的逻辑结构一样的顺序。

(　　) 3. 线性表的每个结点只能是一个简单类型，而链表的每个结点可以是一个复杂类型。

(　　) 4. 顺序表结构适合于进行顺序存取，而链表适合于进行随机存取。

(　　) 5. 顺序存储方式的优点是存储密度大，且插入、删除运算效率高。

(　　) 6. 线性表在物理存储空间中也一定是连续的。

(　　) 7. 线性表在顺序存储时，逻辑上相邻的元素未必在存储的物理位置上也相邻。

(　　) 8. 线性表的逻辑顺序与存储顺序总是一致的。

## 三、选择题

1. 数据在计算机存储器内表示时，物理地址与逻辑地址相同并且是连续的，称为(　　)。

A. 存储结构　　B. 逻辑结构

C. 顺序存储结构　　D. 链式存储结构

2. 一个向量的第一个元素的存储地址是100，每个元素的长度为2，则第5个元素的地址是(　　)。

A. 110构　　B. 108

C. 100构　　D. 120

3. 在n个结点的顺序表中，算法的时间复杂度是$O(1)$的操作是(　　)。

A. 访问第i个结点（1≤i≤n）和求第i个结点的直接前驱（2≤i≤n）

B. 在第i个结点后插入一个新结点（1≤i≤n）

C. 删除第i个结点（1≤i≤n）

D. 将n个结点从小到大排序

4. 向一个有127个元素的顺序表中插入一个新元素并保持原来顺序不变，平均要移动(　　)个元素。

A. 8　　B. 63.5

C. 63　　D. 7

5. 链接存储的存储结构所占的存储空间(　　)。

A. 分两部分，一部分存放结点值，另一部分存放表示结点间关系的指针

B. 只有一部分，存放结点值

C. 只有一部分，存储表示结点间关系的指针

D. 分两部分，一部分存放结点值，另一部分存放结点所占单元数

6. 线性表若采用链式存储结构时，要求内存中可用存储单元的地址(　　)。

A. 必须是连续的　　B. 部分地址必须是连续的

C. 一定是不连续的　　D. 连续或不连续都可以

7. 线性表L在（　　）情况下适合使用链式结构实现。

A. 需经常修改L中的结点值

B. 需不断对L进行删除插入

C. L中含有大量的结点

D. L中结点结构复杂

8. 在非空双向循环链表（结点指针域分别为pre和next）中q所指的结点前插入一个由p所指的链结点的过程依次为（　　）。

A. q->pre=p;p->next=q;

B. t=q->pre;t->next=p;p->next=q;

C. t=q->pre;t->next=p;p->pre=t;p->next=q;

D. t=q->pre;t->next=p;p->next=q;q->pre=p;p->pre=t;

9. 首元结点的单链表L为空的判定条件是（　　）。

A. L==NULL

B. L->next==NULL

C. L->next==L

D. L!=NULL

10. 若某表最常用的操作是在最后一个结点后插入一个结点或删除第一个结点，则采用（　　）存储方式最节省运算时间。

A. 带头结点的单链表

B. 不带头结点的双向链表

C. 头指针指向最后一个结点的单循环链表

D. 带头结点的双循环链表

**四、简答题**

1. 试比较顺序存储结构和链式存储结构的优缺点。在什么情况下用顺序表比链表好？

2. 描述以下三个概念的区别：头指针、头结点、首元结点（第一个元素结点）。在单链表中设置头结点的作用是什么？

**五、算法分析题（给出算法思想，可以选择一两个使用C语言构建并实现函数）**

1. 顺序表按序号查找。

2. 顺序表按值查找。

3. 顺序表逆置。

4. 有序顺序表插入。

5. 求单链表长度。

6. 单链表建立。

7. 单链表按序号查找。

8. 单链表按值查找。

9. 单链表插入。

10. 单链表逆置。

# 第3章 栈和队列

栈和队列是两种特殊的线性表，它们的逻辑结构和线性表相同，只是其运算规则较线性表有更多的限制，故又称它们为运算受限的线性表。栈和队列被广泛应用于各种程序设计中。

本章首先介绍栈与队列的基本概念、常用运算，在对顺序栈的介绍中，提出了多栈特别是两个顺序栈共享存储空间的思想，依据顺序队列的特点，提出利用循环队列应对队列的假溢出问题。

本章的重点是理解递归程序在实际运行过程中，系统采用栈来实现递归过程的状态保存。同时，学习利用自定义栈来代替编程中的递归，从而有效提高程序的运行效率也是本章应掌握的一个重要能力。

## 3.1 栈

### 3.1.1 栈的基本概念与抽象数据类型

**栈**（Stack）是限制仅在表的一端进行插入和删除运算的线性表，通常称插入、删除的一端为**栈顶**（Top），另一端称为**栈底**（Bottom）。当表中没有元素时称为空栈。

根据上述定义，每次删除（退栈）的元素总是当前栈中“最新”的元素，即最后插入（进栈）的元素，而最先插入的元素被放在栈的底部，到最后才删除。在如图 3.1 所示的栈中，元素以 $a_1$，$a_2$，…，$a_n$ 的顺序进栈，而退栈的次序却是 $a_n$，$a_{n-1}$，…，$a_1$。也就是说，栈的修改是按后进先出的原则进行的。因此，栈又称**后进先出**（Last In First Out）的线性表，简称 LIFO 表。栈在日常生活中也可见到，如一叠书或一叠盘子，若规定从折叠物品中取出一件或放回一件都只能在顶部进行，那它就是一个栈。

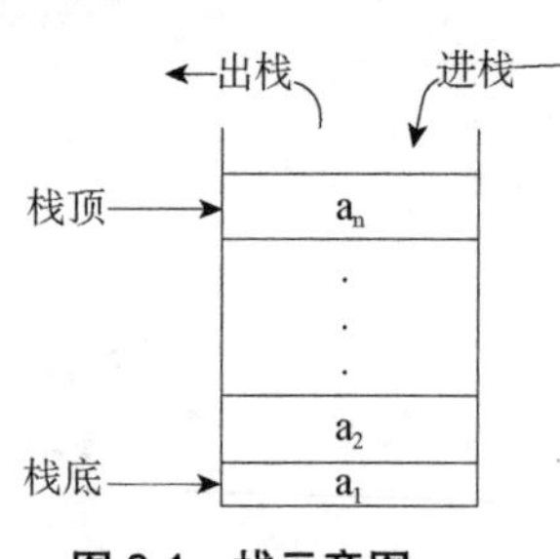


图 3.1 栈示意图

栈的基本运算有五种。

① 置空栈 SETNULL（S）。将 S 置成空栈。

② 判栈空 EMPTY（S）。这是一个布尔函数，若 S 为空栈，则函数值为“真”，否则

为“假”。

③ 进栈 PUSH（S，x）。在 S 的顶部插入（也称为压入）元素 x。

④ 退栈 POP（S）。删除（也称为弹出）栈 S 顶部元素，若要在退栈的同时返回删去的栈顶元素，则将 POP（S）定义为一个类型和栈元素相同的函数。

⑤ 取栈顶 TOP（S）。取栈 S 的顶部元素。与 POP（S）不同之处是 TOP（S）不改变栈的状态。

## 3.1.2　顺序栈

由于栈是运算受限的线性表，因此线性表的存储结构对栈也适用。

栈的顺序存储结构简称为**顺序栈**，它是运算受限的顺序表。类似于顺序表的定义，顺序栈也可用向量来实现。因为栈底位置是固定不变的，所以可以将栈底位置设置在向量两端的任意一个端点；栈顶位置是随着进栈和退栈操作而变化的，故需要一个整型量 top 来指示当前栈顶位置，通常称 top 为栈顶指针。由此可见，顺序栈的类型定义只需要将顺序表的类型定义中的 last 改成 top 即可。顺序栈的类型和变量定义如下：

```
typedef int datatype;        /*栈元素的数据类型*/
#define maxsize 64           /*栈可能达到的容量，此处设定为 64*/
typedef struct{
   datatype data[maxsize];
   int top;
}seqstack;           /*顺序栈类型定义*/
seqstack *s;      /*s 是顺序栈类型的指针*/
```

容易看出，若栈底位置固定在向量的底端，即 s->data[0]是栈底元素，那么栈顶指针 s->top 是正向增长的，即进栈时需将 s->top 加 1，退栈时需将 s->top 减 1。因此，s->top<0 表示空栈，s->top=maxsize-1 表示栈满。当栈满时再进行进栈运算必定产生空间溢出，简称“上溢”；当栈空时再做退栈运算也将产生溢出，简称“下溢”。上溢是一种出错状态，应该设法避免；下溢则可能是正常现象，因为栈在程序中使用时，其初态或终态可能都是空栈，所以下溢常常用来作为程序控制转移的条件。图 3.2 说明在顺序栈中进行进栈和退栈运算时，栈中元素和栈顶指针的关系。

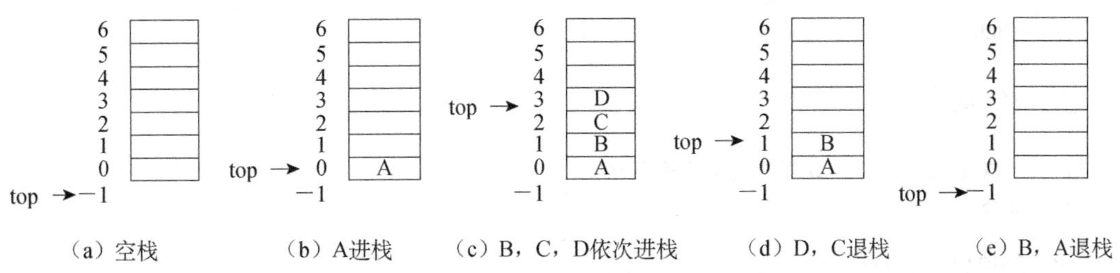


**图 3.2　栈顶指针和栈中元素之间的关系**

在顺序栈上实现栈的五种基本运算，具体算法如下。

### 1. 置空栈

```
SETNULL（s）      /*将顺序栈 s 置为空*/
```

```
seqstack *s;
{
      s->top=-1;
}      /*SETNULL*/
```

2. 判栈空

```
int EMPTY（s）      /*判断顺序栈 s 是否为空*/
seqstack *s;
{
   if（s->top>=0）   return FALSE;
   else return TRUE;
}      /*EMPTY*/
```

3. 进栈

```
seqstack *PUSH（s,x）      /*将元素 x 插入顺序栈 s 的顶部*/
seqstack *s;
datatype x;
{
   if（s->top==maxsize-1） {printf（"overflow"）;return NULL;}      /*上溢*/
   else {
       s->top++;      /*栈顶指针加 1*/
       s->data[s->top]=x;      /*将 x 插入当前栈顶*/
   }
   return s;
}      /*PUSH*/.
```

4. 退栈

```
datatype POP（s）      /*若栈非空，取出栈顶元素删除*/
seqstack *s;
{
      if（EMPTY（s））{
        printf（"underflow"）; return NULL;      /*下溢*/
   }
else{
      s->top--;      /*删除栈顶元素*/
      return （s->data[s->top+1]）;      /*返回被删值*/
      }
}      /*POP*/
```

5. 取栈顶

```
datatype TOP（s）      /*取顺序栈 s 的栈顶*/
seqstack *s;
{
   if（EMPTY（s））{
         printf（"stack is empty"）; return NULL;      /*空栈*/
      }
      else   return （s->data[s->top]）;
}      /*Top*/
```

应该注意的是，在算法 POP 中，删去栈顶元素只要将栈顶指针减 1 即可，但该元素在下次进栈之前仍然是存在的。这种情况也是内存管理的通用做法，在内存中删除一个值，事实上是将保存该值的内存地址作为空闲空间交还给系统，而原先保存在该地址的值还在，直至该地址又分配给新的变量使用时，该值才被新值所代替，因此，内存中的数据“删除”，准确地说是被“改写”。

当一个程序中同时使用多个顺序栈时，为防止上溢错误，需要为每个栈分配一个较大的空间，但是在某一栈发生上溢的同时，可能其余栈未用的空间很多，如果将这多个栈安排在同一个向量里，即让多个栈共享存储空间，就可以相互调节余缺，这样既节约存储空间，又降低上溢发生的概率。

当程序中同时使用两个栈时，可以将两个栈的栈底设在向量空间的两端，让两个栈各自向中间延伸（如图 3.3 所示）。这样当栈里的元素较多，超过向量空间的一半时，只要另一个栈的元素不多，那么前者就可以占用后者的部分存储空间，只有当整个向量空间被两个栈都占满（即两个栈顶相遇）时，才发生上溢。因此，两个栈共享一个长度为 $m$ 的向量空间和两个栈分别占用两个长度为$\lfloor m/2 \rfloor$的向量空间比较，前者发生上溢的概率比后者要小得多。

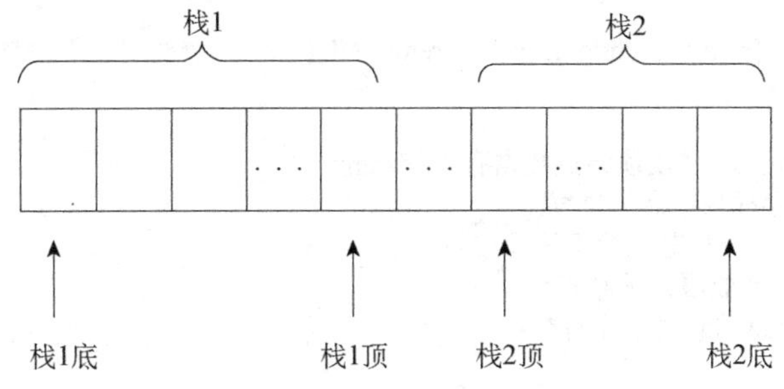


**图 3.3　两个栈共享向量空间示意图**

因为一个向量只有两个端点无须标记固定点，所以，当 $n$（$n$>2）个栈共享向量空间时，问题就显得复杂，这时除了设置栈顶指针外，还必须设置栈底位置指针。当某个栈上溢时，若其余栈中尚有未用空间，则必须通过移动元素才能为产生上溢的栈腾出空间，故其效率较低。符号$\lfloor x \rfloor$表示不大于 $x$ 的最大整数；反之，$\lceil x \rceil$表示不小于 $x$ 的最小整数，如$\lfloor 2.36 \rfloor = 2$，$\lceil 2.36 \rceil = 3$。

### 3.1.3　链栈

栈的链式存储结构称为**链栈**。它是运算受限的单链表，其插入和删除操作仅限制在表头位置进行。由于只能在链表头部进行操作，故链栈没有必要像单链表那样须附加头结点。栈顶指针就是链表的头指针。

链栈的类型及变量说明和单链表一样，定义如下：

```
typedef int datatype;
typedef struct node{
datatype data;
   struct node *next;
}linkstack;        /*链栈结点类型*/
linkstack *top;
```

top 是栈顶指针，它唯一地确定一个链栈。当 top=NULL 时，该链栈是空栈，链栈示意图如图 3.4 所示。

链栈中的结点是动态产生的，因而可以不考虑上溢问题。下面仅给出链栈的进栈和出栈算法。

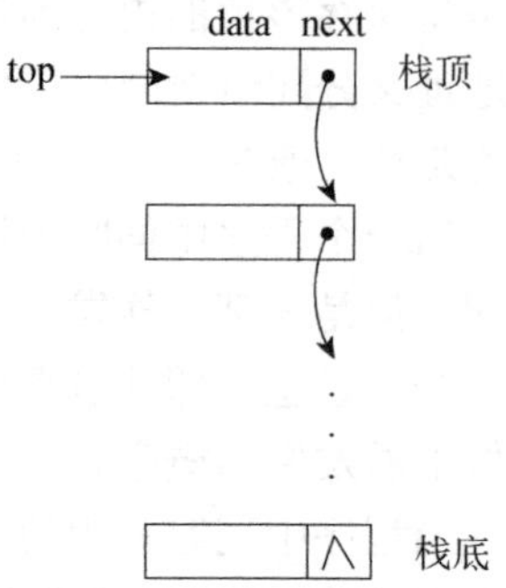

data next

top 栈顶

栈底

**图 3.4 链栈示意图**

```
linkstack *PUSHLSTACK（top,x）      /*将元素 x 插入链栈 top 的顶部*/
 linkstack *top;
 datatype x;
 {
   linkstack *p;
   p=malloc（sizeof（linkstack））;      /*生成新结点*p*/
   p->data=x;
   p->next=top;
   return p;      /*返回新栈顶指针*/
 }      /*PUSHLSTACK*/
linkstack *POPLSTACK（top,datap）      /*删除链栈 top 的顶部结点*/
 linkstack *top;
 datatype *datap;
 {
   linkstack *p;
   if（top==NULL） {printf（"under flow"）; return NULL}      /*栈空，下溢*/
   else
   {
     *datap=top->data;      /*栈顶结点数据存入*datap*/
     p=top;      /*保存栈顶结点地址*/
     top=top->next;      /*从链上摘下栈顶结点*/
     free（p）;      /*释放原栈顶结点*/
     return top;      /*返回新栈顶指针*/
   }
 }      /*POPLSTACK*/
```

## 3.1.4 栈的应用举例

栈的应用非常广，只要问题满足 LIFO 原则，均可使用栈作为数据结构，本节仅举几例，在以后的内容中还会借助栈来解决各种问题。

【例 3.1】设计一个简单的文字编译器，使其具有删除打错字符的功能。

约定‘#’表示删除前面的一个字符，‘@’表示删除前面的所有字符，‘*’表示输入结束。现在假设从键盘输入一个串“abc#d##e”，按照约定，它实际上表示串“ae”，这是因为，第一个‘#’删除了‘c’，第二个‘#’删除了‘d’，第三个‘#’删除了‘b’。

可以用一个栈来实现这种功能的文字编译器，每次读入一个字符，编译器就进行判别：若读入的字符是‘#’，则退栈；若读入的是‘@’，则置空栈；若读入的是‘*’，则编辑结束；当读入其余字符时，则执行进栈操作，将其加入栈中。

```
seqstack s;      /*顺序栈 s 是全程量*/
EDIT（）      /*具有字符删除功能的文字编译器，编辑好的字将串在 s 中*/
{ char c;
  SETNULL（&s）;      /*将顺序栈 s 置空*/
  c=getchar（）;
    while（c!= '*'）      /*字符'*'为编辑结束符*/
    {
       if（c== '#'）   POP（&s);      /*读入字符'#',则退栈*/
```

```
        else
        if（c==‘@’）   SETNULL（&s）;      /*读入字符‘@’，则置空栈*/
        else   PUSH（&s,c）;      /*c 中字符入栈*/
        c=getchar（）;
        }
}       /*EDIT*/
```

【例 3.2】用栈实现递归函数。

递归函数又称为自调用函数，它的特点是在函数内部可以直接或间接地调用函数自己。例如，函数$f$在执行中，又调用函数$f$自身，这称为直接递归；若函数$f$在执行中，调用函数$g$，而$g$在执行中，又调用函数$f$，这称为间接递归。在实际应用中，多为直接递归，也常简称为递归。递归程序的优点是程序结构简单、清晰，易证明其正确性。缺点是执行中占内存空间较多，运行效率低。递归程序执行中需借助栈这种数据结构来实现。递归程序的入口语句和出口语句一般用条件判断语句来实现。递归程序由基本项和归纳项组成。基本项是递归程序出口，不再递归即可求出结果；归纳项是将原来问题转化成简单的且与原来形式一样的问题，即向着“基本项”发展，最终“到达”基本项。

下面利用求阶层函数来详细说明。

阶乘函数的定义如下：

$$n! = \begin{cases} 1 & n=1 \\ n*(n-1)! & n>1 \end{cases}$$

用 C 语言表达如下：

```
int FACT（n）       /*返回 n!*/
int n;
{
    if（n==1） return（1）;
  else return（n*FACT（n-1））;
}      /*FACT*/
```

从函数的形式上可以看出，函数体中最后一个语句出现了函数名 FACT，这正是调用该函数自己，所以它是一个递归函数。下面分析一下该函数的执行过程，从中可以看到递归函数在计算机内部是怎样用栈实现的。

假设在程序中要计算 4!，图 3.5 说明了在 FACT（4）执行期间工作栈的变化情况。第一次调用 FACT（4），进入函数体后，由于 n 不等于 1，所以执行 else 下的 return 语句。执行该语句时，需要调用 FACT（3），此结果尚未求出，故 4*FACT（3）进栈，如图 3.5（a）所示。现在执行 FACT（3），同理执行到 return（3*FACT（2））时，将 3*FACT（2）进栈，如图 3.5（b）所示。在执行 FACT（2）时，同样将 2*FACT（1）进栈，如图 3.5（c）所示。接着执行 FACT（1），由于 n 等于 1，故结果为 1。接下来是 2*FACT（1）出栈，返回 2*1=2，如图 3.5（d）所示。3*FACT（2）出栈后，返回函数值是 3*2=6，如图 3.5（e）所示。最后是 4*FACT（3）出栈，结果为 4*6=24，如图 3.5（f）所示，它正好是 4！的计算结果。

由此可以看出，递归调用过程就是一个进栈和出栈的过程。需要注意的是，递归编程给程序员提供了便利，但由于需要在内存中开辟栈来保存递归调用的中间过程，因此递归调用的空间效率不高；同时，进栈和出栈的步骤也是与递归的规模相关的，因此就程序的运行效率而言，可以用循环来代替递归，其中，自定义一个栈来实现原先用递归所完成的任务是一个常见做法。下面代码是采用自定义栈实现阶乘的非递归函数 nFACT（ ）。

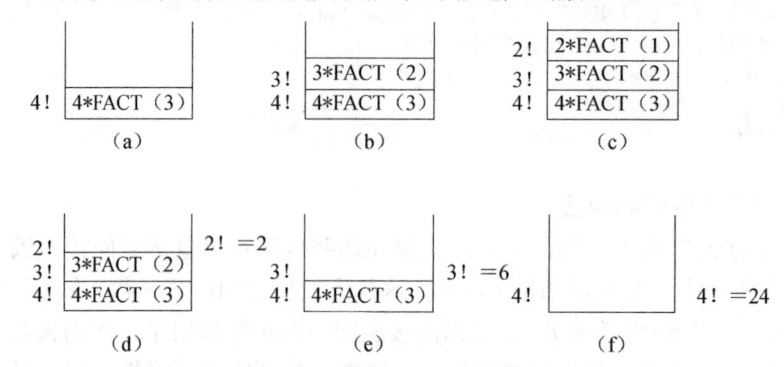


图 3.5 执行 FACT（4）的工作栈变化

```
int nFACT（int n）{
  int res;
  seqstack *s;  /*定义顺序栈 *s
    SETNULL（s）;
    while（n>0）{
    PUSH（s,n）;
    n=n-1;
}
res=1;
while（!EMPTY（s）） res=res* POP（s）;
return res;
}
```

上述函数利用了顺序栈的多个基本运算。

# 3.2 队列

## 3.2.1 队列的基本概念与抽象数据类型

**队列**（Queue）也是一种运算受限的线性表。它只允许在表的一端进行插入，而在另一端进行删除。允许删除的一端称为**队头**（Front），允许插入的一端称为**队尾**（Rear）。

队列同现实生活中购物排队相仿，新来的成员总是加入队尾（即不允许“加塞”），每次离开的成员总是队列首部的（不允许中途离队），即当前“最老的”成员离队。换言之，先进入队列的成员总是先离开队列。因此队列也称作**先进先出**（First In First Out）的线性表，简称 FIFO 表。

当队列中没有元素时称为空队列。在空队列中依次加入元素 $a_1$，$a_2$，…，$a_n$ 之后，$a_1$ 是队头元素，$a_n$ 是队尾元素。显然退出队列的次序也只能是 $a_1$，$a_2$，…，$a_n$，也就是说队列的修改是依先进先出的原则进行的。如图 3.6 所示是队列示意图。

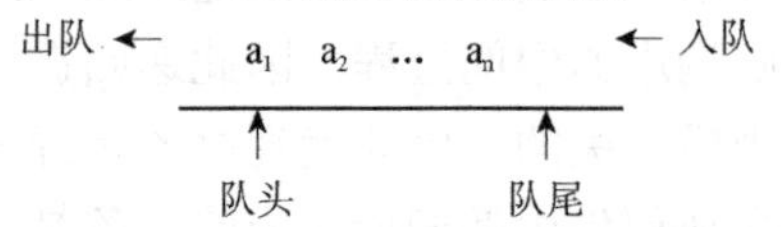


图 3.6 队列示意图

队列的基本运算有以下五种。

① SETNULL（Q）。置 Q 为一个空队列。

② EMPTY（Q）。判断队列Q是否为空队列。这是一个布尔函数，当Q是空队列时，返回“真”值，否则返回“假”值。

③ FRONT（Q）。取队列Q的队头元素，队列中元素保持不变。

④ ENQUEUE（Q，x）。将元素x插入队列Q的队尾。简称为入队（列）。

⑤ DEQUEUE（Q）。删除队列Q的队头元素，简称为出队（列）。函数返回原队头。

## 3.2.2 顺序队列

队列的顺序存储结构称为顺序队列。顺序队列实际上是运算受限的顺序表，和顺序表一样，顺序队列也必须用一个向量空间来存放当前队列中的元素。由于队列的队头和队尾位置均是变化的，因此要设置两个指针，分别指示当前队头元素和队尾元素在向量空间中的位置。顺序队列的类型 sequeue 和一个实际的顺序队列指针 sq 可以使用说明如下：

```
typedef srtuct{
daratype data[maxsize];
int front rear;
}sequeue;/*顺序队列的类型*/
sequeue *sq/*sq 是顺序队列类型的指针*/
```

为方便起见，规定头指针 front 总是指向当前队头元素的前一个位置，尾指针 rear 指向当前队尾元素的位置。一开始，队列的头、尾指针都指向向量空间下界的前一个位置，再次设为−1。若不考虑溢出，则入队运算可描述为

```
sq->rear++;/*尾指针加 1*/
sq->data[sq->rear]=x;/*x 入队*/
```

出队运算可描述为

```
sq->front++;/*头指针加 1*/
```

如图 3.7 所示说明了在顺序队列中出队和入队运算时队列中的元素及其头、尾指针的变化状况。

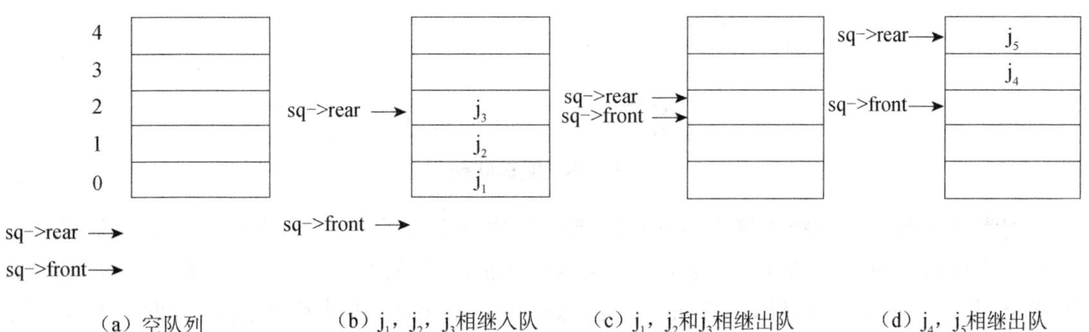


**图 3.7 顺序队列运算时的头、尾指针变化状况**

显然，当前队列中的元素个数（即队列的长度）是（sq->rear）-（sq->front）。若 sq->front=sq->rear，则队列长度为 0，即当前队列是空队列，如图 3.7（a）、（c）均表示空队列。空队列时再做出队操作时便会产生“下溢”。队满的条件是当前队列长度等于向量空间的

大小，即（sq->rear）-（sq->front）=maxsize。

队满时再进行入队操作会产生“上溢”。但是，如果当前尾指针等于向量的上界（sq->rear=maxsize-1），使队列不满（当前队列长度小于 maxsize），再进行入队操作也会引起溢出。例如，若图 3.7（d）是当前队列的状态，即 maxsize=5，sq->front=2，因为 sq-rear+1≥maxsize-1，故不能进行入队操作，但当前队列并不满，把这种现象称为“假上溢”。产生该现象的原因是，被删除的元素的空间在该元素删除以后就永远不能使用。为克服这一缺点，可以在每次出队时将整个队列中的元素向前移动一个位置，也可以在发生假上溢时将整个队列中的元素向前移动直至头指针为–1，但这两种方法都会引起大量元素的移动，所以在实际应用中很少采用。

通常采用的方法是：设想向量 sq->data[maxsize]是一个首尾相接的圆环，即 sq->data[0]接在 sq->data[maxsize]后，将这种意义下的向量称为循环向量，并将循环向量中的队列称为循环队列，如图 3.8 所示。若当前尾指针等于向量的上界，则再进行入队操作时，令尾指针等于向量的下界，这样就能利用已被删除的元素空间，克服假上溢现象。因此入队操作时，在循环意义下的尾指针加 1 操作可描述为

```
if（sq->rear+1）=maxsize）sq->rear=0;
else sq->rear++;
```

如果利用“模运算”，上述循环意义下的尾指针加 1 操作，可以更简洁地描述为

```
sq->rear=（sq->+1）%maxsize
```

同样，出队操作时，在循环意义下的头指针加 1 操作，也可以利用“模运算”来实现：

```
qs->front=（sq->front+1）%maxsize
```

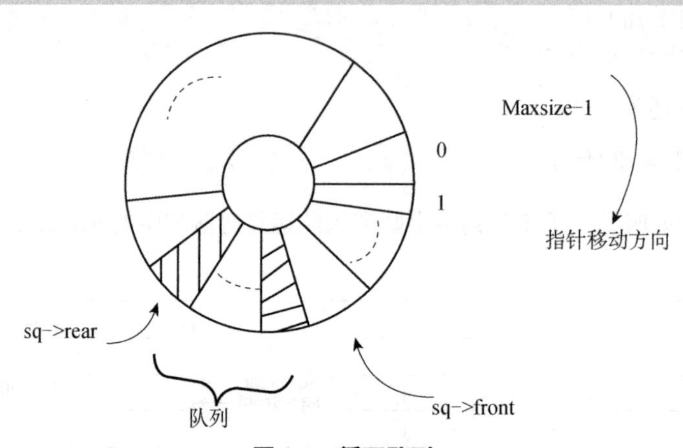


**图 3.8 循环队列**

因为出队和入队分别要将头指针和尾指针在循环意义下加 1，所以某一元素出队后，若头指针已从后面追上尾指针，即 sq->front==sq->rear，则当前队列为空；若某一元素入队后，尾指针从后面追上头指针，即 sq->rear==sq->front，则当前队列为满。因此，仅凭等式 sq->front==sq->rear 是无法区别循环队列是空还是满。对此，有两种解决的办法：一种是引入一个标志变量以区别是空队还是满队；另一种是入队前，测试尾指针在循环意义下加 1 后是否等于头指针，若相等则认为是满队，即判别队满的条件是（sq->rear+1）%maxsize= sq->front，从而保证 sq->rear==sq->front 是队空的判别条件。应当注意，这里规定的队满条件循环向量中，始终有一个元素的空间（即 sq->data[sq_>front]）是空的，即有 maxsize 个分量的循环向量只

能表示长度不超过 maxsize−1 的队列。这样做避免另设置一个判别标志造成空间上的浪费。

再次强调，循环顺序队列仅为帮助学生理解，事实上，内存的管理是线性的，并不存在前后相连的存储空间。

在循环队列上实现的五种基本运算如下。

1. 置空队

```
SETNULL（sq）/*置队列 sq 为空队*/
sequeue *sq;
{
    sq->front=maxsize-1;
    sq->rear=maxszie-1;
}       /*SETNULL*/
```

该算法中，令初始的队头、队尾指针等于 maxsize−1，是因为循环向量中位置 maxsize−1 是位置 0 的前一个位置。当然也可以将初始的队头、队尾指针置为−1。

2. 判队空

```
int EMPTY    （sq）/*判别*sq 是否为空*/
sequeue *sq;
{
    if（sq->rear==sq->front）
  return（TRUE）;
  ereturn （FALSE）;
}       /*EMPTY*/
```

3. 取队头元素

```
datatype FRONT（sq）/*取*sq 的队头元素*/
sequeue *sq;
{
    if（EMPTY（sq））{print（"queue is empty"）;return NULL;}
    else return（sq->front+1）%maxsize;
}       /*FRONT*/
```

【注意】因为队头指针总是指向队头元素的前一个位置，所以上述算法中返回的队头元素是当前头指针的下一个位置上的元素。

4. 入队

```
int ENQUEUE（sq,x）     /*将新元素 x 插入队列*sq 的队尾*/
sequeue *sq;
datatype x;
{
    if（sq->front==（sq->rear+1）%maxsize）{
  print（"queue is full"）;return NULL;
} /*队满上溢*/
else{
sq->rear=（sq->rear+1）%maxsize;
sq->data[sq->rear]=x;
return（TRUE）;
}
} /*ENQUEUE*/
```

5. 出队

```
datatype DEQUEUE（sq）/*删除队列*sq 的头元素，并返回该元素*/
sequeue *sq;
{
    If（EMPTY（sq））{
      printf（"queue is empty"）; return NULL;} /*队空下溢*/
    else{
     sq->front=（sq->front+1）%maxsize;
   return（sq->data[sq->front]）;
    }
}     /*DEQUEUE*/
```

## 3.2.3 链队列

队列的链式存储结构简称为链队列，它是仅在表头删除和表尾插入的单链表。显然仅有单链表的头指针不便于在表尾做插入操作，为此再增加一个尾指针，指向链表的最后一个结点。于是，一个链队列由一个头指针和一个尾指针唯一地确定。与顺序队列类似，将这两个指针封装在一起，将链队列的类型 linkqueue 定义为一个结构类型：

```
typedef struct{
  linklist *front,*rear;
} linkqueue *q; /*q 是链队列指针*/
```

与单链表一样，为运算方便，在队头结点前附加一个头结点，且头指针指向头结点。由此可知，一个链队列*q 为空时（q->front==q->rear），其头指针和尾指针均指向头结点。链队列示意图如图 3.9 所示。

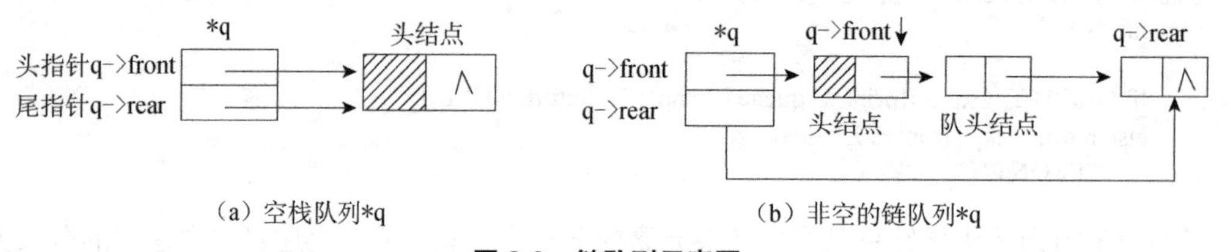


**图 3.9 链队列示意图**

在链队列上实现的五种基本运算如下。

1. 置空队

```
SETNULL（q）/*生成空链队列*q*/
linkqueue *q;
{
  q->front=mallco（sizeof（linklist））;       /*申请头结点*/
  q->front->next=NULL;                /*头结点指针为空*/
  q->rear=q->front;             /*尾指针也指向头结点*/
}/*SETNULL*/
```

2. 判队空

```
int EMPTY（q）  /*判别队列*q 是否为空*/
```

```
linkqueue *q;
{
  if（q->front==q->rear）
  return（TRUE）; /*空队列，返回“真”*/
  else return（FALSE）; /*非空队列返回“假”*/
} /*EMPTY*/
```

### 3. 取队头结点数据

```
datatype *FRONT（q）  /*取出链队列*q 的队头元素*/
linkqueue *q;
{
  if（EMPTY（q））{
  print（“queue is empty”）;return NULL;/*队列空*/
  }
  else return（q->front->next->data）;/*返回队头元素*/
} /*FRONT*/
```

### 4. 入队

```
ENQUEUE（q,s）  /*将结点 x 加入队列*q 的尾端*/
linkqueue *q;
datatype x;
{
  q->rear->next=malloc（sizeof（linklist））; /*新结点插入尾端*/
  q->rear=q->rear->next;      /*尾指针指向新结点*/
  q->rear->data=x;      /*给新结点赋值*/
  q->rear->next=NULL;
} /*ENQUEUE*/
```

### 5. 出队

若当前链队列的长度大于 1，则出队操作只要修改头结点的指针域即可，尾指针不变，其算法描述如下：

```
s=q->front->next;      /*s 指向被删除的头结点*/
q->front->next=s->next;      /*修改头结点的指针*/
free（s）      /*释放被删除结点*/
```

当然，若要返回被删除的队头元素，在释放*s 之前，还应该保存*s 的数据。上述过程的指针变化状况如图 3.10 所示。

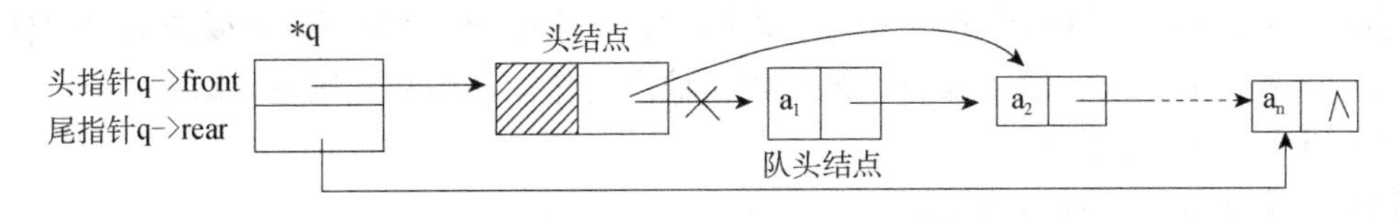


**图 3.10 队列长度大于 1 的出队运算示意图**

若当前队列的长度等于 1，则出队操作时，除修改头结点的指针域外，还应该修改尾指针，这是因为此时尾指针也是指向被删结点的，在该结点被删除后，尾指针应指向头结点，其指针变化如图 3.11 所示。

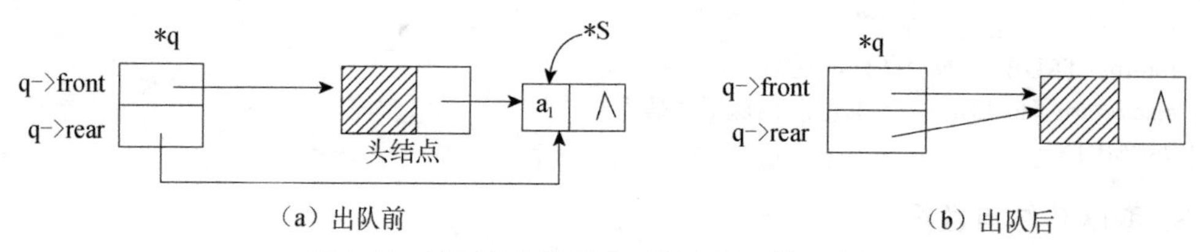


**图 3.11 队列长度等于 1 时的出队运算示意图**

可采用一种改进的出队算法，即出队时，只修改头指针，删除头结点（注意，不是队头结点），使链队列上的队头结点成为新的链表的头结点，队列上的第 2 个结点成为队头结点。这样，在物理结构上删除的是头结点，在逻辑结构上删除的是队头结点，于是，即使当前队列的长度为 1，出队时也不用修改尾指针。指针变化情况如图 3.12 所示，改进后算法如下。

```
datatype DEQUEUE（q）  /*删除*q 的队头元素，并返回该元素的值*/
linkqueue *q;
{
if（EMPTY（q））{ print（"queue is empty"）;return NULL;}
else{
    s=q->front; /*s 指向头结点*/
    q->front=q->front->next;   /*头指针指向原队头*/
    free（s）;/*释放原头结点*/
    return（q->front->data）; /*返回原队头数据*/
   }
}      /*DEQUEUE*/
```

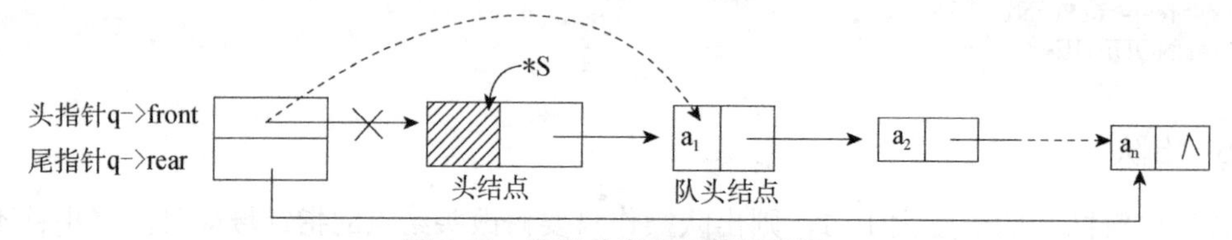


**图 3.12 改进的出队运算示意图**

## 3.2.4 队列的应用举例

由于队列的操作满足 FIFO 原则，因而具有 FIFO 特性的问题均可利用队列作为数据结构。这类问题很多，本书不一一列举。先用文字简要叙述一个例子。例如，在允许多道程序的计算机系统中，同时有几个作业运行，如果运行的结果都须要通过通道输出，那么就可以按请求输出的先后次序，将这些作业排成一个队列，每当通道传输完毕可以接受新的输出任务时，将队头的作业出队，进行输出操作。凡是申请输出的作业都是从队尾进入队列。

下面再举一例详细说明。

【例 3.3】求迷宫的最短路径。

在平面图上迷宫是由许多小方格子组成的，如图 3.13 所示，可以用一个二维数组 maze[m+2] [n+2]表示迷宫，数组的每个元素 maze[i][j]的值取 0 或 1，取 0 表示此路可通，取 1 表示此路不通。矩阵的四周暂且不考虑。假设迷宫入口是 maze[1][1]，出口是 maze[m][n]，且 maze[1][1]=0，maze[m][n]=0。现要求设计一个算法找出一条从迷宫入口到出口的最短路径。

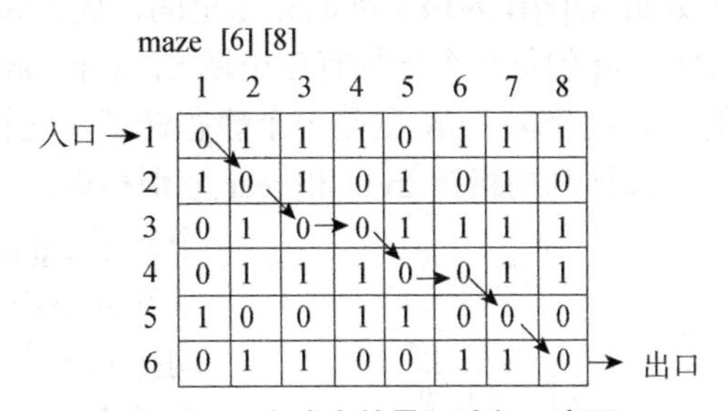


图 3.13　求迷宫的最短路径示意图

算法的基本思想是从迷宫入口点（1，1）出发，向四周搜索，记下所有一步能走通的坐标点 $p_{11}$，…，$p_1k_1$（$0\leqslant k_1\leqslant 3$）；然后依次从 $p_{11}$，…，$p_1k_1$ 出发，向四周搜索，记下所有从入口点出发，经过两步能走通的坐标点 $p_{21}$，…，$p_2k_2$（$0\leqslant k_2\leqslant 5$）；依次进行下去，直至到达迷宫出口点（m，n）为止。然后从出口点沿搜索路径回溯直至入口。这样就找到了从入口到出口的一条最短路径。

该算法的实现还需要解决以下三个问题。

### 1. 如何从某一坐标点（x，y）出发搜索其四周的邻点（i，j）

若（x，y）不是边界点，则与它相邻的点有 8 个；否则与其相邻的点可能只有 3 个或 5 个。为了避免检验每个点是否为边界点，可以将迷宫四周各镶上一条取值为 1 的边，以此表示受阻。于是，对于迷宫中任一点（x，y）（1≤x≤m ，1≤y≤n），其搜索方位均有 8 个，如图 3.14 所示。

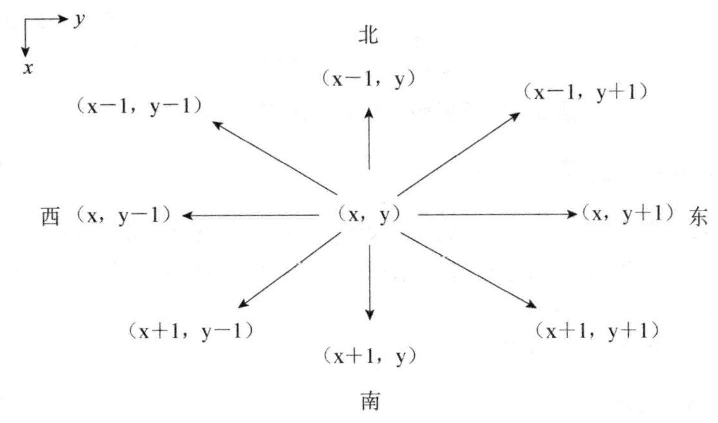


图 3.14　（x, y）的八个邻接点的坐标值

不妨设从坐标点（x，y）出发搜索的 8 个方位顺序是从正东起沿顺时针方向进行的。为了简化问题，将这 8 个方向上的 x 和 y 坐标的增量预先一次放在一个结构数组 move[8]中（如图 3.15 所示），该数组的每个分量有两个域 x 和 y。于是，只要令方向值 v 从 0 增至 7，便可通过下述计算得到从（x，y）出发搜索到的每一个相邻点（i，j）：

```
j=x+move[v].x;
j=y+move[v].y;
```

### 2. 如何存储搜索路径

在搜索过程中必须记下每一个可达的坐标点，以便从这些点出发继续向四周搜索。由于先到达的点先被搜索，故需引进一个“先进先出”的队列来保存已到达的坐标点。我们用一个数组 sq[r]作为该队列的存储空间，因为每个迷宫中每个点至多被访问一次，所以 r 最大为 m*n。sq 的每一个结构有三个域 x，y 和 pre，其中 x 和 y 分别记下搜索过程中到达的每个点的行、列坐标，pre 则是一个静态链域，它记下到达该点的出发点在 sq 中的下标。

设队列的指针 front 和 rear 分别指向队列的实际队头和队尾元素。开始时，队列中只有一个元素 sq[1]，其中记录的坐标点是入口点（1，1），因为不是从其他点出发到达（1，1）点，故 pre 域为 0，front 和 rear 均指向该点。之后搜索时，均是以 front 指向的点作为搜索的出发点，当搜索到一个可到达点时，将该点的坐标及出发点的下标（front 值）入队，因此 rear 始终指向当前搜索到的可到达点。若从 front 所指的点出发搜索完毕，则出队，使 front 指向新的出发点，继续搜索。搜索过程找到出口点成功结束，也可以当前队列为空导致失败而告终。图 3.16 显示如图 3.13 所示迷宫从入口点出发进行搜索的中间状态。

|   | x | y |
|---|---|---|
| 0 | 0 | +1 |
| 1 | +1 | +1 |
| 2 | +1 | 0 |
| 3 | +1 | −1 |
| 4 | 0 | −1 |
| 5 | −1 | −1 |
| 6 | −1 | 0 |
| 7 | −1 | +1 |

图 3.15 move 坐标增量表

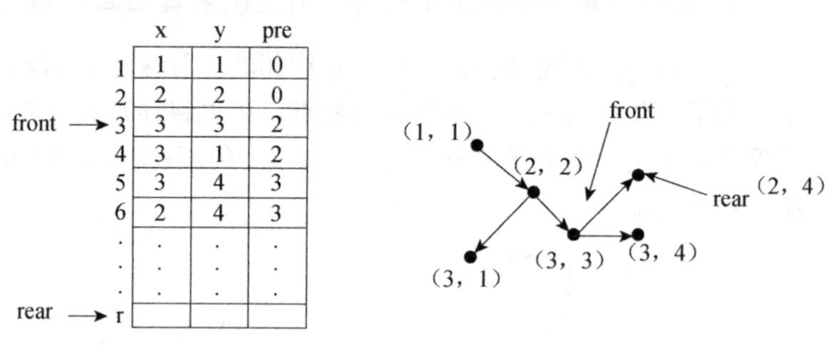


图 3.16 搜索图 3.13 所示迷宫的中间状态

### 3. 如何防止重复到达某坐标点

一旦搜索到某坐标点（x，y），就将 maze[x][y]由 0 改为 1，这样将破坏原来的迷宫，但若将 maze[x][y]由 0 改为−1，则搜索过程结束时，可将迷宫中所有的−1 重新置为 0，由此可恢复原来的迷宫。

求迷宫最短路径算法描述如下：

```
#define r 64        /*定义 r*/
#define m2 10       /*定义 m+2 为 m2*/
#define n2 10       /*定义 n+2 为 n2*/
int m=m2-2,n=n2-2;      /*m，n 赋初值*/
typedef struct{
   int x，y;      /*行、列坐标*/
   int pre;      /*链域*/
}sqtype;
sqtype sq[r];
struct moved{
   int x,y;      /*坐标增量，取值-1，0，1*/
}move[8]
int maze[m2][n2];      /*迷宫数组*/
int SHORTPATH（maze）       /*找迷宫 maze 的最短路径*/
int maze[][n2];
{
```

```
    int I,j,v,front,rear,x,y;
    sq[1].x=1;  sq[1].y=1  sq[1].pre=0;
    front=1;  rear=1;
    maze[1][1]=-1;      /*标记入口点已到达过*/
    while（front<=rear）{       /*队列非空*/
        x=sq[front].x;
        y=sq[front].y;      /*（x，y）为出发点*/
        for（v=0;v<8;v++）{
          i=x+move[v].x;
          j=y+move[v].y;
          if（maze[i][j]==0）{       /*搜索（x，y）的 8 个相邻点（i，j）是否可到达
            rear++;
            sq[rear].x=i;      sq[rear].y=j;
            sq[rear].pre=front;
            maze[i][j]=-1       /*标记（i，j）已到达过*/
            }
            if（(i==m）&&（n==j））{       /*到达出口*/
            PRINTPATH（sq,rear）;      /*打印路径*/
            RESTORE（maze）;      /*恢复迷宫*/
            return（1）;      /*成功，返回 1*/
        }
      }
      front++;          /*出队，front 指向新的出发点*/
    }      /*队空，循环结束*/
   return（0）;      /*迷宫无路径，返回 0*/
}     /*SHORTPATH*/
```

算法中调用的恢复迷宫算法 RESTORE 较简单，留给读者完成。下面只给出打印路径算法。该算法的思想：从 sq 当前尾指针 rear 指示的出口点出发，由静态链回溯直至入口点。

```
  PRINTPATH（sq,rear）       /*打印输出最短路径*/
  sqtype sq[ ];
  int rear;
  {
    int i;
    i=rear;
    do{
      printf（"\n（%d,%d）",sq[i].x,sq[i],y）;
      i=sq[i].pre;
    }while（i!=0）;
  }      /*PRINTRATH*/
```

对图 3.13 所示迷宫，图 3.17 显示 sq 的最终状态、打印结果，以及在迷宫中走过的路径。

| 1 | 2 | 3 | 4 | 5 | 6 | 7 | 8 | 9 | 10 | 11 | 12 | 13 | 14 | 15 | 16 | 17 | 18 | 19 | 20 | | |
|---|---|---|---|---|---|---|---|---|---|---|---|---|---|---|---|---|---|---|---|---|---|
| 1 | 2 | 3 | 3 | 3 | 2 | 4 | 4 | 1 | 5 | 4 | 5 | 2 | 5 | 6 | 5 | 6 | 6 | 5 | 6 | … | |
| 1 | 2 | 3 | 1 | 4 | 4 | 1 | 5 | 5 | 2 | 6 | 6 | 6 | 3 | 1 | 7 | 5 | 4 | 8 | 8 | … | |
| 0 | 1 | 2 | 2 | 3 | 3 | 4 | 5 | 6 | 7 | 8 | 8 | 9 | 10 | 10 | 11 | 12 | 14 | 16 | 16 | … | |

（a）sq的最终状态

**图 3.17　迷宫的最短路径示例**

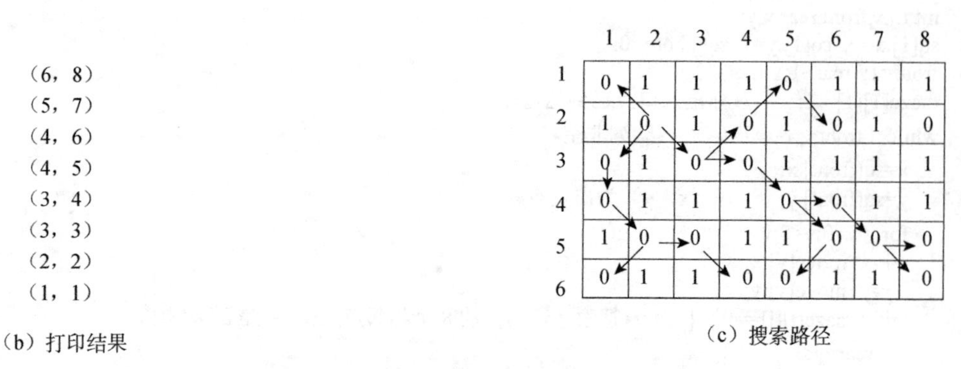


（b）打印结果　　（c）搜索路径

**图 3.17　迷宫的最短路径示例（续）**

# 本章小结

栈和队列是两种常见的数据结构，它们都是运算受限的线性表。栈的插入和删除均是在栈顶进行，它是后进先出的线性表；队列的插入在队尾，删除在队头，它是先进先出的线性表。在具有后进先出（或先进后出）特点的实际问题中，可以使用栈（或队列）这种数据结构来求解。

和线性表类似，依照存储表示的不同，栈有顺序栈和链栈之分，队列有顺序队列和链队列两种，而实际中使用的顺序队列是循环队列。本章分别介绍顺序栈、循环队列和链队列的五种基本运算，对链栈则讨论插入和删除运算，希望学生能全面掌握。值得提出的是，栈和队列“上溢”和“下溢”概念及其判别条件应重点领会，希望学生能正确判别栈或队列空间满而产生的溢出，正确使用栈空或队列空来控制返回。

迷宫最短路径的求解，具有一定的难度。严格分析可以发现，工程领域所谓的难度，一般不仅仅指问题的复杂，更可能需要一定的抽象思维。数据结构本身就具有训练抽象思维的能力，而抽象思维正是解决复杂工程问题的关键。

# 本章习题

**一、填空题**

1. 线性表、栈和队列都是________结构，可以在线性表的________位置插入和删除元素；对于栈只能在________插入和删除元素；对于队列只能在________插入和________删除元素。

2. 栈是一种特殊的线性表，允许插入和删除运算的一端称为________，不允许插入和删除运算的一端称为________。

3.________是被限定为只能在表的一端进行插入运算，在表的另一端进行删除运算的线性表。

4. 在一个循环队列中，队头指针指向队头元素的________位置。

5. 在具有 $n$ 个单元的循环队列中，队满时共有________个元素。

6. 向栈中压入元素的操作是先________后________。

7. 从循环队列中删除一个元素时，其操作是先________，后________。

8. 带表头结点的空循环双向链表的长度等于________。

**二、判断题**

(　　) 1. 在表结构中最常用的是线性表，栈和队列不常用。

(　　) 2. 对于不同的使用者，一个表结构既可以是栈，又可以是队列，或是线性表。

(　　) 3. 栈和链表是两种不同的数据结构。

(　　) 4. 栈和队列是一种非线性数据结构。

(　　) 5. 栈和队列的存储方式既可是顺序方式，又可是链接方式。

(　　) 6. 两个栈共享一片连续内存空间时，为提高内存利用率，减少溢出机会，应把两个栈的栈底分别设在这片内存空间的两端。

(　　) 7. 队列是一种插入与删除操作分别在表的两端进行的线性表，是一种先进后出形式的结构。

(　　) 8. 一个栈的输入序列是12345，则栈的输出序列不可能是12345。

**三、选择题**

1. 判定一个顺序栈ST（最多元素为m0）为空的条件是（　　）。

A. ST->top<0　　B. ST->top=0

C. ST->top<>m0　　D. ST->top=m0

2. 判定一个队列QU（最多元素为m0）为满队列的条件是（　　）。

A. QU->rear － QU->front = = m0　　B. QU->rear － QU->front －1= = m0

C. QU->front = = QU->rear　　D. QU->front = = QU->rear+1

3. 数组Q［n］表示一个循环队列，f为当前队列头元素的前一位置，r为队尾元素的位置，假定队列中元素的个数小于n，计算队列中元素的公式为（　　）。

A. r−f　　B. （n＋f−r）% n

C. n＋r−f　　D.（n＋r−f）% n

4. 向一个栈顶指针为top的链栈中插入一个S所指结点时，则执行（　　）。

A. top->next = S;　　B. S->next = top->next; top->next = S;

C. S->next = top; top = S;　　D. S->next = top; top = top->next;

5. 若已知一个栈的入栈序列是1，2，3，…，n，其输出序列为$p_1$，$p_2$，$p_3$，…，$p_n$，若$p_1$=n，则$p_i$为（　　）。

A. i　　B. n=i

C. n−i+1　　D. 不确定

6. 向一个栈顶指针为top的链栈中插入一个S所指结点时，则执行（　　）。

A. top->next = S;　　B. S->next = top->next; top->next = S;

C. S->next = top; top = S;　　D. S->next = top; top = top->next;

7. 若用一个大小为6的数组来实现循环队列，且当前rear和front的值分别为0和3，当从队列中删除一个元素，再加入两个元素后，rear和front的值分别为（　　）。

A. 1和 5　　B. 2和4

C. 4和2　　D. 5和1

## 四、简答题

1. 说明线性表、栈与队列的异同点。
2. 顺序队的“假溢出”是怎样产生的？如何知道循环队列是空还是满？
3. 设循环队列的容量为40（序号从0～39），现经过一系列的入队和出队运算后，有：

（1）front=11，rear=19;

（2）front=19，rear=11；

问在这两种情况下，循环队列中各有元素多少个？

4. （1）什么是递归程序。

（2）递归程序的优、缺点。

（3）递归程序在执行时，应借助于什么来完成。

（4）递归程序的入口语句、出口语句一般用什么语句实现。

## 五、阅读理解题

1. 写出下列程序段的输出结果（队列中的元素类型 QElem Type 为 char）。

```
void main（ ）{
  Queue Q;
  Init Queue （Q）;
  Char x= ‘e’ ; y='c';
  EnQueue （Q, ‘h’）; EnQueue （Q, ‘r’）;  EnQueue （Q, ‘y’）;
  DeQueue （Q,x）; EnQueue （Q,x）;
  DeQueue （Q,x）; EnQueue （Q, ‘a’）;
  while（!QueueEmpty（Q））{
    DeQueue （Q,y）;printf（y）;
  }
  Printf（x）;
}
```

2. 简述以下算法的功能（栈和队列的元素类型均为 int）。

```
void algo3（Queue &Q）{
  Stack S; int d;
  InitStack（S）;
  while（!QueueEmpty（Q））{
    DeQueue （Q,d）;  Push（S,d）;
    while（!StackEmpty（S））{
      Pop（S,d）; EnQueue （Q,d）;
    }
}
```

## 六、算法设计题（可以仅写出算法思想，也可以用C语言函数实现）

1. 假设一个算术表达式中包含圆括号、方括号和花括号三种类型的括号，编写一个判别表达式中，括号是否正确配对的函数correct（exp）；其中，exp为字符串类型的变量（可理解为每个字符占用一个数组元素），函数用来判别该数学表达式是否正确。

2. 假设一个数组squ[m]存放循环队列的元素。若要使这m个分量都得到利用，则需另一个标志tag，以tag为0或1来区分尾指针和头指针值相同时队列的状态是“空”还是“满”。试编写相应的入队和出队的算法。

# 第4章　串

在早期的程序设计语言中，串仅在输入或输出中以直接变量的形式出现，并不参与运算。随着计算机的发展，串在文字编辑、词法扫描、符号处理及定理证明等许多领域得到越来越广泛的应用。在高级语言中开始引入串变量的概念，如整型、实型变量，串变量也可以参与各种运算，并建立了一组串运算的基本函数。

串是一种特殊的线性表，它的每个结点仅由一个字符组成，包括26个英文字母，“0～9”10个数字字符，以及诸如“!”“#”等一些特殊字符。

本章讨论串的有关概念、存储方法、基本运算及实现。

由于字符串数据元素自身的特点，利用顺序存储和链式存储都不是最佳存储方式，由此，提出了索引存储，可以将其理解为顺序存储与链式存储的一种组合。本章的另一个重点是子串查找中的一种更为高效的算法——KMP算法。

## 4.1　串的基本概念与抽象数据类型

### 4.1.1　串的基本概念

**串**（String）是由零个或多个字符组成的有限序列。一般记为S=“$a_1a_2a_n$”，其中S是串名，双引号括起的字符序列是串值；$a_i$（$1 \leqslant i \leqslant n$）可以是字母、数字或其他字符；串中所包含的字符个数称为该串的长度。长度为零的串称为空串，它不包含任何字符。

将串值括起来的双引号本身不属于串，它的作用是避免串与常数或标志符混淆。例如，“123”是数字字符串，它不同于整数常数123，又如“x1”是长度为2的字符串，而x1通常可能表示一个变量名。应该知道，空格字符也是字符集合中的一个元素，虽然没有显示，但是存在，不同于空字符，前者构成的字符串的长度必定大于1，而后者长度必定为0。

串中任意多个连续的字符组成的子序列称为该串的**子串**，该串称为**主串**。通常，当子串在主串中第一次出现时，把子串的第一个字符在主串中的序号，定义为子串在主串中的序号（或位置）。

例如，有两个串A和B：

A=“This is a string”

B= “is”

显然，B 是 A 的子串，B 在 A 中的序号是 3 而不是 6。特别的，空串是任意串的子串，任意串是其自身的子串。

通常在程序中使用的串可分为两种：串变量和串常量。串常量和整常数、实常数一样，在程序中只能被引用而不能改变它们的值，常常是用直接量表示。在 C 语言中对串常量还可以命名（变量名），以便反复使用时书写和修改方便。例如，以下定义：

Char object[ ]= “data structure”;

它定义了一个串变量，名字为 object，初值为“data structure”。串变量和其他类型变量一样，其取值是可以改变的。

### 4.1.2 串的基本运算

串的基本运算有以下 9 种。为叙述方便，本节假设用大写字母 S，T 等表示串，用小写字母表示组成串的字符，并且假设：

$S_1$= “$a_1a_2$ ⋯ $a_n$”

$S_2$= “$b_1b_2$ ⋯ $b_n$”

其中，1≤m≤n。

1. 赋值（=）

赋值号左边必须是串变量，右边可以是串变量、串常量或经过适当运算所得到的串值。

例如：

S= “abc”

S=$S_1$

S= “”

2. 连接（strcat）

strcat（$ST_1$，$ST_2$）就是将串 $ST_2$ 连接串 $ST_1$ 的串值的末尾，组成一个新的串 $ST_1$。显然，这个函数有两个参数，都是字符串，而返回值也是字符串型。

例如：

$ST_1$=$S_1$；$ST_2$=$S_2$；

strcat（$ST_1$，$ST_2$）；

则 $ST_1$= “$a_1a_2$ ⋯ $a_nb_1b_2$ ⋯ $b_m$”

显然连接运算不满足交换律。

3. 求串长（strlen）

strlen（S）表示求串 S 的长度，这个函数参数是一个字符串，返回值为整型。

例如：

strlen（$S_1$）=n

strlen（“abc”）=3

strlen（“”）=0

### 4. 求子串（substr）

substr（S，i，j）表示从S中第i个字符开始，抽出j个字符构成一个新的串（显然它是S的子串），该函数的参数有三个，类型分别为一个字符串型和两个整型，返回值是字符串，其中两个整型参数应满足：

1≤i≤strlen（S），1≤j≤strlen（S）−i+1

例如：

substr（$S_1$，i，j）=“$a_ia_{i+1}\ldots a_{i+j+1}$”

substr（“abcd”，2，2）=“bc”

有时，对参数j的限制可以放宽至j≥0，当j=0，规定对任何串S，有substr（S，i，0）=“”；当j>strlen（S）−i+1时，规定取S的第i个字符直到S的最后一个字符作为子串，该子串共有strlen（S）−i+1个字符。

### 5. 比较串的大小（strcmp）

strcmp（S，T）是一个函数，用以比较两个串S和T的大小，其中函数值小于、等于和大于0时，分别表示$S<T$，$S=T$和$S>T$。该函数的两个参数都是字符串型，返回值为整型。

基于ASCII码及国际码的字符集，串中可能出现的字符的大小，是由该字符在字符串集中出现的先后次序确定的。若用函数ord表示字符在字符集中的序号，当ord（ch1）<ord（ch2）时，则ch1<ch2。常用的字符集都规定：数字字符0，1，…，9在字符集中是顺序排列的，字母字符A，B，…，Z（或者a，b，…，z）在字符集中也是顺序排列的。因此有：

ord（“a”）<ord（“b”）<…<ord（“z”）

ord（“0”）<ord（“1”）<…<ord（“9”）

定义字符的大小后，就可以定义两个串的大小。串的大小通常按照字典序定义，即从两个串的第1个字符起，逐个比较相应的字符，直到找到两个不等的字符为止，这两个不等的字符即可确定串的大小。例如，“this”>“there”，这是因为“i”>“e”。若找不到两个不等的字符，就必须由串长来决定大小。例如，“there”>“the”，这是因为两个串的前三个字符均相同。但前者长度大于后者。由此可知，两个串相等且长度相等，以及各个对应位置上的字符也相同。

### 6. 插入（insert）

insert（$S_1$，i，$S_2$）表示把串$S_2$插到$S_1$的第i个字符之后，该函数有三个参数，分别为字符串型、整型、字符串型，返回值一般为第一个参数运算后的值，字符串型。例如，执行insert（$S_1$，2，“abc”）后：

$S_1$=“$a_1a_2abca_3\cdots a_n$”

### 7. 删除（delete）

delete（$S_1$，i，j）表示从$S_1$中删除从第i个字符开始的连续j个字符，该函数有三个参数，分别为字符串型、整型、整型，返回值一般为字符串运算后的结果，为字符串型。例如，delete（$S_1$，3，n−3）执行结果为：

$S_1$=“$a_1a_2a_n$”

8. 子串定位（index）

index（$S_1$，$S_2$）是一个求子串在主串中的位置的定位函数，它表示在主串 $S_1$ 中查找是否有等于 $S_2$ 的子串，若有，则函数值为 $S_2$ 在 $S_1$ 中首次出现的位置；若无，则函数值为零，该函数两个参数都为字符串型，返回值为整型。

例如：

index（“abcdbc”，“bc”）=2

index（“abcdbc”，“ac”）=0

由于子串定位是很多现代应用领域的基础，如人脸识别、声音识别等模式识别领域，因此，子串定位也称为模式识别。

9. 置换（replace）

replace（$S_1$，i，j，$S_2$）表示用 $S_2$ 置换 $S_1$ 中第 i 个字符开始的连续 j 个字符，该函数有四个参数，类型分别为字符型、整型、整型、字符型，返回值一般为 $S_1$ 运算后的结果，为字符型。例如，replace（$S_1$，2，1，“abc”）执行后：

$S_1$=“$a_1$abc$a_3$…$a_n$”

另一种置换运算 repl（S，T，V），表示用 V 替换所有在 S 中出现的和 T 相等的子串，该函数的所有三个参数都是字符型，返回值也是字符型。例如，设

S=“if（j<n） then j=j+1”，T=“j”，V=“k”；

则 repl（S，T，V）的运算结果为

S=“if（k<n） then k=k+1”

上述都是串的基本运算，这些基本运算可组合成更为复杂的运算，就像数值计算中对整型变量进行四则运算，频繁地在串处理中使用。因此，在引进串变量的高级语言中，这些基本的串运算常常作为内部函数来提供，当然提供的种类和符号在各种语言中可能有所不同。

## 4.2 串的存储结构

存储串的方法也就是存储线性表的一般方法。只不过由于组成串的结点是单个字符，所以存储时有一些特殊的技巧。

### 4.2.1 顺序存储

串的顺序存储结构简称为**顺序串**，顺序串中的字符被顺序地存放在内存的一片相邻的单元中。由于一个字符只占一个字节，而 C 语言可以按字节寻址，因此串中相邻的字符是顺序存放在相邻的字节中，这样既节约空间，又方便处理。

顺序串可用字符数组描述：

```
#define maxsize 32/*  假设串可能的最大长度是 32  */
char s[maxsize]; /*  string  */
```

可以用一个特定的、不会出现在串中的字符作为串的终结符，放在串值的的尾部，以表示串的结束。在C语言中用字符“\0”作为串的终结符，串S=“this is a string”的顺序存储结构，如图4.1所示。若不设置终结符，可用一个整数curlen表示串的长度，curlen−1表示最后一个字符的存储位置，因而顺序串的类型定义和顺序表就更为接近。

```
typedef struct{
  char ch[maxsize]; /*  串的存储空间  */
  int curlen; /*  当前串的长度  */
} seqstring;
```

与顺序表类似，顺序串上的插入、删除操作不方便，这些操作可能需要移动大量的字符。

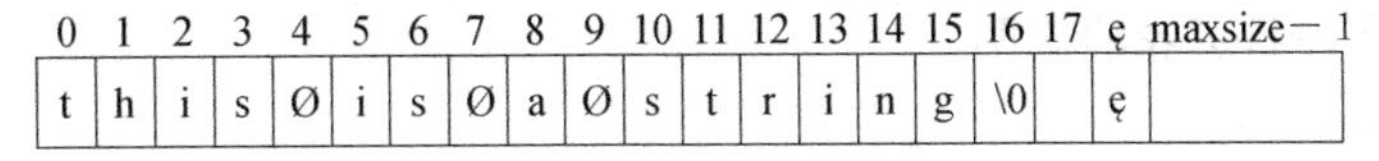


**图 4.1 顺序串的示意图**

## 4.2.2 链式存储

串的链式存储结构简称**链串**。链串的类型定义和单链表类似：

```
typedef struct linknode{
   char data;
   struct linknode *next;
} linkstring; /*  定义链串类型  */
linkstring *S; /*  S是链串类型指针  */
```

一个链串通常是由头指针唯一确定的。例如，S=“abcdefg”，该链串如图 4. 2（a）所示。这种结构便于进行插入和删除运算，但存储空间利用率较低。可以想象，若指针占 4 个字节，则链串的存储密度只有20%。为了提高存储密度，可以让每个结点存放多个字符。通常将结点数据域存放的字符个数定义为结点的大小，图4.2（b）是结点大小为4的链串，存储密度达到50%。显然，当结点大小大于1时，串的长度不一定是结点大小的整数倍，因此要用特殊字符来填充最后一个结点，以表示串的终结。虽然提高结点的大小使得存储密度增大，但是做插入、删除运算时，可能会引起大量字符的移动，同样给运算带来不便。例如，在图4.2（b）中，在S的第3个字符后插入“xyz”时，要移动原来S中后面4个字符的位置，结果如图4.2（c）所示。

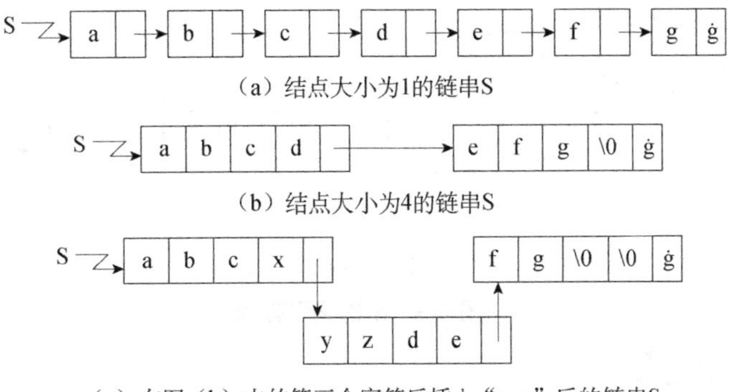


（a）结点大小为1的链串S

（b）结点大小为4的链串S

（c）在图（b）中的第三个字符后插入“xyz”后的链串S

**图 4.2 链串示意图**

### 4.2.3 索引存储

**索引存储**是用串变量的名字作为关键字组织名字表（索引表），该表存储的是串名和串值之间的对应关系。名字表中包含的条目可根据不同的需要来设置，只要为存取串值提供足够的信息即可。如果串值是以链表方式存储的，则名字表中需要存入串名及串值所在链表头指针，同时，还必须有信息指出串值存放的末地址，而末地址的表示方法包括给出串长、在串值末尾设置结束符、设置尾指针直接指向串值末地址。

名字表一般是顺序存放的，也可以采取散列方式存放。设 $S_1$= "abcdefg"，$S_2$= "bcd"。图 4.3 给出索引存储的名字表和串值数据的几种组织形式，其中串值和名字表均是顺序存放的。下面给出这几种名字表的说明。

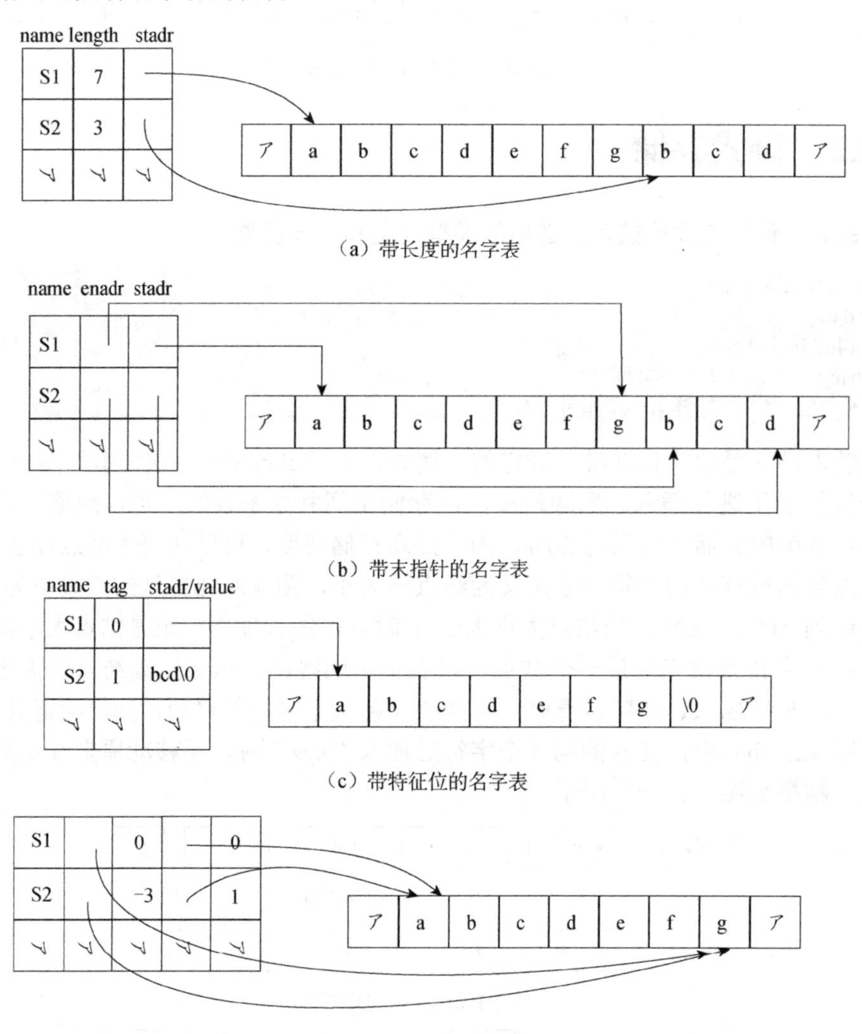


图 4.3　串的索引存储

1. 带长度的名字表

带长度的名字表如图 4.3（a）所示，名字表的结点类型如下。

```
typedef struct{
   char name[maxsize]; /*   串名   */
   int length; /*   串长   */
   char *stadr; /*   串值存入的起始地址   */
} lnode;
```

### 2. 带末指针的名字表

用一个指向串值存放的末地址的指针 enadr 代替长度 length，如图 4. 3（b）所示，名字表的结点类型如下。

```
typedef struct{
   char name[maxsize];
   char *stadr, *enadr;
} enode;
```

### 3. 带特征位的名字表

当串值只需要一个指针域的空间就能存放时，可将串值放在 stadr 域中。这样既节约了存储空间，又可以提高查找速度，但这时要增加一个特征 tag 来指出 stadr 域是指针还是串值，如图 4.3（c）所示，名字表的结点类型可用 C 语言的组合类型表示如下。

```
typedef struct{
   char name[maxsize];
   int tag; /*   特征域   */
   union{
      char *stadr;
      char value[4];
   } uval;
} tagnode;
```

假定 stadr 占 4 个字节，则对长度小于 4 的循环可直接放在结构体的第三个域中，并且特征域 tag 的值为 1 时，此时，第三个域的域名应为 uval.value；特征域 tag 值为 0 时，第三个域名应为 uval.stadr，它存放在串值存储的首地址。

### 4. 带位移量的名字表

当运算中出现大量子串时，为了节省子串值的重复存储，可以采用子串在主串中首尾的相对位移来指出子串值的存储位置，这样串值数据区的信息可以共享，如图 4.3（d）所示，名字表的结点类型说明如下。

```
typedef struct{
   char name[maxsize];
   char *stadr, *enadr;
   int offset1, offset2;
} onode;
```

其中，首指针和尾指针（stadr 和 enadr）分别指向主串的串值存放的首、尾位置。例如，图 4.3（d）中 S2 是 S1 的子串，但 S−2 的首、尾指针均是指向主串 S1 的串值存放的首、尾位置。offset1 是子串相对于主串的始位置的位移，它的值是子串在主串内的序号，因此 offset1≥0，故称 offset1 为正向位移；offset2 是子串相对于主串的末位置位移，它的值是子串末字符在主串内的序号加 1 后，与主串长度之差，因此 offset2≤0，故称 offset2 为反向位移。

【注意】图 4.3（d）中，S1 是自身的子串，故正、反向位移均为 0。

显然要判断串 T 是否是串 S 的子串，只要比较二者的首尾指针是否相等即可。

在串的顺序存储表示中，串值空间的大小是在程序说明部分定义的，在程序运行期间串的长度变化范围不能超过它，否则会产生溢出。如果一个程序要使用很多串，显然不宜为每个串都分配一个最大的空间。解决办法：在程序执行过程中产生串时，才按其所需分配存储空间（即动态存储分配）。因此，仅简单地介绍在串的索引存储表示下实现串值空间的动态分配，而对动态存储分配中所要解决的具体问题不做详细讨论。

假设一个较大的向量 store[maxsize]表示可供动态分配使用的连续的存储空间，用一个指针 free 指示尚未分配存储空间的起始位置，其初值为 0。当程序执行过程中每产生一个新串时，就从 free 指针进行存储分配，同时在索引表中建立一个相应的结点，在该结点中填入新串的名字、分配到的串值空间的起始位置、串值的长度等信息，然后修改 free 指针。例如，在图 4.4 中，S1 和 S2 为已建立串值的两个字符串，从图中可看出，S1 和 S2 是一个源程序的两行。实际上在一个简单的文本编辑程序中，可以将一个文本看成一个字符串，称为文本串，文本串由换行符划分成若干行，每一行都是文本串的子串。若用图 4.4 所示的存储分配方式，作为文本串的存储结构，则 store 是文本缓冲区，索引表的名字域 name 用来存放行号，此时索引表又称为行表。

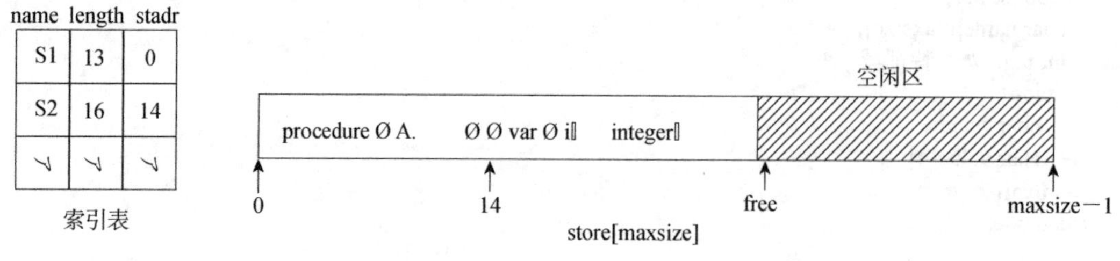


**图 4.4　索引存储下的串值空间的动态分配示意图**

上述的存储分配方法，可使多个串的串值共享一个大容量的存储空间。但是，要高效地使用该共享空间，还必须解决许多具体问题。例如，对于已删除的串所占用的串值空间如何回收利用；对一个串做插入操作时，如何扩充该串的串值空间等，这都是动态存储分配要解决的问题，有兴趣的同学可以自行研究。

本节已讨论串的最基本的存储表示方法，对于具体的应用问题，还可以设计出更为合理的串的存储表示方法。

## 4.3　串运算的实现

由于串是特殊的线性表，顺序串的运算相当于在顺序表上进行操作，链串的运算类似于在链表上的操作，所以实现串的基本运算并不困难。本节只讨论在顺序串和链串上实现子串定位（Index）运算。

### 4.3.1 顺序串的子串定位运算

子串的定位运算通常称为**串的模式匹配**，是串处理中最重要的运算之一。设有两个串 S 和 T，且

S=“$s_0s_1\cdots s_{n-1}$”

T=“$t_0t_1\cdots t_{m-1}$”

其中 $0\leqslant m\leqslant n$（通常有 $m<n$）。子串定位是要在主串 S 中找出一个与子串 T 相同的子串。一般把主串 S 称为目标，把子串 T 称为模式，将从目标 S 中查找模式为 T 的子串的过程称为**“模式匹配”**。匹配有两种结果：如果 S 中有模式为 T 的子串，就返回该子串在 S 中的位置，当 S 中有多个模式为 T 的子串时，通常只要找出第一个子串即可，这种情况称为匹配成功；否则称为匹配失败。

朴素的模式匹配的基本思想：用 T 中的字符依次与 S 中的字符比较。

目标 S：$s_0$　$s_1$　…　$s_{m-1}$　…　$s_{n-1}$

　　　　↑　↑　…　↑

　　　　↓　↓　…　↓

模式 T：$t_0$　$t_1$　…　$t_{m-1}$

为此，引入两个整型变量 i 和 j，作为字符串数组的下标值，分别指示 S 和 T 中当前待比较的字符位置。从主串 S 的第 1 个字符开始（i=0）和模式 T 的第一个字符（j=0）比较，若相等，则 i 和 j 的值逐渐加 1；比较后续字符 $s_i$ 和 $t_j$，若 $s_0=t_0$，$s_1=t_1$，…，$s_{m-1}=t_{m-1}$，则匹配成功，返回+1，即 1，否则必有一个 j（$0\leqslant j\leqslant m-1$），使得 $s_i=t_j$，即第一次匹配失败。这时应将模式 T 右移一个字符进行第二次匹配，即用 T 中字符从头开始（j=0）与 S 中字符（从 i=1 开始），依次比较。

目标 S：　$s_0$　$s_1$　$s_2$　…　$s_{m-1}$　$s_m$　…　$s_{n-1}$

　　　　　　　↑　↑　…　↑　↑

　　　　　　　↓　↓　…　↓　↓

模式 T：　　　$t_1$　$t_2$　…　$t_{m-2}$　$t_{m-1}$

如此反复执行，直到出现以下两种情况之一：在某一次匹配中有 $s_{i-m+1}=t_0$，$s_{i-m+2}=t_1$，…，$s_i=t_{m-1}$，此时匹配成功，返回序号 i−m+2，substr（S，i−m+2，m）即为找到的子串；或者一直将 T 右移到无法与 S 继续比较为止，此时匹配失败。

以 S=“abbaba”和 T=“aba”为例，采取上述做法进行模式匹配的过程，如图 4.5 所示。

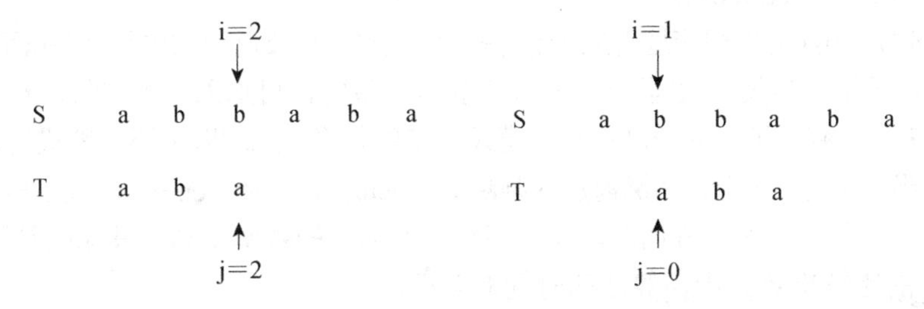


（a）第一次匹配i=2，j=0处失败　（b）第二次匹配i=1，j=0处失败

**图 4.5 朴素模式匹配过程**

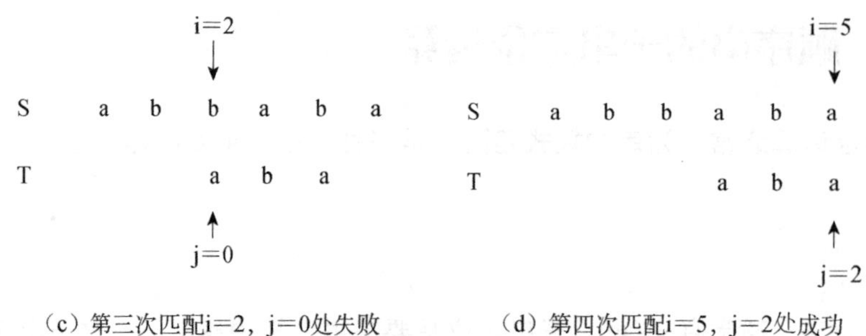


（c）第三次匹配i=2，j=0处失败　　（d）第四次匹配i=5，j=2处成功

**图 4.5　朴素模式匹配过程（续）**

下面以顺序存储方式存放串 S 和 T，实现上述过程的算法。显然第一次匹配是从 S 的第一个字符（i=0）开始与模式 T 中相应字符进行比较，第二次匹配是从 S 的第 2 个字符（i=1）开始比较，而第 k 趟比较则是从 S 的第 k 个字符（i=k−1）开始进行比较。如何从上一次失败的匹配中得到新一次匹配串 S 的开始比较位置 i 呢?因为在某一次失败的匹配中必定存在一个 j（0≤j≤m−1），使得 $s_i \neq t_j$，于是可以得出 $t_{j-1}=s_{i-1}$，$t_{j-2}=s_{i-2}$，…，$t_0=s_{i-j}$，即 $t_0$ 和 S 的第 i−j 个字符对应。因此，新的一次匹配 T 串右移一个位置后，使得与 $t_0$ 对应的 S 的开始比较位置是 i−j+1，故新的一次匹配开始时，i 指针应从当前值回溯到该位置。其具体算法如下：

```
int INDEX（S,T）/*  在目标 S 中找模式 T 首次出现的位置   */
seqstring *S，*T；
{
  int i=0, j=0;
  while（(i<S->curlen）&&（j<T->curlen)）{
     if（S->ch[i]==T->ch[j]）{
       i++;j++;
    } /*  继续比较后面的字符   */
       else{
            i=i-j+1;  j=0;
    } /*  从模式的第一个字符进行新的一次匹配   */
    if（j==T->curlen）
    return（i-T->curlen）;/ *  匹配成功   */
    else
    return （-1）;/ *  匹配失败   */
    }
}/*  INDEX  */
```

上述算法中，S->curlen 和 T->curlen 分别是串 S 和 T 的长度，且令

S->curlen=n，　T->curlen=m；

匹配成功时 j≥m，i 值也相应地对应于 $t_{m-1}$ 的后一个位置，故返回的序号是 i−m 而不是 i−m+1。上述算法还可以改进，当某一次匹配已失败，i 指针回溯时，可加入一个判断，若 i> S->curlen-T->curlen，则 S 串中剩余子串的长度已小于模式 T 串的长度，此时匹配不可能成功，故可以直接在此返回−1。当然也可在 i 指针回溯前加入判断 i>S->curlen- T->curlen+j-1，效果相同。

该算法的特点是，匹配过程简单，易于理解，但算法的效率不高，其原因是回溯问题，下面以单个字符的比较次数分析该算法的时间复杂性。

最佳情况下，每次不成功的匹配都是模式 T 的第一个字符与 S 中相应字符做比较时不相等。设从 S 的第 i 个位置开始与 T 串匹配成功的概率为 $p_i$，则字符比较次数在前面 i−1 次匹配中共比较了 i−1 次，第 i 次成功的匹配字符比较次数为 m，故总的比较次数是 i−1+m。要是匹

配有可能成功，S 的开始位置只能是 1 到 n−m+1，匹配成功的概率都是相等的。因此最佳情况下匹配成功的平均比较次数是：

$$\sum_{i=1}^{n-m+1} P_i \times (i-1+m) = \frac{1}{(n-m+1)} \sum_{i=1}^{n-m+1} (i-1+m) = \frac{n+m}{2}$$

即最好情况下，该算法的平均时间复杂度：

$$O（n+m）$$

最坏情况下，每次不成功的匹配都是在模式 T 的最后一个字符，它在 S 中与相应的字符比较时不相等，新的一次匹配开始前，指针 i 要回溯到 i−m+2 的位置上。

例如：

S= “aaaaaaaab”

T= “aaab”

每次失败的匹配都要比较 4（m=4）次。

设在最坏的情况下，第 i 次匹配成功，前面 i−1 次不成功的匹配中，每次比较 m 回，第 i 次成功时也比较 m 回，所以共比较 i×m 次。因此，最坏情况下的平均比较次数：

$$\sum_{i=1}^{n-m+1} P_i \times (i \times m) = \frac{m}{(n-m+1)} \sum_{i=1}^{n-m+1} i = \frac{m \cdot (n-m+2)}{2}$$

由于 n>>m，故上述时间复杂度：

$$O（n \times m）$$

## 4.3.2 链串的子串定位运算

用结点大小为 1 的单链表作为串的存储结构时，朴素匹配算法的实现很简单。只要用一个指针 first，记住每一次匹配开始时目标串比较结点的地址。若某一次匹配成功，则返回 first 的值；若全部匹配失败，则返回空指针。具体算法如下：

```
linkstring *INDEXL（S,T）/*  求模式串 T 在目标串 S 中首次出现的位置  */
linkstring *S，*T;
{
  linkstring *first, *sptr, *tptr;
  first =S; /*  first 指向 S 的起始比较位置  */
  sptr=first;  tptr=T;
  while （sptr && tptr ）{
    if （sptr->data == tptr->data ）{ /*  继续比较后继结点的字符  */
        sptr = sptr->next;
        tptr = tptr->next;
    }
    else{ /*  本次匹配失败，回溯  */
    first = first->next;
    sptr=first;  tptr=T;
    }
}
if （tptr==NULL）
return （first）; /*  匹配成功  */
else
return（NULL）; /*  匹配失败  */
} /*  INDEXL  */
```

该算法的时间复杂度与顺序串朴素匹配算法相同。

## 4.4 KMP 算法

**KMP 算法**是一种改进的字符串匹配算法，由 D.E.Knuth，J.H.Morris 和 V.R.Pratt 同时发现，因此人们称它为克努特-莫里斯-普拉特操作（简称 KMP 算法）。KMP 算法的关键是利用匹配失败后的信息，尽量减少模式串与主串的匹配次数以达到快速匹配的目的。

在学习 KMP 算法之前，先来回顾一下朴素的字符串比较过程。

### 1. 传统字符串比较过程及分析

在朴素的字符串比较过程中，匹配失败后，目标的指针需回溯到本次开始比较的下一个位置，而模式的指针需要回溯到开始位置。例如：

目标　S=“ababcababa”

模式　T=“ababa”

比较结束后需要比较的次数：

$$Times=5+1+3+1+1+5=16$$

由此可见，这种不断的回溯导致朴素的比较过程烦琐而低效，进一步分析可以看出，这种方法并没能充分利用之前的比较过程和结果。具体来说，就是在某次匹配失败后如果直接回溯，显然之前的所有比较过程和结果都是浪费时间，如果能有效地利用上一轮比较的数据，效率肯定能得到提升。

KMP 算法的思想是发现模式内在的关联，并利用之前比较的结果，减少回溯。

### 2. KMP 核心思维

如上所述，KMP 算法的思想是找出模式内在的关联以减少主串和子串的回溯。一般而言，主串的长度应该远远高于子串，因此找出子串的内在关联是一个相对容易的事情。

为循序理解 KMP 算法的思想，先举一个极端的例子：假设子串中没有任意两个字符是相同的。为方便描述，设 i 是目标 S 串里正在比较的字符位置，j 是模式 T 串里正在比较的字符位置。若某一轮比较失败时，则 i 不需要回溯，j 从 1 开始于 i 当前所在的位置进行下一轮比较，此时，该算法的时间效率是 $O(n)$。原理说明如下。

在 i，j 失败的主子串位置，显然有子串 j 前面的 j−1 个字符与主串 i 前面的 i−1 个字符一一对应相等，可以想象：如若 i 回溯到 i−j+1 至 i−1 的任何位置，j 从 1 开始与 i 进行的下一轮比较将不可能出现匹配成功的情况；否则，由于子串中 j 位置前面的至少两个字符将与主串中 i−j+1 至 i−1 之间的某一个字符相同，这就说明子串 j 位置前面的字符中必定有相同的子串，这显然与之前的假设矛盾。

基于这一思想，我们举例分析完整的 KMP 算法。设：

目标　S=“abcabeacadaadadasfsf”

模式　T=“abcabc”

当i=6，j=6匹配失败时，KPM算法认为指针i无须回溯，而指针j从3开始与i=6处进行比较，即

目标 S="abcabeacadaadadasfsf"

模式 T="abcabc"

为证明上述比较是充要的，只需证明以下两点的正确性：

- j从1开始，分别与i从2至3的逐项比较是不需要的；
- j必须从1开始，i从4开始；但此时j的1，2和i的4，5是不需要比较的。

① 先证明第一条。观察子串，失败的"c"前面有"abcab"，我们看到该字符串的最前面两个正好等于最后两个字符串，都是"a""b"。如果我们定义失败前字符串的最前部分和最后部分最大一一对应相等的字符个数是k，在这里k值显然为2。则有结论：下一轮比较的主串位置应该是失败字符回溯k位，子串从头开始，即：

S="abcabeacadaadadasfsf"

T="abcabc"

S[3]=T[1] S[4]=T[2] S[5]=T[3]

又因为，在上一轮比较中有结论：

S[1]=T[1] S[2]=T[2]，S[3]=T[3] S[4]=T[4]，S[5]=T[5]

由此，我们推导出结论T[1]=T[3] T[2]=T[4] T[3]=T[5]，即m=3，这与事实不符。

② 再证明第二条。由于模式中失败的字符前面的子串m=2，即T[1]=T[4] T[2]=T[5]，又已从刚比较的这一轮得到结论：S与T的1～5位置上的字符一一对应相等。所以，我们有结论：T[1]=S[4] T[2]=S[5]，即j的1，2和i的4，5是已证明相等的，不再需要比较。第二条中还有一点，即可否j从1开始，i从比4大的位置假设5开始，容易分析出，此时k=1,也与k=2矛盾。在这里我们还可以体会到一点，模式内在关联性越小，模式识别算法的效率应该越高。

由上面的分析可知，KMP算法思想主串不需要回溯，因此该算法的时间复杂度为$O(n)$。

### 3. KMP算法及代码实现

下面介绍完整的KMP算法，首先介绍数组next[ ]，它与模式T的j位置是关联的。需要注意的是，为便于理解，上面的分析i，j的值都从1开始，下面为了符合C语言语法，其值从0开始。

Next[ ]定义为

j=0时，next[j]=−1；

j>0时，如果T[j−m]=T[0]，T[j−m+1]=T[1] …，T[j−1]=T[m−1]，那么next（j）=m；

如果不符合以上条件，则next[j]=0。

例如，当模式T="abcaababc"时，有表4.1、表4.2。

表4.1 不同j值下的next（ ）取值

| j | 0 | 1 | 2 | 3 | 4 | 5 | 6 | 7 | 8 |
|---|---|---|---|---|---|---|---|---|---|
| 子串 | a | b | c | a | a | b | a | b | c |
| next（j） | −1 | 0 | 0 | 0 | 1 | 1 | 2 | 1 | 2 |

再如，当模式T="abcabc"时，得到表4.2。

表 4.2 不同 j 值下的 next（ ）取值

| j | 0 | 1 | 2 | 3 | 4 | 5 |
|---|---|---|---|---|---|---|
| 子串 | a | b | c | a | b | c |
| next（j） | −1 | 0 | 0 | 0 | 1 | 2 |

next[ ]数组值是当字符串匹配在模式 j 的位置失败时，直接跳到 j=next[j]的模式位置，而主串 i 无须回溯，即把整个模式串向后移动使得子串的 next[j]位置对应到刚比较失败的主串的 i 位置。

KMP 完整算法的实现过程如下。

① 首先将模式串进行分析，即初始化 next[ ]函数，并使 j=−1，i=0。

② 然后匹配过程开始，当发现不匹配时，j=next[i]。

③ 再次进行比较，如仍然不匹配，如果 j≠−1，回到第二步；如果 j=−1，则 j++，i++，再回到第二步。

④ 最后，在以上过程中如果匹配成功，则返回目标串匹配成功这一轮的第一个字符的位置；如不成功则返回−1。

具体的函数实现如下。

（1）next[ ]数组的建立

```
typedef struct seqstring{   //将模式串和目标串都用结构体表示，方便编码
  char s [100];
  int length;
}seqstring;
void getnext（seqstring t,int next[  ]）{
  int i,j;
  next[0]=-1;              //next[0]设置为-1
  i=0;                     //指向字符串每个字符的指针
  j=-1;
  while（i<t.length）{   //没有到达结尾
      if（j==-1||t.s[i]==t.s[j]）{       //如果是第一个字符或遇到相同的字符
        i++;j++;next[i]=j;
      }
      else
        j=next[j];
  }
}
void getnext（seqstring t,int next[  ]）{
  int i,j;
  next[0]=-1;              //next[0]设置为-1
  i=0;                     //指向字符串每个字符的指针
  j=-1;
  while（i<t.length）{   //没有到达结尾
      if（j==-1||t.s[i]==t.s[j]）{       //如果是第一个字符或遇到相同的字符
         i++;j++;next[i]=j;
      }
      else
      j=next[j];
    }
}
```

（2）完整的 KMP 算法实现

```
int kmp（seqstring t,seqstring p,int next[  ]）{
  int i,j;
  i=j=0;
  while（i<t.length&&j<p.length）{
    if（j==-1||t.string[i]==p.string[j]）{
    i++;j++;
      }
      else
      j=next[j];
  }
  if（j==p.length）
  return i-p.length;
  else return -1;
}
```

## 本章小结

串是一种特殊的线性表，它的结点仅由一个字符组成。串的应用非常广泛，凡是涉及字符处理的领域都会使用。很多高级语言都具有较强的串处理功能，C 语言更是如此。

本章介绍的索引存储虽然是一种新的存储方式，但其基本原理依然是顺序存储和链表存储，因此，彻底掌握顺序存储和链式存储及各自特征，不仅对学好本课程有很大帮助，而且使学生对计算机内存数据的管理有更为深入的了解，从而灵活运用各种存储策略编写高效的程序。子串查找也称为模式识别，在当前很多领域得到应用，如图像处理、声音处理等。本章介绍的 KMP 算法虽然在当前诸多算法中不复杂，但对于初次接触这类经典算法的学生而言，依然有一定的难度。一般而言，对于一些复杂的算法，彻底理解需要具有一定的基础和抽象思维，这也有助于算法改进等创新行为，但能够正确应用，也是有效的学习方法。

## 本章习题

1. 简述下列每个术语的区别。

（1）空串和空格串；

（2）串变量和串常量；

（3）主串和子串；

（4）串名和串值。

2. 用串的其他基本运算构造串的子串定位运算 index。

3. 设有 A= “”，B= “mule”，C= “old”，D= “my”，请计算下面运算的结果。

（1）strcat（A，B）;

（2）substr（B，3，2）;

（3）strlen（A）;

（4）index（B，D）；

（5）insert（B，1，A）；

（6）replace（C，2，2，“k”）。

4. 已知 S= “( xyz )”，T= “( x+z ) *y”，利用连接、求子串和置换等基本运算，将 S 转换为 T。

5. 若 X 和 Y 是用结点大小为 1 的单链表表示的串，试设计一个算法找出 X 中第一个不在 Y 中出现的字符。

6. 试设计一个算法，在顺序串上实现串的比较运算 strcmp（S，T）。

7. 若 S 和 T 是用结点大小为 1 的单链表存储的两个串，试设计一个算法将 S 中首次与串 T 匹配的子串逆置。

8. 设有两个字符串，目标 S= “abcabeacadaadadasfsf”，模式 T= “abcabc”，请分析传统模式识别方法与 KMP 算法二者的比较次数，写出分析过程。

# 第 5 章　多维数组和广义表

前面章节讨论的线性表、栈、队列和串都是线性的数据结构，它们的逻辑特征：每个数据元素至多有一个直接前驱和一个直接后继。本章介绍的多维数组和广义表是一种相对复杂的逻辑结构。多维数组的逻辑特征：一个数据元素可能有多个直接前驱和多个直接后继，但可以比较容易地将其转化为简单线性来处理。广义表的每个元素并非原子的，而是具有独立的类型结构。

本章主要介绍特殊矩阵的压缩存储及一些基本运算，包括三角矩阵、稀疏矩阵及用三元组保存的稀疏矩阵的转置，本章还介绍广义表的基本运算，如取头取尾运算及链式存储结构。

通过学习本章的知识，学生可以掌握针对不同逻辑特征的数据集应采用不同的存储策略。本章利用稀疏矩阵转置，详细分析如何有效地提高算法效率，依据数据集逻辑特点、运算要求，采用不同的存储结构及改进算法设计，最终实现问题的求解。

## 5.1　多维数组

由于数组中元素具有统一的类型，并且数组元素的下标一般具有固定的上界和下界，因此，数组的处理比其他复杂的结构更为简单。**多维数组**是向量的推广。例如，二维数组如下：

$$\boldsymbol{A}_{mn}=\begin{bmatrix} a_{11} & a_{12} & \cdots & a_{1n} \\ a_{21} & a_{22} & \cdots & a_{2n} \\ \cdots & \cdots & \cdots & \cdots \\ a_{m1} & a_{m2} & \cdots & a_{mn} \end{bmatrix}$$

可以看成由 $m$ 个行向量组成的向量，也可以看成由 $n$ 个列向量组成的向量。

二维数组中的每个元素 $a_{ij}$ 均属于两个向量：第 $i$ 行的行向量和第 $j$ 列的列向量。也就是说，除边界外，每个元素 $a_{ij}$ 都恰好有两个直接前驱结点和两个直接后继结点：行向量上的直接前驱 $a_{i(j-1)}$ 和直接后继 $a_{i(j+1)}$，列向量上的直接前驱 $a_{(i-1)j}$ 和直接后继 $a_{(i+1)j}$。并且二维数组仅有一个开始结点 $a_{11}$，它没有前驱；仅有一个终端结点 $a_{mn}$，它没有后继。另外，边界上的结点（开始结点和终端结点除外）只有一个直接前驱或只有一个直接后继，即除开始结点 $a_{11}$ 外，第一行和第一列上的结点：$a_{1j}$（$j$=2，…，$n$）和 $a_{i1}$（$i$=2，…，$m$）都只有一个直接前驱；除终端结点 $a_{mn}$ 外，第 $m$ 行和第 $n$ 列上的结点 $a_{mj}$（$j$=1，…，$n$−1）和 $a_{in}$（$i$=1，…，$m$−1）都只有一个直接后继。

同样，三维数组 $A_{mnp}$ 中的每个元素 $a_{ijk}$ 都属于三个向量，每个元素最多可以有三个直接前驱和 $m$ 个直接后继。

依次类推，$m$ 维数组 $A_{n_1n_2\cdots n_m}$ 的每个元素 $a_{i_1i_2\cdots i_m}$ 都属于 $m$ 个向量，最多可以有 $m$ 个直接前驱和 $m$ 个直接后继。

由于多维数组一般不进行删除和插入操作，也就是说，数组一旦建立，结构中的元素个数和元素间的关系就不再发生变化。因此，一般都采用顺序存储的方法表示数组。而由于计算机的内存管理是一维的（一个存储单元给定一个编码，称为地址），因此用一维内存表示多维数组，就必须按某种次序将数组元素排成一个线性序列，然后将这个线性序列顺序存放在存储器中。通常有两种顺序存储方式。

① **行优先**顺序——将数组元素按行向量排列，第 $i$+1 个行向量紧接在第 $i$ 行向量之后。以二维数组为例，按行优先顺序存储的线性序列为

$$a_{11}，a_{12}，\cdots，a_{1n}，a_{21}，a_{22}，\cdots，a_{2n}，\cdots，a_{m1}，a_{m2}，\cdots，a_{mn}$$

在C语言编译系统中，数组就是按行优先顺序存储的。

② **列优先**顺序——将数组元素按列向量排列，第 $j$+1 个列向量紧接在第 $j$ 个列向量之后，$A$ 的 $m\times n$ 个元素按列优先顺序存储的线性序列为

$$a_{11}，a_{21}，\cdots，a_{m1}，a_{21}，a_{22}，\cdots，a_{m2}，\cdots，a_{1n}，a_{2n}，\cdots，a_{mn}$$

在一些早期的高级语言中，如FORTRAN语言，数组就是按列优先顺序存储的。

以上规则可以推广到多维的情况：行优先顺序可以先排最右的下标，从右向左，最后排左下标；列优先顺序与此相反，先排最左下标，从左往右，最后排最右下标，可以按此原则排出三维数组。

按以上两种方式顺序存储的数组，只要知道开始结点的存放地址（即基地址），维数和每维的上、下界，以及每个数组元素所占的单元数，就可以将数组元素的存储地址表示为其下标的线性函数。因此，数组中的任一元素可以在相同的时间内存取，即顺序存储的数组是一个随机存取结构。

例如，二维数组 $A_{mn}$ 按行优先顺序在内存中存储，假设每个元素占 d 个存储单元。

元素 $a_{ij}$ 的存储地址应是数组的基地址加上排在 $a_{ij}$ 前面的元素所占的单元数。因为 $a_{ij}$ 位于第 i 行、第 j 列，前面 i−1 行一共有（i−1）*n 个元素，第 i 行 $a_{ij}$ 前面又有 j−1 个元素，故它前面一共有（i−1）*n+（j−1）个元素，因此，$a_{ij}$ 的地址计算函数为

$$Loc(a_{ij})=Loc(a_{11})+[(i-1)*n+(j-1)]*d$$

同样，三维数组 $A_{mnp}$ 按行优先顺序存储，其地址计算函数为

$$Loc(a_{ij})=Loc(a_{11})+[(i-1)*n*p+(j-1)*p+(k-1)]*d$$

依次类推，可得到更多维的情况。

上述讨论均是假设数组的下界是 1，一般的二维数组是 $A[c_1\cdots d_1，c_2\cdots d_2]$，这里 $c_1$，$c_2$ 不一定是 1。$a_{ij}$ 前一共有 $i-c_1$ 行，每行有 $d_2-c_2+1$ 个元素，故这 $i-c_1$ 行共有 $(i-c_1)*(d_2-c_2+1)$ 个元素，第 i 行上 $a_{ij}$ 前一共有 $j-c_2$ 个元素，因此，$a_{ij}$ 的地址计算函数为

$$Loc(a_{ij})=Loc(a_{c_1c_2})+[(i-c_1)*(d_2-c_2+1)+(j-c_2)]*d$$

值得注意的是，在C语言中，数组下标的下界是 0，二维数组的地址指针函数为

$$Loc(a_{ij}) = Loc(a_{00}) + [i*(d_2+1)+j]*d$$

以下讨论数组的存储结构时，均以 C 语言的下界表示，即从 0 开始。

## 5.2 矩阵的压缩存储

在科学与工程计算问题中，矩阵是一种常见的数学对象，在用高级语言编写程序时，简单而自然的方法，就是将一个矩阵描述为一个二维数组。矩阵利用这种方式存储，可以对元素进行随机存取，各种矩阵运算也非常简单，并且存储的密度为 1。但是在矩阵中非零元素呈某种规律分布或者矩阵中出现大量的零元素的情况，看似存储密度仍为 1，但实际上占用许多单元存储重复的非零元素或零元素，这对高阶矩阵会造成极大的浪费，为节省内存空间，可以对这类矩阵进行压缩存储，为多个相同的非零元素只分配一个存储空间，对零元素不分配空间。

### 5.2.1 特殊矩阵

所谓**特殊矩阵**是指非零元素或零元素的分布呈现一定规律的矩阵。下面讨论几种特殊矩阵的压缩存储。

1. 对称矩阵

在一个 $n$ 阶方阵 $\boldsymbol{A}$ 中，若元素满足下列性质：

$$a_{ij} = a_{ji}\text{，} 0 \leqslant i, j \leqslant n-1$$

则称 $\boldsymbol{A}$ 为**对称矩阵**。例如，图 5.1 是一个 5 阶对称矩阵。

对称矩阵中的元素关于主对角线对称，故存储矩阵中上三角或下三角中的元素，每两个对称的元素共享一个存储空间。这样，能节约近一半的存储空间。一般情况下，按行优先顺序存储主对角线（包括对角线）以下的元素。

$$\begin{bmatrix} 1 & 5 & 1 & 3 & 7 \\ 5 & 0 & 8 & 0 & 0 \\ 1 & 8 & 9 & 2 & 6 \\ 3 & 0 & 2 & 5 & 1 \\ 7 & 0 & 6 & 1 & 3 \end{bmatrix}$$

**图 5.1　一个 5 阶对称矩阵**

在一个下三角矩阵中，第 $i$ 行（$0 \leqslant i < n$）恰有 $i+1$ 个元素，则元素总数为

$$\sum_{i=0}^{n-1}(n+1) = n(n+1)/2$$

因此，可以按行优先将这些元素存放在一个向量 $\boldsymbol{sa}[n(n+1)/2]$ 中。为便于访问对称矩阵

***A*** 中的元素，必须在 $a_{ij}$ 和 **sa**[*k*]之间找到一个对应关系。

① 若 $i \geqslant j$，则 $a_{ij}$ 在下三角矩阵中。$a_{ij}$ 之前的 $i$ 行一共有 $1+2+3+\cdots+i=i\times(i+1)/2$ 个元素，$a_{ij}$ 是第 $i+1$ 行的第 $j+1$ 个元素，因此有：

$$k=i\times(i+1)/2+j，0\leqslant k<n(n+1)/2$$

② 若 $i<j$，则 $a_{ij}$ 在上三角矩阵中。因为 $a_{ij}=a_{ji}$，所以只要交换上述对应关系式中的 $i$ 和 $j$ 可得到：

$$k=j\times(j+1)/2+i$$

令 $I=\max(i, j)$，$J=\min(i, j)$，则 $k$ 和 $i$，$j$ 对应关系可统一为

$$k=I\times(I+1)/2+J$$

因此，$a_{ij}$ 的地址可用下式计算：

$$\text{Loc}(a_{ij})=\text{Loc}(sa[k])=\text{Loc}(\mathbf{sa}[0])+k*d=\text{Loc}(\mathbf{sa}[0])+[I*(I+1)/2+j]*d$$

## 2. 三角矩阵

以主对角线划分，**三角矩阵**有上三角和下三角两种。上三角矩阵如图 5.2（a）所示，下三角（不包括主对角线）中的元素均为常数 $c$。下三角矩阵正好相反，它的主对角线上方均为常数 $c$，如图 5.2（b）所示。在多数情况下，三角矩阵的常数 $c$ 为 0。

$$\begin{bmatrix} a_{00} & a_{01} & \cdots & a_{0,n-1} \\ c & a_{11} & \cdots & a_{1,n-1} \\ \vdots & \vdots & \vdots & \vdots \\ c & c & \cdots & a_{n-1,n-1} \end{bmatrix} \qquad \begin{bmatrix} a_{00} & c & \cdots & c \\ a_{10} & a_{11} & \cdots & c \\ \vdots & \vdots & \vdots & \vdots \\ a_{n-1,0} & a_{n-1,1} & \cdots & a_{n-1,n-1} \end{bmatrix}$$

（a）上三角矩阵　　　　（b）下三角矩阵

**图 5.2　三角矩阵**

三角矩阵中的重复元素 $c$ 可共享一个存储空间，其余的元素正好有 $n\times(n+1)/2$ 个，因此，三角矩阵可压缩存储到向量 **sa**[$n\times(n+1)/2+1$]中，其中 $c$ 存放在向量的最后一个分量中。

上三角矩阵中，主对角线上的第 $p$ 行（$0\leqslant p<n$）恰有 $n-p$ 个元素，按行优先顺序存放上三角矩阵中的元素 $a_{ij}$ 时，$a_{ij}$ 之前的元素个数为

$$\sum_{p=0}^{i-1}(n-p)=i(2n-i+1)/2$$

在第 $i$ 行，$a_{ij}$ 是该行的第 $j-i+1$ 个元素。因此，**sa**[*k*]和 $a_{ij}$ 的对应关系是：

$$K=\begin{cases} i/2\times(2n-i+1)+j-1 & i\leqslant j \\ n\times(n+1)/2 & i>j \end{cases}$$

下三角矩阵的存储和对称矩阵类似，**sa**[*k*]和 $a_{ij}$ 对应关系是：

$$k=\begin{cases} i\times(i+1)/2+j & i\geqslant j \\ n\times(n+1)/2 & i<j \end{cases}$$

### 3. 对角矩阵

**对角矩阵**中，所有的非零元素都集中在以对角线为中心的带状区域中，即除主对角线和主对角线邻近的上、下方，其他元素均为零。图 5.3 是一个三对角矩阵。

对角矩阵可按行优先顺序或对角线的顺序，将其压缩存储到一个向量中，并且也能找到每个非零元素与向量下标的对应关系。

上述各种特殊矩阵，其非零元素的分布都是有规律的，因此总能找到方法将其压缩存储到一个向量中，并且一般都能找到矩阵中的元素与向量的对应关系，并能对矩阵的元素进行随机存取。

$$\begin{bmatrix} a_{00} & a_{01} & 0 & \cdots & 0 & 0 \\ a_{10} & a_{11} & a_{12} & \cdots & 0 & 0 \\ 0 & a_{21} & a_{22} & \cdots & 0 & 0 \\ \vdots & \vdots & \vdots & \vdots & \vdots & \vdots \\ 0 & 0 & 0 & \cdots & a_{n-1,\ n-2} & a_{n-1,\ n-1} \end{bmatrix}$$

**图 5.3　三对角矩阵**

## 5.2.2　稀疏矩阵

假设矩阵 $A_{mn}$ 中有 $s$ 个非零元素，若 $s$ 远小于矩阵元素的总数（即 $s<<m\times n$），即称 $A$ 为**稀疏矩阵**。在存储稀疏矩阵时，为节省存储单元，一般的压缩存储方法是只存储非零元素。但由于非零元素的分布一般都是没有规律的，因此，在存储非零元素的同时，还必须存储适当的辅助信息，才能迅速确定一个非零元素是矩阵中的哪一个元素。最简单的方法是将非零元素的值和它所在的行号、列号作为一个结点存放在一起，于是矩阵中的每一个非零元素就由一个三元组（$i$，$j$，$a_{ij}$）唯一确定。显然，稀疏矩阵的压缩存储会失去随机存取功能。下面我们仅讨论用三元组表示非零元素时的两种稀疏矩阵的压缩存取方法。

### 1. 三元组表

若将表示稀疏矩阵的非零元素的三元组按行优先（或列优先）的顺序排列（跳过非零元素），则得到一个其结点均是三元组的线性表。将此线性表的顺序存储结构称为**三元组表**。因此，三元组表是稀疏矩阵的一种常用的顺序存储结构。在以下的讨论中，均假定三元组是按行优先顺序排列的。

显然，要唯一确定一个稀疏矩阵，还必须存储该矩阵的行数和列数，为运算方便，将非零元素的个数与三元组表存储在一起。因此，有如下的类型说明：

```
#define smax 100          /*大于非零元素个数的常数*/
typedef int daytatype;
typedef struct{
   int i,j; /*行号、列号*/
   datetype v;/*元素值*/
}node;
typedef struct{
      int m,n,f;/*行数、列数、非零元素个数*/
```

```
    node data[samx];/*三元组表*/
}spmatrix;/*稀疏矩阵的类型*/
```

例如，如图 5.4（a）所示稀疏矩阵 ***A*** 的三元组表如图 5.4（c）所示，a 是 spmatrix 型变量。下面以矩阵的转置为例，说明在这种压缩存储结构中如何实现矩阵的运算。

一个 $m\times n$ 的矩阵 ***A***，它的转置矩阵 ***B*** 是一个 $n\times m$ 的矩阵，且 $\boldsymbol{A}[i][j]=\boldsymbol{B}[j][i]$，$0\leqslant i<m$，$0\leqslant j<n$，即 ***A*** 的行是 ***B*** 的列，***A*** 的列是 ***B*** 的行，如图 5.4（a）所示的 ***A*** 和图 5.4（b）所示的 ***B*** 互为**转置矩阵**。

将 ***A*** 转置为 ***B***，就是将 ***A*** 的三元组表 a->data 置换为 ***B*** 的三元组表 b->data，如果只是简单地交换 a->data 中 i 和 j 的内容，那么得到的 b->data 将是一个按列优先顺序存储的稀疏矩阵 ***B***，要得到如图 5.4（d）所示的按行优先顺序存储的 b->data，就必须重新排列三元组的顺序。

由于 ***A*** 的列是 ***B*** 的行，因此，按 a->data 的列序转置，所得到的转置矩阵 ***B*** 的三元组表 b->data 必定是按行优先存放的，为找到 ***A*** 的每一列中所有的非零元素，需要对三元组表 a->data 从第一行起扫描一遍，由于 a->data 是按 ***A*** 的行优先存放的，因此得到的恰是 b->data 的次序。

具体算法如下：

```
spmatrix *TRANSMAT（a）{                /*返回稀疏矩阵 A 的转置*/
        /*ano 和 bno 分别指示 a->data 和 b->data 中结点序号*/
        int ano,bno,col;                /*col 指示*a 的列号（即*b 的行号）*/
        spmatrix *b;                    /*存放转置后的矩阵*/
        b=malloc（sizeof（spmatrix））;  /*申请*b 的存储空间*/
        b->m=a->n; b->n=a->m;           /*交换行、列数*/
        b->t=a->t;
        if（b->t>0）{
            bno=0;
            for（col=0;col<i->n;col++）         /*按*a 的列序转置*/
            for（ano=0;ano<a->t;ano++）         /*扫描整个三元组表*/
            if（a->data[ano].j==col）{          /*列号为 col 则进行置换*/
                b->data[bno].i=a->data[ano].j;
                b->data[bno].j=a->data[ano].i;
                b->data[bno].v=a->data[ano].v;
                bno++;
            }
        }
      return b;
}
```

该算法的时间主要耗费在 col 和 ano 的二重循环上，若 ***A*** 的列数为 $n$，非零元素个数为 $t$，则执行时间为 $O(n\times t)$，即与 ***A*** 的列数和非零元素个数的乘积成正比，而通常用二维数组表示矩阵时，其转置算法的执行时间是 $O(m\times n)$，它正比于行数和列数的乘积。由于非零元素个数一般远远大于行数，因此，上述稀疏矩阵转置算法的时间，大于非压缩矩阵存储的转置矩阵的时间。

下面介绍一种快速转置，其基本原理：在顺序读取 a->data 表将其转化为 b->data 表过程中，将 a->data 表中的每一行数据插入到 b->data 表的“正确”位置，以保证 b->data 表也是以行优先顺序存储的。

为实现 b->data 中数据位置的“正确”，该算法需要构建一个临时表。可以预先求出矩

阵 ***A*** 中每一列非零元素个数，并且可以肯定 ***A*** 矩阵的第一列第一个非零元素在 b->data 表中的位置（记为 fbno）是 bno=0 处，而 ***B*** 矩阵第二列第一个非零元素在 b->data 表中的位置是 ***B*** 矩阵第一列的 fbno 与非零元素个数之和，由此推理，***B*** 矩阵第 $j$ 列第一个非零元素在 b->data 中的位置乃是 $j-1$ 列非零元素个数与 $j-1$ 列 fbno 之和。

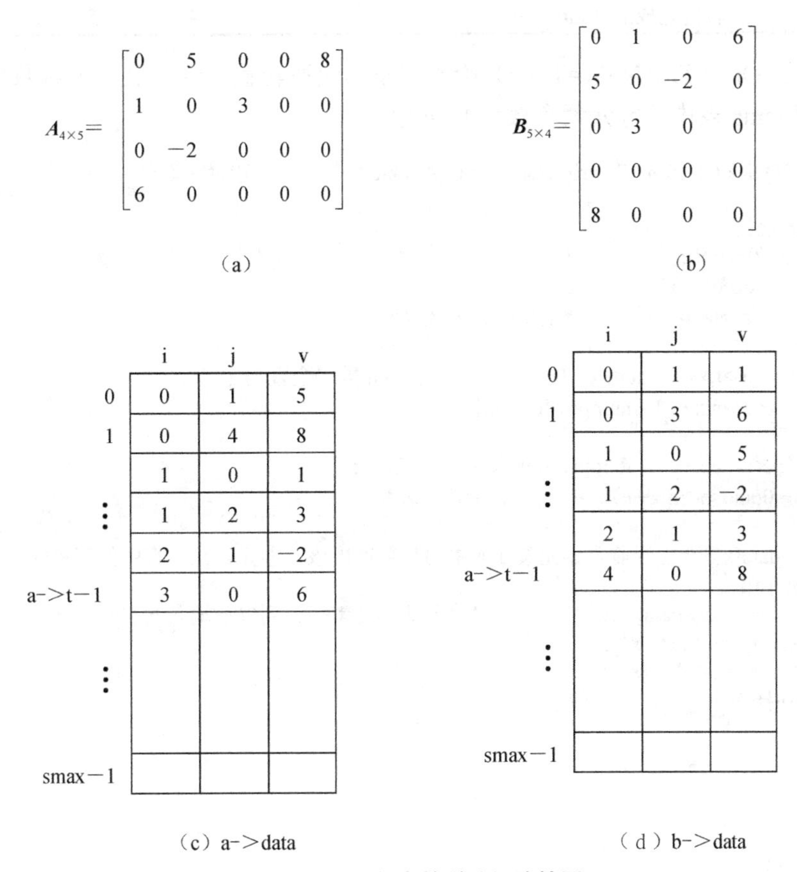


**图 5.4　三元组保存的稀疏矩阵转置**

显然，扫描一遍 a->data 表，可以得到表 5.1，其算法的时间效率为 $O(t)$。

**表 5.1　初始 temp 表中的数据**

| 矩阵 ***A*** 的列　$j$ | 0 | 1 | 2 | 3 | 4 |
|---|---|---|---|---|---|
| 非零个数　$n$ | 2 | 2 | 1 | 0 | 1 |
| 该列第一个非零元素在 b->data 中的位置　fbno | 0 | 2 | 4 | 5 | 5 |

利用表 5.1，在将 a->data 转化为 b->data 过程中，在顺序读取 a->data 第 ano 行数据时，将依据 a->data 中 j 的值，找到对应的 fbno 值，而该值决定该条数据插入到 b->data 中的位置，即 bno 值，同时，在插入成功后，对应的 fbno 值设定为 fbno+1。

由于 a->data 是矩阵 ***A*** 按行优先顺序存储的，从 ***B*** 矩阵的角度，同一行的数据也必定依据列号由小至大存放，只不过同一行的数据并不一定存放在连续的位置上，中间可能间隔有其他行的数据。因此，在顺序读取 a->data 表过程中，依据 temp 及其不断修改的 fbno 数据，依次将 a->data 读取的数据“正确”地插入到 b->data 表中，因此，第一次扫描完 a->data 表，即可获得 b->data 表，而该算法仅扫描 a->data 两次，时间效率为 $O(t)$，快速转置完成后 temp

表中的数据见表 5.2。

表 5.2 转置后 temp 表中的数据

| 矩阵 *A* 的列 *j* | 0 | 1 | 2 | 3 | 4 |
|---|---|---|---|---|---|
| 非零个数 *n* | 2 | 2 | 1 | 0 | 1 |
| 转置完成后 fbno | 2 | 4 | 5 | 5 | 6 |

下面函数 QuickTRANSMAT（a）给出完整的快速转置实现，利用一维数组 num[ ]和 fbno[ ]保存 temp 表中非零元素个数和 fbno 值。

```
tripletable *QuickTRASMAT（tripletable *a,tripletable *b）      /*转置函数*/
{
   Int   x,t=0,u;
   int num[N],fbno[N];
   b=malloc（sizeof（a））;
   b->m=a->n; b->n=a->m;        /*交换行、列数*/
   b->t=a->t;
   for（x=0;x<a->t;x++）num[x]=0;           /*将 num 数组全置为零*/
   for（x=0;x<a->n;x++） num[a->list[x].j]++;
   fbno[0]=0;
   for（x=1;x<a->c;x++） fbno[x]=num[x-1]+fbno[x-1];
   for（ano=0;ano<a->n;x++）             /*遍历 a 表*/
   {
      u=a->data[x].j;/*由当前非零元素在 a 中的列数得出该非零元素在 b 表中的下标*/
      t=fbno[u];
      b->data[t].v=a->data[x].v;              /*将此非零元素行、列置换输入 b 表*/
      b->data[t].i=a->data[x].j;
      b->data[t].j=a->data[x].i;
      fbno[u]++;
   }
   return b;
}
```

## 2. 十字链表

三元组表是用顺序方法来存储稀疏矩阵中的非零元素，当非零元素的位置个数经常发生变换时，三元组表就不适合作为稀疏矩阵的存储结构。例如，***A***+***B*** 矩阵相加结果存于 ***A*** 中，就会因为要在矩阵 ***A*** 中的三元组表插入或删除结点而引起大量的结点移动，因此，采用链表作为存储结构更为恰当。

稀疏矩阵的链表存储表示方法多种多样，但我们在此仅介绍十字链表的链接存储方法。在该方法中，每一个非零元素用一个结点表示，结点中除表示非零元素所在的行、列和值的三元组（i，j，v）外，还增加了两个链域：行指针域（rptr），用来指向本行中下一个非零元素；列指针域（cptr），用来指向本列中下一个非零元素。

行指针域将稀疏矩阵中同上一行的非零元素链接到一起，列指针域将同一列上的非零元素链接到一起，因此每一个非零元素 $a_{ij}$ 既是第 i 行链表上的一个结点，又是第 j 列链表上的一个结点，它好像处在一个十字交叉路口上，故称这样的链表为**十字链表**（也称为正交链表）。为运算方便，在每一个行链表和列链表上增加一个和表结点相同结构的表头结点，表头结点中的行、列域置为零。例如，图 5.4（a）中矩阵 ***A*** 的十字链表如图 5.5 所示。

由图 5.5 可见，每一个列链表的表头结点，只需要用列指针域 cptr 指向本列第一个非零元素，每一个行链表的表头结点，只需要用行指针域 rptr 指向本行的一个非零元素，故这两组表头结点可以合用，即第 i 行链表和第 i 列链表共享一个表头结点 H。因为表头结点中值域 v 无用，所以可将它作为指针域 next ，用来存放指向下一表结点的指针，通过该链域将所有表头结点链接到一起，再加上一个附加的头结点*hm，组成一个带表头结点的循环链表。*hm 可看作整个十字链表的表头结点，其行、列域的值分别为矩阵的行数和列数，hm 即为十字链表的头指针。只要给定 hm 指针值，就可以存取整个稀疏矩阵的全部信息。

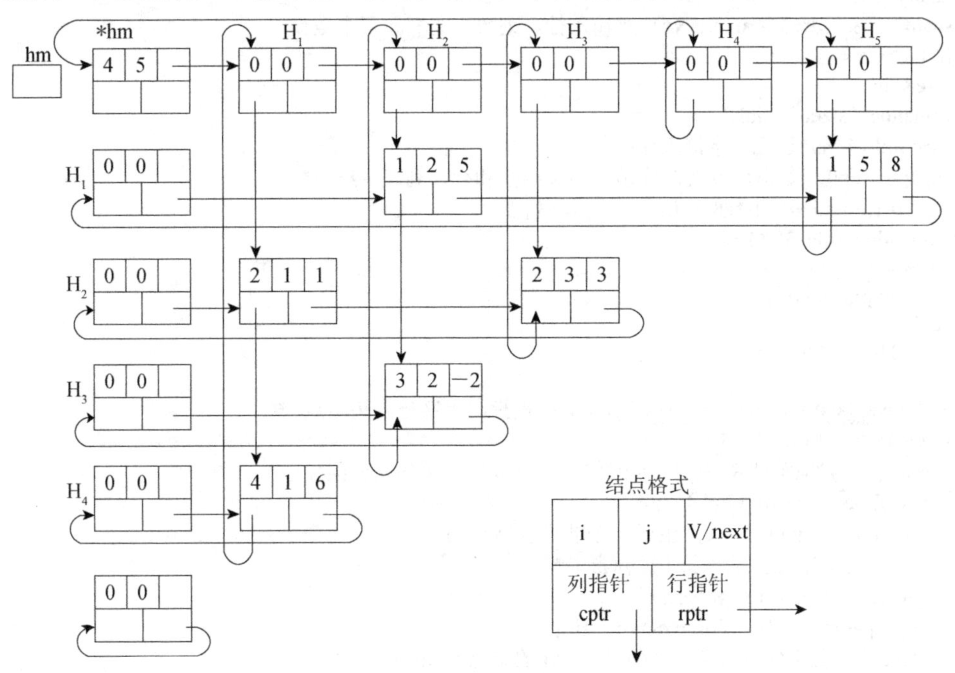


**图 5.5　图 5.4（a）的稀疏矩阵 *A* 的十字链表**

十字链表的说明如下：

```
typedef struct Inode{
   int i,j;
   struct Inode *cptr,*rptr;
   union{
      struct Inode *next;/*表头结点使用 next 域*/
      datatyype v;/*表结点使用 v 域*/
   }uval;
}link;
```

下面讨论如何建立十字链表，算法分为两步。

① 建立表头结点的循环链表。读入矩阵的行、列数的非零元素的个数：m, n 和 t。由于行、列链表共享一组表头结点，因此，表头结点个数 s 应是行、列数中的较大者，即 s=max（m，n）。建立一个十字链表的头结点*hm 和 s 个行、列表的头结点。将这 s+1 个头结点通过 next 域链接成循环链表。由于初始时，每一个行、列链表均是一个空的循环表，故 s 个行、列链表结点中的行、列指针域 rptr 和 cptr 均指向头结点。

② 依次读入 t 个非零元素的三元组（i，j，v)，生成一个表头结点*p，将其插入第 i 行链表和第 j 列链表中的正确位置。因此，首先应找到第一个列号大于 j 的结点（实际上要找到该

结点的前驱结点*q），*p 应插入该结点之前（即*p 插入前驱*q 之后），若行链表所有结点的列号均小于 j，那么*p 应插入到该行链表的尾部。查找第 j 列链表上的插入位置与此类似。具体算法描述如下：

```
link  *CREATLINKMAT（）{/*返回稀疏矩阵的十字链表的的表头指针*/
  int *p,*q,*cp[smax];
  int i,j,m,n,t,s;
  datatype v;
  scanf（"%d%d%d",&m.&n,&t）;/*输入行、列数，非零元素个数*/
  if（m>n）s=m;
  else s=n;
  I=malloc（sizeof（link））;
  I->i=m;I->j=n;/*建立十字链表*/
  cp[0]=I;/*cp[   ]是指针数组，分别指向头结点和行、列表头结点*/
  for（i=1;i<=s;i++）{/*建立头结点的循环列表*/
    p=malloc（siaeof（link））;
    p->i=0;p->j=0;
    p->rpt=p;p->cptr=p;
    cp[i]=p;
    cp[i-1]->uval.next=p;
  }
  cp[s]->uval.next=I;/*最后一个行、列表头结点指向十字链表头结点 I*/
  for（i=1;i<=t,i++）{
      scanf（"%d%d%d",&i,&j,&v）;/*输入一个非零元素的三元组*/
      p=malloc（siazeof（link））;
      p->i=i;p->j=j;p.uval.v=v;/*生成一个非零表结点*p*/
      /*以下是将*p 结点插入第 i 行列表中*/
      q=cp[i];/*删去第 i 行表头结点*/
  while（（q->rptr!=cp[i]）&&（q->rptr->j<j））
  q=q->rptr;/*在第 i 行中找第一个列号大于 j 的结点*（q->rptr）*/
  /*找不到时，*q 是该表结点的尾结点*/
  p->rptr=q->rptr;
  q->rptr=p;/**p 插在*Q 之后*/
  /*以下是将结点插入到第 j 列链表中*/
  q=cp[j];/*取第 j 列表头结点*/
  while（（q->cptr!=cp[j]）&&（q->cptr->i<i））
  q=q->cptr;/*在第 j 列中找第一个行号大于 j 的结点*（q->cptr）*/
  /*找不到时，*q 是该列表的尾结点*/
  p->cptr=q->cptr;
  q->cptr=p;/**p 插在*q 之后*/
 }
 return I;
}
```

上述算法中，建立表头结点循环链表时间为 $O(s)$，插入 $t$ 个非零结点到相应的行表和列表的时间是 $O(t\times s)$，这是因为每一个非零元素的插入都必须在它的行表和列表中查找插入位置。故上述算法的时间复杂度是 $O(t\times s)$。该算法对非零三元组的输入次序没有任何要求，但输入的三元组必须是正确的。

假设利用十字链表保存一个行列值较大的稀疏矩阵，现要读取该矩阵第 80 行第 10 列的数值，依据十字链表的定义，应从头指针*hm 出发，在由头结点组成的循环链表中找到 $H_{10}$ 结点，从 $H_{10}$ 的 cptr 指针出发，依次读取每一个结点的 i 值，如 i=80，则该结点的 v 值为所要找的值；如 i>80，则说明稀疏矩阵第 80 行第 10 列的数值为 0；如 i<80，则由该结点的 cptr 找到列序的下一个结点，此时，有以下三种情况：

- i>80，则稀疏矩阵第 80 行第 10 列的数值为 0；
- i=80，读取该结点的 v 值；
- 该结点为头结点 $H_{10}$，则也说明稀疏矩阵第 80 行第 10 列的数值为 0。

上述问题的解决，先从由头结点构建的链表中找到 $H_{10}$，然后，从 $H_{10}$ 的列指针出发往下搜索。读者可以思考，如果先从由头结点构建的链表中找到 $H_{80}$，然后从 $H_{80}$ 的行指针出发向右搜索，以矩阵的角度，似乎效率一样，但对稀疏矩阵而言，第二种方案没有第一种效率高。

## 5.3　广义表

### 5.3.1　广义表的基本概念

**广义表**（Lists，又称列表）是线性表的引申概念。在第 2 章中，线性表定义为 $n \geqslant 0$ 个元素 $a_1$，$a_2$，…，$a_n$ 的有限序列。线性表的元素仅限于原子项，原子是结构上不可分的成分，可以是一个数或一个结构，若放宽对表元素的这种限制，允许它们具有独立的类型结构，即出现广义表的概念。

广义表是 $n$（$n \geqslant 0$）个元素 $a_1$，$a_2$，…，$a_n$ 的有限序列，其中 $a_i$ 是一个原子或一个广义表，通常记作 LS=（$a_1$，$a_2$，…，$a_n$）。LS 是广义表的名字，$n$ 为它的长度，若 $a_i$ 是广义表，则称它为 LS 的子表。

通常用圆括号将广义表括起来，用逗号分割其中的元素。为区分原子和广义表，书写时用大写字母表示广义表，用小写字母表示原子。若广义表 LS 非空（$n \geqslant 1$），则 $a_1$ 是广义表的表头，其余元素（$a_2$，$a_3$，…，$a_n$）称为广义表的表尾。

显然广义表是递归定义的，这是因为在定义广义表时又用到广义表的概念。广义表举例如下。

E=（　）——E 是一个空表，其长度为 0。

L=（a，b）——L 是长度为 2 的广义表，它的两个元素都是原子，因此它是一个线性表。

A=（x，L）=（x，（a，b））——A 是长度为 2 的广义表，第一个元素是原子，第二个元素是子表 L。

B=（A，y）=（（x，（a，b）），y）——B 是长度为 2 的广义表，第一个元素是子表 A，第二个元素是原子 y。

C=（A，B）=（（x，（a，b）），（x，（a，b）），y））——C 的长度为 2，两个元素都是子表。

D=（a，D）=（a，（a，（a，（…））））——D 的长度为 2，第一个元素是原子，第二个元素是 D 自身，展开后，它是一个无限的广义表。

一个表的“深度”是指表展开后所包含的括号层数，例如，表 A 的深度为 2，表 D 的深度为∞。

如果规定任何表都是有名字的，为了既表明每个表的名字，又说明它的组成，可以在每个表的前面冠以该表名字，于是上例中的各式又可以写成：

E（）

L（a，b）

A（x，L（a，b））

B（A（x，L（a，b）），y）

C（A（x，L（a，b）），B（A（x，L（a，b）），y））

D（a，D（a，D（…）））

广义表可以用图形象地表示，图 5.6 给出几个广义表的图形表示，图中的分支结点对应广义表，非分支结点一般是原子，但空表对应的也是非分支结点。如图 5.6（a）、（b）、（c）所示的形状像一棵倒画的树，在第 6 章会详细介绍树形结构。通常将树对应的广义表称为纯表，它限制表中成分的共享和递归；将允许结点共享的表称为再入表，如图 5.6（d）所示，子表 A 是共享结点，它既是 C 的一个元素，又是子表 B 的一个元素；将允许递归的表称为递归表，例如图 5.6（e），表 D 是自身的子表。它们之间的关系满足：

递归表⊃再入表⊃纯表⊃线性表

由此可知，广义表不仅是线性表的推广，也是树的推广。

由于广义表是线性表和树的推广，并且具有共享和递归特性的广义表可以和有向图（见第 7 章）相对应，因此广义表的大部分运算与这些数据结构上的运算类似，在此，只讨论广义表的两个特性的基本运算，取表头 head（LS）和取表尾 tail（LS）。

根据表头、表尾的定义可知：任何一个非空广义表的表头是表中的一个元素，它可以是原子，也可以是子表，而其表尾必定是子表。例如：

head（L）=a，tail（L）=（b）

Head（B）=A，tail（B）=（y）

由于 tail（L）是非空表，可继续分解得到：

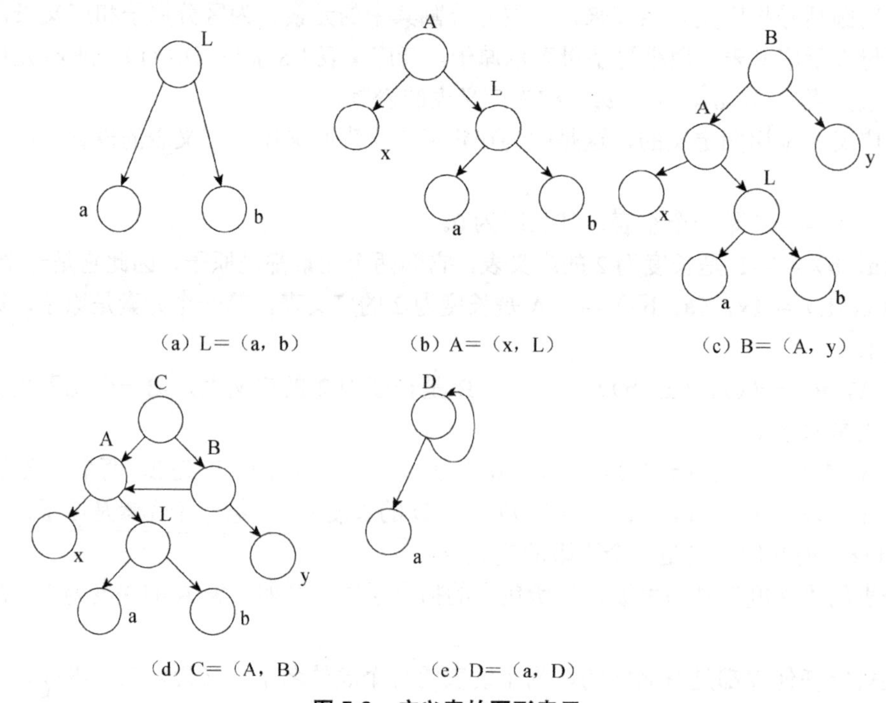


（a）L=（a，b）　（b）A=（x，L）　（c）B=（A，y）

（d）C=（A，B）　（e）D=（a，D）

**图 5.6　广义表的图形表示**

head（tail（L））=b，tail（tail（L））=（ ）

同理，对非空表 A 和（y），也可继续分解。

值得注意的是，广义表（ ）和（（ ））不同，前者是空表，长度 $n$=0，后者长度是 $n_1$，它是一个元素，这个元素是空表，可以进行分解，得到的表头和表尾均是空表。

## 5.3.2 广义表的存储

由于广义表中的元素不是同一类型，因此难以用顺序结构表示。通常采用链接存储方法来存储广义表，并称为**广义链表**。

1. 单链表示法

该方法是模仿线性表的单链表结构，每个原子结点只有一个链域 link，**单链表示法**的结点结构如图 5.7 所示。

| atom | data/slink | link |
|---|---|---|

**图 5.7　单链表示法的结点结构**

其中，atom 是标志域，用来区分是原子还是子表，取值如下：

$$\text{atom}=\begin{cases}0 & \text{本结点为子表}\\1 & \text{本结点为原子}\end{cases}$$

第二个域是 data 还是 slink，依赖于 atom 的值。当 atom=0 时，该结点是原子结点，则第二个域是 data，用来存放该原子的信息；当 atom=1 时，该结点是子表结点，则第二个域是 slink，用来存放指向该子表的指针。link 域存放指向与该结点同层的直接后继结点的指针，当该结点是所在层的最后一个结点时，则 link=NULL。其形式说明如下：

```
typedef struct node{
   int atom;
   union{
     struct node *slink;
     datatye data;
   }element;
}lists;
```

对上一节给出的广义表的例子，其单链表示法如图 5.8 所示，其中 head E，head C 等为表 E，C 的头指针。

单链表示法的一个缺点是如果要在某一个表（或子表）开始处插入或删除一个结点，则要找出所有指向该结点的指针，逐一加以修改。例如，若要删除表 A 的第一个结点 x，除修改 A 表的头指针 head A 外，还必须修改来自 C 表的两个指针，使之指向 A 表的第二个结点。然而，通常并不知道正在被引用的一个特定表的所有来源点，即使知道，结点的增删也需要耗费大量的时间。

该方法的另一个缺点：删除一个子表时，若将该子表的所有结点空间释放，可能会导致错误。例如，在删除 A 表时，由于 A 是 C 表和 B 表的子表，故不能释放 A 表的空间。

如果在每个表前增加一个表头结点，就可克服上述这两个缺点，引入表头结点后，任何子表内部变化，就不会涉及该表外部数据元素的变化。表头结点的结构和其他结点相同，为区分是一般结点还是表头结点，不妨令表头结点 atom=−1。表头结点中 link 域指向表中第一个结点，data 域可以存放该表被其他表所引用（即指向该表的指针个数）的表的个数。这样，删除一个子表时，将表头结点 data 域中引用计数减 1，仅当引用计数为 0 时，才真正删除一个子表，引入表头结点后的单链表示法如图 5.9 所示。

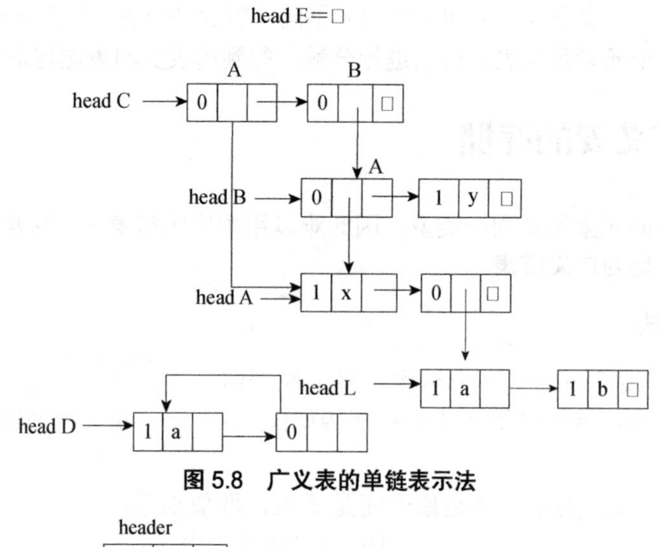


图 5.8 广义表的单链表示法

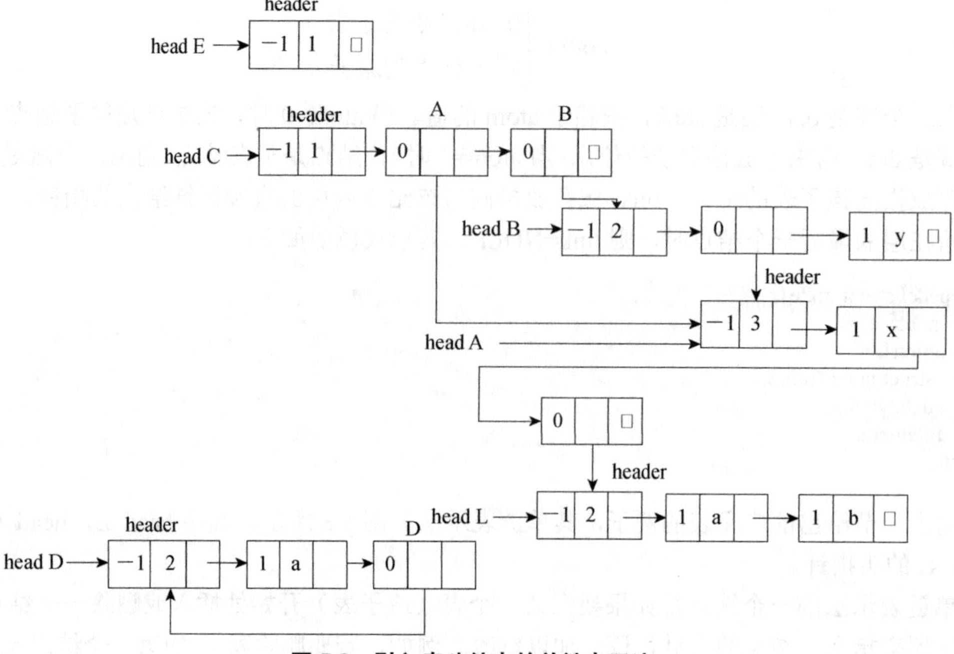


图 5.9 引入表头结点的单链表示法

## 2. 双链表示法

**双链表示法**和第 6 章的二叉链表类似。双链表示法的结点结构如图 5.10 所示。

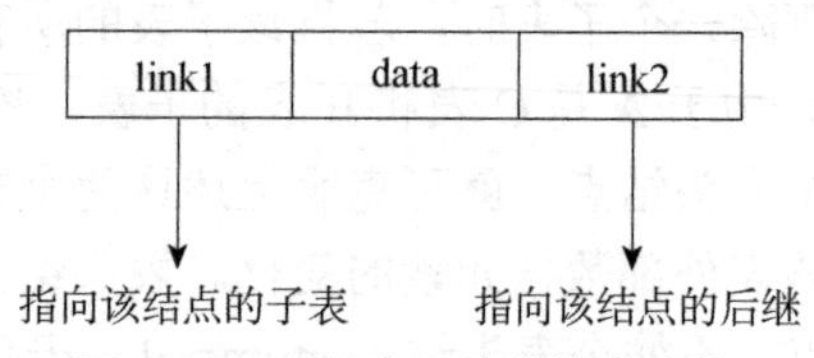


图 5.10 双链表示法的结点结构

link2 相当于单链表示法的 link，它指向本结点同层中的直接后继结点。link1 非空时，表明该结点是子表结点，link1 值是指向该子表中的第一个结点的指针。因此，某一个结点是原子结点的充要条件是 link1=NULL。data 用来存放原子信息或子表的名字。其形式定义如下：

```
typedef struct node{
    datatype data;
    struct node* link1,*link2;
}lists;
```

广义表的双链表示法如图 5.11 所示。

与单链表示法相比，双链表示法的优点在于，在表结点中它保存了子表的名字信息。在某些特殊的应用领域，子表的名字和原子信息同样重要，此时采用双链表示法最为合适。例如，工资报表的表头见表 5.3。

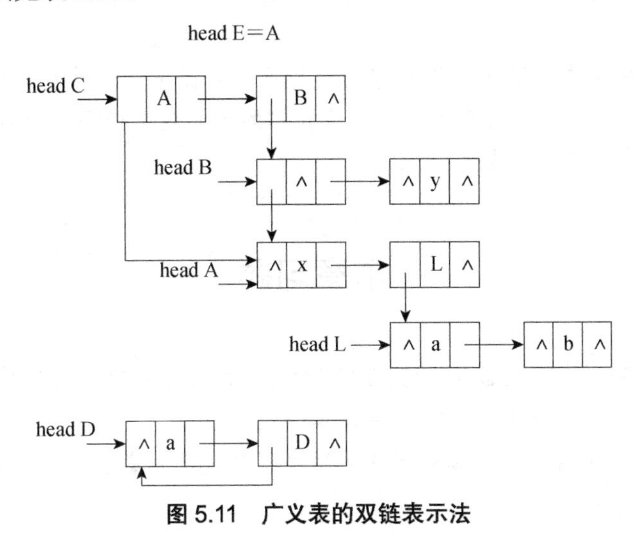


图 5.11　广义表的双链表示法

表 5.3　工资报表的表头

| 工资收入 | | | 扣除 | | | 实发工资 |
|---|---|---|---|---|---|---|
| 基本工资 | 工龄工资 | 奖金 | 房租水电 | 国库券 | 其他 | |

其中，“工资收入”和“扣除”是子表，它们各有三个原子项。显然，采用广义表作为数据结构时，子表名“工资收入”“扣除”和原子信息是同样重要的。它的广义表形式为

(工资收入 (基本工资，工龄工资，奖金)，扣除 (房租水电，国库券，其他)，实发工资)

工资报表表头的双链表示法如图 5.12 所示。

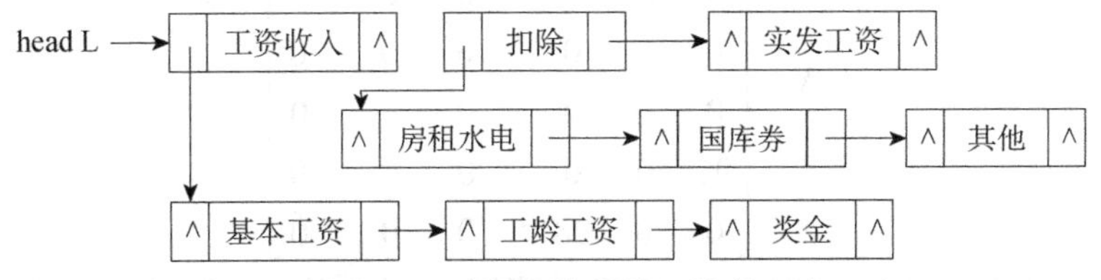


图 5.12　工资报表表头的双链表示法

# 本章小结

多维数组是一种最简单的非线性结构，它的存储结构也是最简单的，绝大多数高级语言采用顺序存储方式表示数组，包括行优先和列优先。

在多维数组中，使用最多的是二维数组，它和科技计算中广泛出现的矩阵相对应。对于某些特殊的矩阵，用二维数组表示会浪费空间，本章介绍它的压缩存储方法。元素分布有一定规律的特殊矩阵，通常是将其压缩存储到一维数组中，利用该矩阵和二维数组之间元素下标的对应关系，容易直接计算出元素的存储地址，对于稀疏矩阵，通常采用三元组表或十字链表来存放元素。

广义表是一种复杂的非线性结构，是线性表的推广。这里简单介绍它的概念、基本运算和存储结构。

本章也针对稀疏矩阵采用三元组保存时的转置问题提出快速转置的设计算法，并不需要更多的知识，利用设置一个临时表的方法，将算法的时间效率提高一个数量级，因此可看到，程序员的设计能力对用户十分重要。

# 本章习题

1. 按行优先顺序列出四维数组 **A**[2][3][2][3]所有元素在内存中的存放次序。

2. 三维数组按行优先顺序存储的地址计算公式。

3. 设有三对角矩阵 $A_{n\times n}$，将其按行优先顺序（跳过零元素）存放于数组 **B**[3×*n*−2]中，使得 **B**[*k*−1]= $a_{ij}$，求：

（1）用 *i*, *j* 表示 *k* 的下标变化公式；

（2）用 *k* 表示的 *i*, *j* 的下标变化公式。

4. 若在矩阵 $A_{m\times n}$ 中存放一个元素 **A**[*i*−1][*j*−1]满足：**A**[*i*−1][*j*−1]是第 *i* 行元素中的最小值，且又是第 *j* 列元素中的最大值，则称此元素为该矩阵的一个马鞍点。假设以二维数组存储矩阵 $A_{m\times n}$，试编写求矩阵中所有马鞍点的算法，并分析该算法在最坏情况下的时间复杂度。

5. 作出矩阵 **X** 的三元组表和十字链表。

$$X=\begin{bmatrix} 15 & 0 & 0 & 22 & 0 & -15 \\ 0 & 11 & 3 & 0 & 0 & 0 \\ 0 & 0 & 0 & -6 & 0 & 0 \\ 0 & 0 & 0 & 0 & 0 & 0 \\ 91 & 0 & 0 & 0 & 0 & 0 \\ 0 & 0 & 28 & 0 & 0 & 0 \end{bmatrix}$$

6. 试编写两个稀疏矩阵相加（**A**=**A**+**B**）的算法，要求稀疏矩阵用十字链表表示。

7. 求下列广义表运算的结果。

（1）head（(p，h，w)）
（2）tail（(b，k，p，h)）
（3）tail（((a，b)，(c，d))）
（4）head（((a，b)，(c，d))）
（5）head（tail（((a，b)，(c，d))）
（6）tail（head（((a，b)，(c，d))）

8. 画出下列广义表的图形表示。

（1）D（A（ ），B（e），C（a，L（b，c，d）））
（2）J1（J2，J4（J1，a，J3（J1）），J3（J1））

# 第 6 章　树

树形结构是一类重要的非线性结构，其逻辑特点是结点之间有分支，且具有层次关系，它非常类似于自然界中的树，但呈现方式是一颗倒立树。树结构在客观世界有非常多的具体实例，例如，家谱、行政组织机构等都可以用树形象地表示。树在计算机领域中也有着广泛的应用，例如，在编译程序中，用树表示源程序语法结构；在数据库系统中，可以用树组织信息；在操作系统中，用树进行文件管理。

本章首先介绍树及二叉树的逻辑特征及其属性，之后讨论树特别是二叉树的存储格式及其相关运算。由于采用二叉链表保存二叉树，因此二叉树的遍历将不同于线性格式或容易转化为线性格式的数据集（如多维数据）一样一目了然，为此介绍二叉链表保存下的二叉树遍历问题。本章的最后，介绍二叉树的一个重要应用：哈夫曼树的构建过程及其在通信编码中的应用。

本章的重点是二叉树及其几种特殊形式，包括满二叉树、完全二叉树等；为遍历而构建的线索化二叉树及其运算，哈夫曼树的构建等诸多内容。

## 6.1　树、森林及其相关概念

定义：**树**是 $n(n \geqslant 0)$个结点的具有层次关系的有限集合 $T$ ，它满足如下两个条件。

① 有且仅有一个特定的结点称为**根结点**，且这个根结点只有后继结点而没有前驱结点，图 6.1 中的 A 结点就是根结点。

② 其余的结点可以分为 $n$（$n \geqslant 0$）个互不相交的有限集合 $T_1, T_2, \cdots, X_n$ ，其中每个集合又是一棵树，并称其为根的子树。

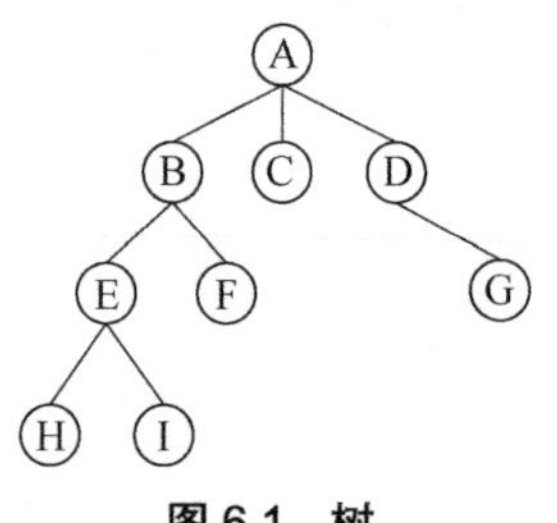


图 6.1　树

图 6.1 就是上述定义中的一棵非空树。如果 $n$=0，则它是一棵空树，这是树的特例。

树的递归定义刻画了树的固有特性，即一棵树是由若干棵子树构成的，而子树又可由若干棵更小的子树构成。用该定义来分析如图 6.1 所示的树，它是由结点的有限集合 $T\{A, B, C, D, E, F, G, H, I\}$ 所构成的，其中 A 是根结点，$T$ 中其余结点可分为三个互不相交的子集，分别是 $T_1=\{B, E, F, H, I\}$，$T_2=\{C\}$，$T_3=\{D, G\}$。$T_1$，$T_2$ 和 $T_3$ 是根结点 A 的三棵子树，且本身又都是一棵树，如 $T_1$，其根为 B，其余结点可分为两个互不相交的子集 $T_{11}=\{E, H, I\}$ 和 $T_{12}=\{F\}$，它们都是 B 的子树。$T_{11}$ 的根 E 有两棵互不相交的子树 $\{H\}$ 和 $\{I\}$，显然 $T_{12}$ 是只含一个根结点 F 的树。对 $T_2$ 和 $T_3$ 也可以进行类似的分析。

下面给出树结构中常用的基本名词，其中有许多名词借用了家族树中的一些习惯用语。

一个结点的子树个数称为该结点的**度**，一棵树的度是指该树中结点的最大度数，度为 0 的结点称为**叶子或终端结点**。如图 6.1 所示，结点 A，B，C，D 的度分别为 3，2，0，1。则该树的度为 3，C，H，I，F 和 G 均为叶子，度不为 0 的结点称为分支结点或非终端结点，除根结点外的分支结点统称为内部结点。

树中某个结点的子树之根称为该**结点的孩子**，相应的，该结点称为**孩子的双亲**。在图 6.1 中，B 是结点 A 的子树 $T_1$ 的根，故 B 是 A 的孩子，而 A 是 B 的双亲。同一个双亲的孩子称为兄弟。在图 6.1 中，B，C，D 互为兄弟。

若树中存在一个结点序列 $k_1, k_2, \cdots, k_j$，使得 $k_i$ 是 $k_{i+1}$ 的双亲 $1 \leqslant i < j$，则称该结点序列是从 $k_1$ 到 $k_j$ 的一条路径或道路。路径的长度等于 $j-1$，它是该路径所经过的边（即连接两个结点的线段）的数目。由路径的定义可知，若一个结点序列是路径，则在树的树形图表示中，该结点序列“自上而下”地通过路径的每条边。例如，在图 6.1 中，结点 A 到 I 有一条路径 ABEI，它的长度为 3。显然，从树的根结点到树中其余结点均存在一条路径。但是结点 B 和 G 之间不存在路径，因为既不可能从 B 出发“自上而下”地经过若干结点到达 G，也不可能从 G 出发“自下而上”地经过若干结点到达 B。

若树中结点 $k$ 到 $k_s$ 之间存在一条路径，则称 $k$ 是 $k_s$ 的祖先结点（具有垂直的直系关系），$k_s$ 是 $k$ 的子孙结点。显然，一个结点的祖先是从根结点到该结点路径上所经过的所有结点，而一个结点的子孙则是以该结点为根的子树中所有的结点。

结点的层数是从根开始算起的。设根结点的层数为 1，其余结点的层数等于其双亲结点的层数加 1。例如，在图 6.1 中，A 的层数为 1，B，C，D 的层数为 2，E，F，G 的层数为 3，H 和 I 的层数为 4。树中结点的最大层数称为树的**高度或深度**。

若将树中每个结点的各子树看成从左到右有次序的（即不能互换），则称该树为**有序树**，否则称为**无序树**。作为有序树，图 6.2 中的两棵树是不同的，因为结点 A 的两个孩子在两棵树中的左右次序不同。

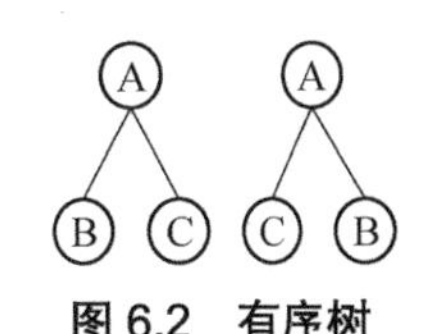

**图 6.2 有序树**

多棵树可以组成一个**森林**，森林是 $m(m \geqslant 0)$ 棵互不相交的树的集合。对于树来说，其子树的集合就是森林，若删去一棵树的根，就得到一个森林；反之，加上一个结点作为树根，森林就变为一棵树。

树形结构的逻辑特征可用树中结点之间的父子关系来描述：树中任意结点都可以有零个或多个后继（即孩子）的结点，但至多只能有一个前驱（即双亲）结点。树中只有根结点无前驱，叶结点无后继。显然，父子关系是非线性的，故树形结构是非线性结构。祖先与子孙的关系是父子关系的延伸，它定义了树中结点的纵向次序。有序树的定义使得同一组兄弟结点之间从左到右有长幼之分，如果对这一关系加以延伸，规定若 $k_1$ 和 $k_2$ 是兄弟，且 $k_1$ 在 $k_2$ 的左边，则 $k_1$ 的任一子孙都在 $k_2$ 的任一子孙的左边，那么就定义树中的结点的横向次序。

如无特别说明，则以下所指的树都是无序树。

## 6.2 二叉树及其相关特性

二叉树是树形结构的一个重要类型，许多实际问题抽象出来的数据结构往往是二叉树的形式，即使是一般的树也能简单地转化为二叉树，而且二叉树的存储结构及其算法相对于树而言，都较为简单，因此，二叉树显得特别重要。

### 6.2.1 二叉树的概念

定义：**二叉树**是 $n(n\geqslant0)$ 个结点的有限集，由一个根结点及两棵互不相交的分别称作这个根的**左子树**和**右子树**组成。二叉树的孩子结点数只能为 2 个，如图 6.3 所示，它有两个基本特征。

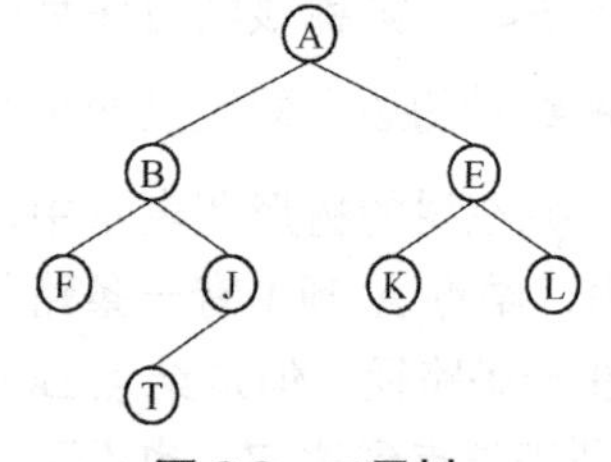


图 6.3 二叉树

① 每个结点最多只能有两棵子树，度数最大为 2。

② 二叉树是一种有序树，左、右子树不能颠倒。即使树中有一个结点即只有一棵子树，也要区分左、右子树。

如同树一样，二叉树也是一种递归定义，且有五种基本形态，如图 6.4 所示，具体为：

- 仅有根结点的二叉树；
- 仅有一棵左子树的二叉树；
- 仅有一棵右子树的二叉树；
- 有两棵子树的二叉树；
- 空二叉树。

由此可见，二叉树并非是树的特殊形式，尽管二者有许多相似的地方，但是它们是两种不同的数据结构。

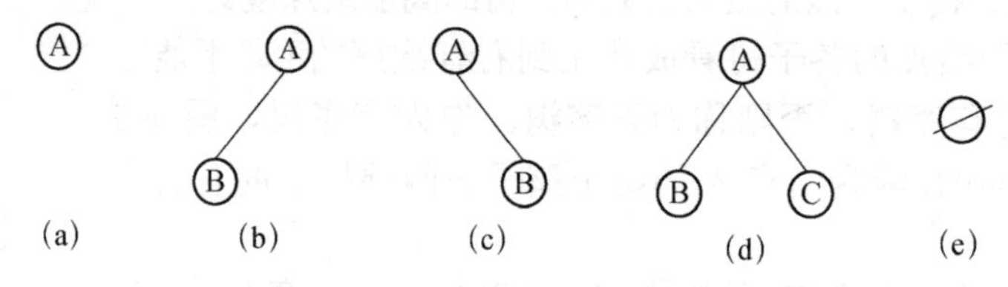


图 6.4 二叉树的五种形态

### 6.2.2 二叉树的性质

依据二叉树的逻辑特征，可以归纳出二叉树具有以下一些重要性质。

**性质 1**：二叉树第 $i$ 层上的结点数目最多为 $2^{i-1}(i\geqslant1)$。

归纳基础：第 1 层只有一个根结点，即 $i$=1 时，有 $2^{i-1}=2^0=1$。

归纳假设：假设对所有的$j(1\leqslant j<i)$命题成立，即第$j$层上至多有$2^{j-1}$个结点，证明$j=i$时命题也成立。

归纳证明：由于二叉树的每个结点至多有两个孩子，故第$i$层上的结点数，至多是第$i-1$层上的最大结点数的2倍，所以根据归纳假设，第$i-1$层上至多有$2^{i-2}$个结点，第$i$层上至多有$2\times2^{i-2}=2^{i-1}$个结点，故命题成立。

依据上述性质，容易推算出，一个二叉树的第一层最多有1个结点，第二层最多有2个结点，第三层最多有4个结点，第十层最多有512个结点。

**性质2**：深度为$k$的二叉树至多有$2^k-1$个结点$(k\geqslant1)$。

证明：仅当每一层都含有最大结点数时，其树中结点数最多。因此，利用性质1可得，深度为$k$的二叉树的结点数最多为

$$2^0+2^1+\cdots+2^{k-1}=2^k-1 \text{（等比数列求和）}$$

故命题成立。

依据性质2，容易推算出，一个深度为1的二叉树最多结点个数为1，深度为2的二叉树最多结点个数为3，深度为3的二叉树最多结点个数为7，深度为10的二叉树最多结点个数为1 023。

**性质3**：在任意一棵二叉树中，若叶子结点的个数为$n_0$，度为2的结点数为$n_2$，则$n_0=n_2+1$。

证明：根据二叉树的定义，二叉树的结点的度小于等于2，所以得到式（6.1）。

$$n=n_0+n_1+n_2 \tag{6.1}$$

其中，$n$表示结点的总个数，$n_1$表示度为1的结点个数。

另外，度为0的结点没有孩子，度为1的结点有一个孩子，度为2的结点有两个孩子，故二叉树中孩子结点的总数是$n_1+2n_2$，但树中只有根结点不是任何结点的孩子，故二叉树中的结点总数又可表示为

$$n=n_1+2n_2+1 \tag{6.2}$$

由式（6.1）和式（6.2）得到：

$$n_0=n_2+1$$

命题得证。

不同于性质1和性质2能较容易地抽象出二叉树的具体形态，性质3更多地揭示了二叉树的一个内在重要特性，同时，本性质的证明过程也值得重视。

在继续介绍相关性质之前，先介绍两种重要的特殊形式的二叉树：**满二叉树**和**完全二叉树**。

满二叉树：一棵深度为$k$且有$2^k-1$个结点的二叉树称为满二叉树。

图6.5是一个深度为3的满二叉树。满二叉树的特点是每层的结点数都达到最大值，即对给定的高度或深度，它是具有最多结点的二叉树。满二叉树中不存在度为1的结点，每个分支结点均有两棵高度相同的子树，且树叶都在最下一层。

完全二叉树：若设二叉树的深度为$h$，除第$h$层外，其他各层（$1\sim h-1$）的结点数都达到最大数，第$h$层所有的结点都连续集中在最左边，这就是完全二叉树。显然，满二叉树是完全二叉树，但完全二叉树不一定是满二叉树。

图6.6是一棵完全二叉树。在满二叉树的最下一层，从最右边开始连续删去若干结点后

得到的二叉树仍然是一棵完全二叉树。因此，在完全二叉树中，若某个结点没有左孩子，则它一定没有右孩子，即该结点必是叶结点。

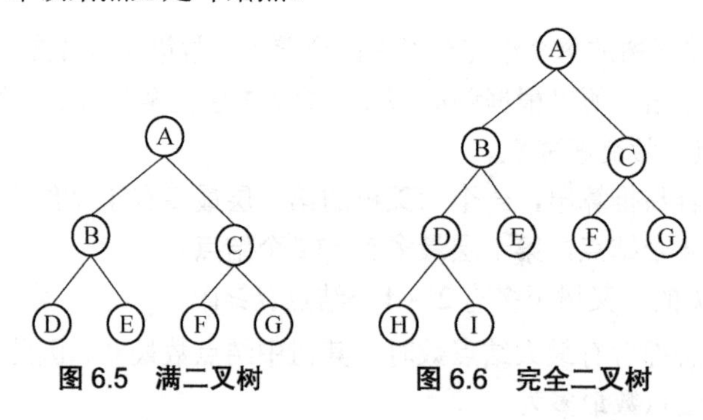


图 6.5 满二叉树　　图 6.6 完全二叉树

**性质 4**：具有 $n$ 个结点的完全二叉树的深度为 $\lfloor \log_2 n \rfloor + 1$（或 $\lceil \log_2(n+1) \rceil$）。

证明：设所求完全二叉树的深度为 $k$，由完全二叉树的定义知道，它的前 $k$−1 层是深度为 $k$−1 的满二叉树，一共有 $2^{k-1}-1$ 个结点。由于完全二叉树的深度为 $k$，故第 $k$ 层上还有若干个结点，因此，该完全二叉树的结点个数 $n>2^{k-1}-1$。另外，由性质 2 知道 $n \leqslant 2^k-1$

即

$$2^{k-1}-1<n \leqslant 2^k-1$$

由此可推出：

$$2^{k-1} \leqslant n<2^k$$

取对数后有：

$$k-1 \leqslant \log_2 n<k$$

因为 $k$ 为整数，故有 $k-1=\lfloor \log_2 n \rfloor$，由此得：

$$k=\lfloor \log_2 n \rfloor+1$$

**性质 5**：在一棵具有 $n$ 个结点的完全二叉树中，从树根起，自上层到下层，每层从左到右地给所有结点编号，就能得到一个足以反映整个二叉树结构的线性序列，如图 6.7 所示。

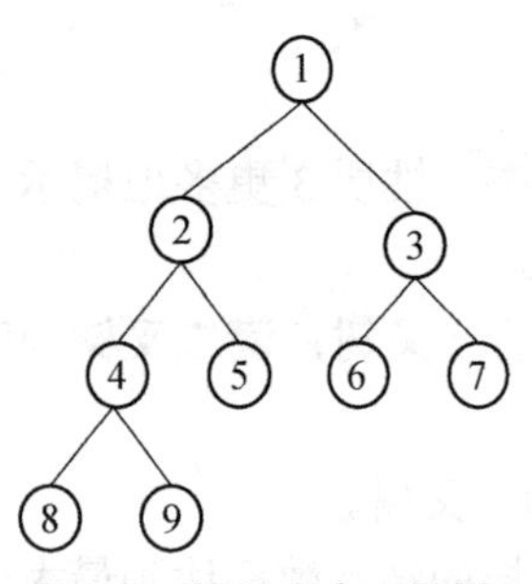


图 6.7 编号完全二叉树

完全二叉树中除最下面一层外，各层都充满了结点，每一层的结点个数恰好是上一层结点个数的 2 倍。因此，从一个结点的编号就可以推出其双亲，左、右孩子，兄弟等结点的编号，具体描述如下。

假设编号为 $i$ 的结点是 $k_i(1 \leqslant i \leqslant n)$，则有以下结论。

① 若 $i>1$，则 $k_i$ 的双亲编号为 $\lfloor i/2 \rfloor$。

② 若 $i=1$，则 $k_i$ 是根结点，无双亲。

③ 若 $2i \leqslant n$，则 $k_i$ 的左孩子的编号是 $2i$；否则，$k_i$ 无左孩子，即 $k_i$ 必定是叶子，因此完全二叉树中编号 $i>\lfloor n/2 \rfloor$ 的结点必定是叶结点。

④ 若 $2i+1 \leqslant n$，则 $k_i$ 的右孩子的编号是 $2i+1$；否则，$k_i$ 无右孩子。

⑤ 若 $i$ 为奇数且不为 1，则 $k_i$ 的左兄弟的编号是 $i-1$；否则，$k_i$ 无左兄弟。

⑥ 若$i$为偶数且小于$n$，则$k_i$的右兄弟的编号是$i+1$；否则，$k_i$无右兄弟。

从学习的角度而言，上述关于完全二叉树的多个特征并不需要牢记，但可以概括出一个结论：对完全二叉树自上至下、从左到右进行顺序编号，根据某结点编号可以找出该结点的所有逻辑关系，这显然为二叉树的顺序存储奠定了基础。

# 6.3 二叉树的存储

二叉树的存储方式主要有**顺序存储结构**和**链式存储结构**两种。

## 6.3.1 顺序存储结构

该方法是把二叉树的所有结点，按照一定的次序顺序，存储到若干连续的存储单元中。因此，必须把结点安排成一个适当的线性序列，如图 6.8 所示，使结点在这个序列中的相互位置能反映出结点之间的逻辑关系。

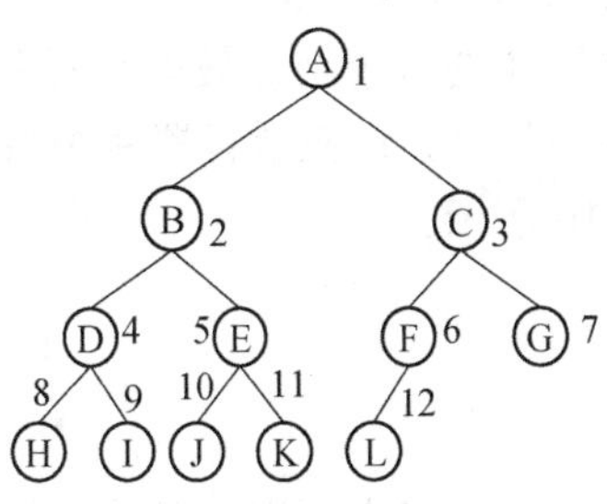

**图 6.8 结点编号的完全二叉树**

由上节内容可知，完全二叉树中结点的层次序列足以反映结点之间的逻辑关系。因此可将完全二叉树中所有的结点，按编号顺序依次存储在一个向量$tree[n+1]$中，其中$tree[0]$不用。这样，无须附加任何信息就能在这种顺序存储结构中找到每个结点的双亲和孩子。例如，表 6.1 是一种完全二叉树的顺序存储结构。

**表 6.1 图 6.8 所示的完全二叉树的顺序存储结构**

| Tree | 0 | 1 | 2 | 3 | 4 | 5 | 6 | 7 | 8 | 9 | 10 | 11 | 12 |
|---|---|---|---|---|---|---|---|---|---|---|---|---|---|
| 结点 | | A | B | C | D | E | F | G | H | I | J | K | L |

显然，对完全二叉树而言，顺序存储结构既简单又节省存储空间。但是，一般的二叉树采用顺序存储时，需要用结点在向量中的相对位置来表示结点之间的逻辑关系，以一个仅有三个结点的二叉树为例，其有五种形态：满二叉树、左单支树、右单支树、左子树有右叶子、右子树有左叶子。如果直接顺序存储，则其顺序表是一样的，因此对二叉树的顺序存储需要添加“虚结点”使得该二叉树成为一个完全二叉树，这会造成存储空间的浪费。

假设一个深度为$k$且只有$k$个结点的左单支树如图 6.9（a）所示，为能够进行顺序存储，需添加“虚结点”使其成为完全二叉树，共需要$2^{k-1}$个结点的存储空间［如图 6.9（c）所示］。

由此可知，为了将一个二叉树采用顺序存储，需要通过添加“虚结点”使其构建成完全二叉树。当然，通过添加“虚结点”使其构建成满二叉树也是可以顺序保存的［如图 6.9(b) 所示］，但是，利用完全二叉树顺序存储二叉树比利用满二叉树更节省空间。

从存储的顺序表来看，基于完全二叉树保存的数据集最后一位数据必定是有用数据，而基于满二叉树保存的数据集最后一些数据更有可能是“虚结点”信息，最坏情况如同上一节所举仅有左分支的单支树，如果添加虚结点使其成为满二叉树，则顺序表存储的“虚结点”

远远多于实际需要保存的数据［如图 6.9（b）所示］，准确的比例是 $k$：$(2^k-1)$。

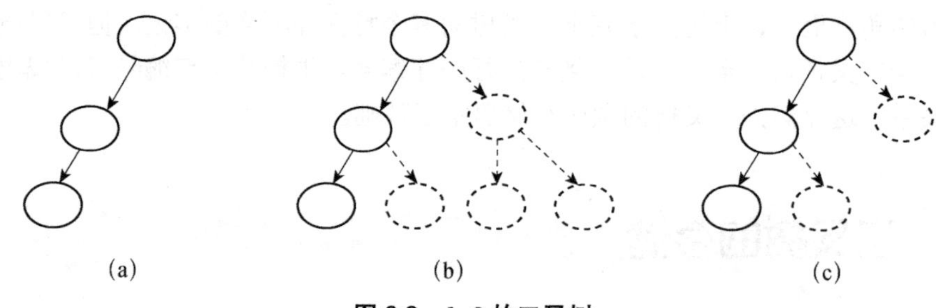


图 6.9 $k$=3 的二叉树

## 6.3.2 链式存储结构

从上面的介绍可知：用顺序方式存储一般二叉树浪费存储空间，并且若在树中需要经常插入和删除结点时，顺序存储方式的性能更低。因此，存储树的最自然的方法是链接的方法。二叉树的每个结点最多有两个孩子，用链接方式存储二叉树时，每个结点除了存储结点本身的数据外，还应该设置两个指针域 lchild 和 rchild，分别指向该结点的左孩子和右孩子，如图 6.10 所示。

| lchild | data | rchild |
| --- | --- | --- |

图 6.10 二叉树结点的结构

该结点类型用 C 语言描述为：

```
typedef int datatype;                /*结点属性值的类型*/
typedef struct node{                 /*二叉树结点的类型*/
   datatype   data;
   struct node   *lchild, *rchild;   /* 左、右孩子*/
} TreeNode;
```

在一棵二叉树中，所有类型为 TreeNode 的结点，再加上一个指向根结点的一个 TreeNode 类的链表头指针 root，就构成了二叉树的存储结构。我们把这种存储结构称为**二叉链表**。图 6.11 就是保存一棵二叉树的二叉链表。显然，一个二叉链表由头指针唯一确定。若二叉树为空，则头指针 root=NULL，若结点的某个孩子不存在，则相应的指针为空。

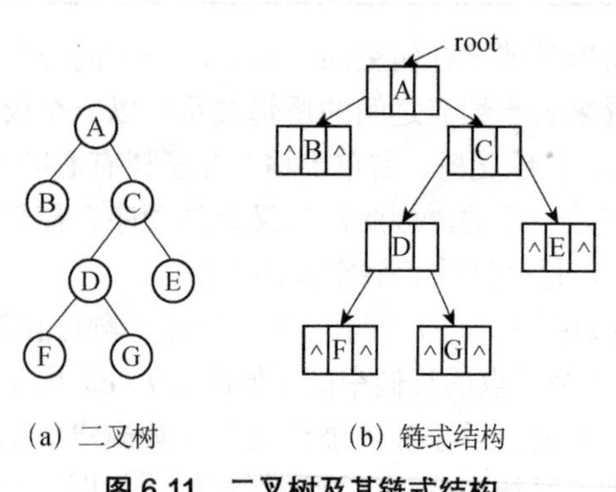


图 6.11 二叉树及其链式结构

图 6.11 是采用链表结构存储的二叉树，为了形象描述，将其画成二叉树的形状，但是，内存的管理是一维的，即线性的，结点的分支采用指针方式实现。

对于二叉链表存储的二叉树，具有以下一个重要性质：有 $n$ 个结点的二叉树中，一共有 $2n$ 个指针域，其中只有 $n-1$ 个用来指示结点的左、右孩子，其余的 $n+1$ 个指针域为空。

证明：因为叶子结点有两个空指针域，每个仅有一个孩子的结点有一个空指针域，所以

$n$ 个结点的二叉链表存储的二叉树共有空指针域的个数为 $2\times n0+n1$，又依据 6.2.2 节中二叉树的性质 3，有：

$$n0=n2+1$$

因此，二叉链表存储的二叉树空指针域的个数为

$$n0+n0+n1=n0+n1+n2+1=n+1$$

命题得证。

上述性质表明了在二次链表保存的二叉树中，存有大量的未被使用的指针域。

二叉链表是二叉树的最常用的存储结构，下面几节给出的有关二叉树的各种算法，大多基于这种存储结构，但是树形结构还可以有其他链接表存储方法。至于选用何种方法，主要依赖所要实施的运算频度。例如，若经常要在二叉树中寻找某结点的双亲时，可在每个结点上再加上一个指向其双亲的指针域 parent，形成一个带双亲指针的二叉链表。

下面讨论如何利用二叉链表来存储一个二叉树。

二叉树的生成讨论如何在内存中建立二叉树的存储结构。建立顺序存储结构的问题较为简单，在这里仅讨论如何建立二叉链表存储的二叉树。建立二叉链表的算法很多，它们依赖于按照哪种形式输入二叉树的逻辑结构信息。下面介绍按完全二叉树的层次顺序，依次输入结点信息建立二叉链表的算法。对于一般的二叉树，必须添加若干个虚结点使其成为完全二叉树。例如，仅含三个结点 1，2，3 的右单支树（如图 6.12 所示），按完全二叉树的形式输入结点序列为 1，0，2，0，0，0，3，其中 0 代表“虚结点”。

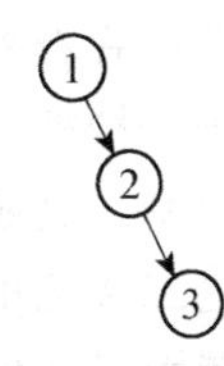


**图 6.12　单右支的二叉树**

算法的基本思想：依次输入结点信息，若输入的结点不是虚结点，则建立一个新结点，若新结点是第 1 个结点，则令其为根结点；否则，将新结点作为孩子链接到它的双亲结点上。如此重复下去，直到输入的数为负数为止。

以下 C 语言代码实现上述算法。

```
typedef int    datatype;
typedef struct node                    /*二叉树结点定义*/
 {
  datatype data;
  struct node *lchild,*rchild;
  }btNode;
  btNode * createbintree( )
{/*按照前序遍历的顺序建立一棵给定的二叉树*/
      int data;
    scanf ("%d",&data);
    if (data<=0)    return    NULL;

        root=(btNode *)malloc(sizeof(btNode));
        root->data=data;
        Root->lchild=createbintree( );
        Root->rchild=createbintree( );
    }

  main()        /*主程序*/
      {
```

```
    btNode * root;
    printf("\n");
    Root=createbintree( );
}
```

## 6.4 二叉树的遍历

**遍历二叉树**是二叉树的一种重要的运算。所谓遍历二叉树，就是按一定的规则和顺序走遍二叉树的所有结点，使每一个结点都被访问一次，而且只被访问一次。由于二叉树是非线性结构，因此，树的遍历实质上是将二叉树的各个结点转换成为一个线性序列来表示。对于顺序存储的二叉树而言，这是一个易于实现的问题，但对于链表存储的二叉树，由于链结点只有左、右孩子的指针，从某结点出发无法访问到该结点的兄弟结点，而需要再从父结点出发，因此链式存储的二叉树遍历过程需要对已访问过的非叶子结点进行存储。

由于一棵非空的二叉树是由根结点、左子树、右子树这三个基本部分形成的，因此，遍历一棵非空二叉树的问题可分解为三个步骤：访问根结点，遍历左子树，遍历右子树。

因为二叉树的定义是递归的，上述三个步骤隐含一个重要信息：递归实现。因为整个命题是“遍历二叉树”，而三个步骤又包含了“遍历”左、右子树两个部分，无论是遍历左子树或右子树，由于左、右两子树其结构与整个二叉树相同，只不过规模低一级，因此可以推断，二叉树的遍历在链表上是递归实现的。

设 L，D，R 分别表示遍历左子树、访问根结点和遍历右子树，则对一棵二叉树的遍历有六种情况，但最常用的三种情况分别为：DLR（称为**前序遍历**），LDR（称为**中序遍历**），LRD（称为**后序遍历**）。

下面介绍递归方法遍历二叉树的具体实现，并采用自定义栈对算法进行改进。

### 1. 递归方法

显然，遍历左、右子树的子问题和遍历整棵二叉树的原问题具有相同的特征属性，因而很容易写出如下三种遍历的递归算法。

在此递归算法中，递归的终止条件为二叉树为空，此时应为空操作。访问根结点所做的处理应视具体问题而定，在此不妨假设访问根结点是打印结点数据。若以二叉链表作为存储结构，C 语言描述的前序算法如下。

```
void preOrder(btNode * t)
  { /*前序遍历二叉树的递归算法*/
    if (t) {
      printf("%d",t->data);
      preOrder(t->lchild);
      preOrder(t->rchild);
      }
  }
```

为了便于进一步理解递归算法 preOrder，现以图 6.13 所示的二叉树为例，可以利用第 3 章求阶乘的方式，以*A 代表整个二叉树，*B 代表 B 子树，依次类推，进行入栈、出栈操作，此时，得到的遍历结果是：ABDCEGF。图 6.14 是遍历轨迹图。

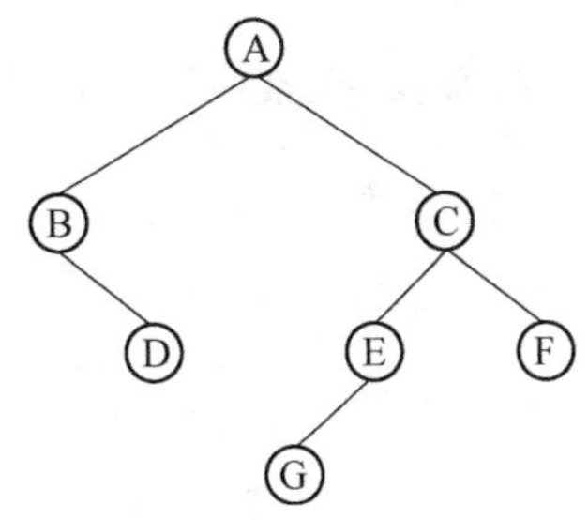

图6.13 被遍历的二叉树

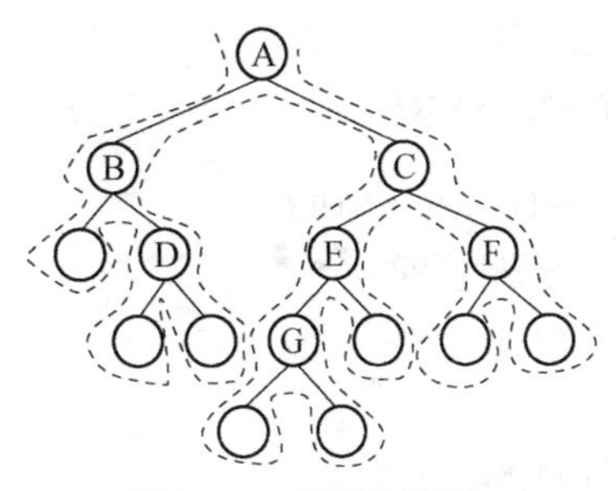


图6.14 遍历轨迹图

类似地，中序遍历算法如下所述。

```
void midOrder(btNode * t)
  { /*中序遍历二叉树的递归算法*/
    if (t) {
      midOrder(t->lchild);
      printf("%d",t->data);
      midOrder(t->rchild);
      }
  }
```

同样，后序遍历算法过程如下所述。

```
void postOrder(btNode * t)
  { /*后序遍历二叉树的递归算法*/
    if (t) {
      postOrder(t->lchild);
      postOrder(t->rchild);
      printf("%d",t->data);
      }
  }
```

可以看到，利用递归方法设计二叉树的遍历算法并不困难，但正如前面的分析可知，递归实现的代码时空效率都不高，为此这里再介绍另外一种使用非递归方法遍历二叉树的算法，其原理是利用自定义栈去模拟递归时系统给出的栈空间。

### 2. 非递归方法

模拟栈遍历二叉树结构的相关函数代码如下所述。

```
typedef struct stack                                    /*栈结构定义*/
  { btNode *data[100];                                  /*栈采用数组作为存储空间*/
  int top;                                              /*栈顶指针*/
  } seqstack;
 void push(seqstack *s,btNode * t)                      /*进栈*/
  {
  s->data[++s->top]=t;
  }
 btNode * pop(seqstack *s)                              /*出栈*/
   {
   if (s->top== -1) return NULL:
   s->top--;
   return(s->data[s->top+1]);
```

```
    }
  btNode * top(seqstack *s)                              //  取栈顶元素
    {
    If (s->top==-1)   return NULL;
    Return   s->data[s->top];
    }


  typedef int datatype;
  typedef struct node                                    /*二叉树结点定义*/
  {
   datatype data;
   struct node *lchild,*rchild;
  }btNode;
```

前序遍历非递归访问，使用栈即可实现。需要注意的是先序遍历的非递归访问在所有的遍历中是最简单的，主要思想是首先将根结点压入栈，然后根结点出栈并访问根结点，之后依次将根结点的右孩子、左孩子入栈，直到栈为空为止，代码如下所示。

```
void preorder(btNode * t)                    /*非递归实现二叉树的前序遍历*/
  {
  seqstack s;
  s、top=-1;
  push(&s,t);
  while (s、top>-1)                          /*当前处理的子树不为空或栈不为空则循环*/
     {
     t=pop(&s);
     printf("%d",t->data);                  //打印结点的值
     if(t->rchild!=NULL)   push(&s,t->rchild); //右孩子非空，入栈;
     if(t->lchild!=NULL)   push(&s,t->lchild); //左孩子非空，入栈;
     }
  }
  main()        /*主程序*/
  {btNode * root;
   printf("\n");
   root=createbintree();
   printf("\n");
   printf("\n 前序遍历结果是: ");
   preorder(root);
   }
```

上述代码的算法流程如图 6.15(a)所示。

关于先序非递归方法，这里再介绍一种形式，与第一种的区别在于压入栈的顺序不一样。代码实现如下所示。

```
void preorder(btNode * t)              /*非递归实现二叉树的前序遍历*/
  {
  seqstack s;
  s、top=-1;
  while(t!=NULL){                      /*先从左子树开始向下打印并压栈，直到为空指针
  printf("%d",t->data);
```

```
push(&s,t);
t=t->lchild;
}
while (s、top!=-1)                    /*当前处理的子树不为空或栈不为空则循环*/
  {
  t=pop(&s);
  t=t->rchild;
  if(t!=NULL){
  while(t!=null){                     /*打印右结点上左子树
  printf("%d",t->data);
  push(&s,t);
  t=t->lchild;
  }
 }
}
```

第二种方法的流程图如图 6.15（b）所示。

中序遍历非递归算法也采用栈实现，与上面的先序遍历算法类似，只是访问根结点的时间不同。这里只给出函数体。

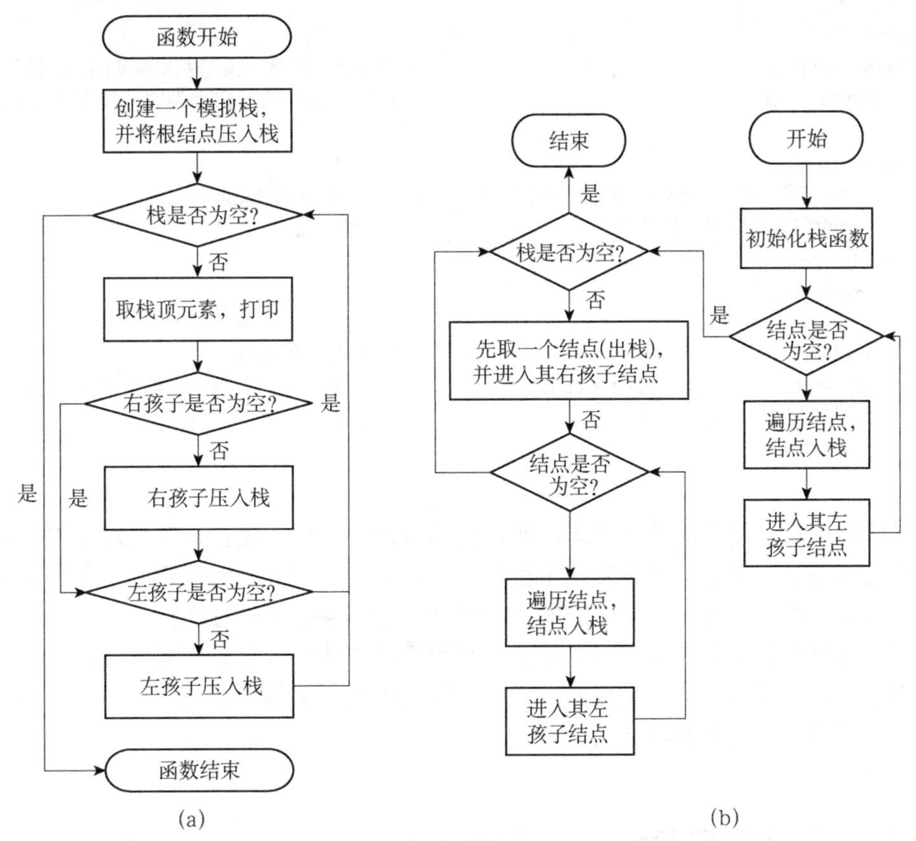


**图 6.15　非递归前序遍历二叉树流程图**

而后序非递归遍历比较复杂一点，其实现代码如下。

```
void midorder(btNode * t)                    /*非递归实现二叉树的中序遍历*/
```

```
{ seqstack s;
  s、top=-1;
  push(&s,t);
  while (s、top>-1)                                  /*当前处理的子树不为空或栈不为空则循环*/
  {
    t=pop(&s);
    if(t==NULL) continue;                            // 排除压入NULL
    if((t->lchild==NULL&&t->rchild==NULL)||t->rchild==top(&s))
     {  printf("%d",t->data);                        //打印结点的值
     continue;
     }

    push(&s,t->rchild);                              // 右孩子非空，入栈，注意有可能会压入NULL
    push(&s,t);                                      // 把自己入栈
    if(t->lchild!=null)   push(&s,t->lchild);        //左孩子非空，入栈
     }
  }

void postorder(btNode * t)                           /*非递归实现二叉树的后序遍历*/
  { seqstack s;
  s、top=-1;
  push(&s,t);
  btNode *temp=t;                                    //这个很关键，由它判别哪些结点可以输出
     while (s、top>-1)                               /*当前处理的子树不为空或栈不为空则循环*/
{
     t=pop(&s);
     if((t->lchild==NULL&&t->rchild==NULL)||t->rchild==temp||t->lchild==temp)
     {  printf("%d",t->data);                        //打印结点的值
        temp=t;
        continue;
       }
       push(&s,t);                                   // 把自己压入栈
       if(t->rchild!=null)push(&s,t->rchild);        // 右孩子非空入栈，可能会压入NULL
       if(t->lchild!=null)   push(&s,t->lchild);     // 左孩子非空，入栈；
    }
}
```

非递归遍历算法的原理其实不难，通过自己构造一个栈来模拟计算机内存中的栈，其与递归算法思路是差不多的，区别就在于栈的使用，系统利用栈来实现递归，保存函数名、参数、入口等多个数据，而自定义栈依据特定情况仅需要保存需要的信息。

从二叉树遍历的实现代码中可以看出，利用递归方法比较容易实现编程，但由于递归的时空效率不高，可以采用自定义栈的方式对中间过程的存储编写非递归程序。总体而言，自定义栈的方法效率要高于递归方式。

## 6.5 线索二叉树

当用二叉链表作为二叉树的存储结构时，因为每个结点中只有指向其左、右孩子结点的

指针域，所以从任一结点出发只能直接找到该结点的左、右孩子，而一般情况下无法直接找到该结点在某种遍历序列中的前驱和后继结点。而上节中提到的各种遍历方式，无论采用递归还是自定义栈，其时空效率都不高。另外，若在每个结点中增加两个指针域来存放某种遍历情况下该结点的前驱和后继结点信息，虽然使得遍历过程大大简化，但这将进一步降低存储空间的利用率。

由前面的讨论可知，在 *n* 个结点的二叉链表中含有 *n*+1 个空指针，因此可以利用这些空指针域来存放指向结点在某种遍历次序下的前驱和后继结点的指针，这种附加的指针称为**“线索”**，添加线索的二叉链表称为**线索链表**，相应的二叉树称为**线索二叉树**。

为了区分一个结点的指针域是指向其孩子的指针，还是指向其前驱或后继的线索，可在每个结点中增加两个线索标志域，这样，线索链表中的结点结构如图 6.16 所示。

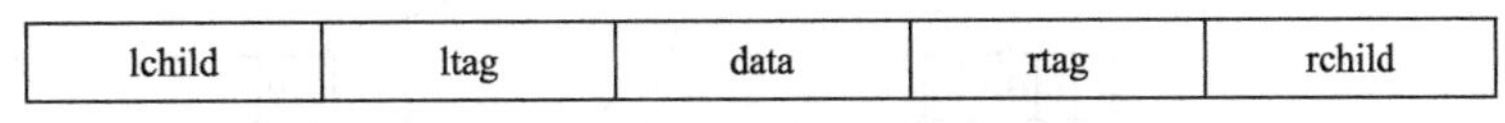


**图 6.16 线索链表中的结点结构**

其 C 语言描述的结构体如下所示。

```
typedef int    datatype;          /*树中结点值的类型*/
typedef struct node               /*线索二叉树结点的类型定义*/
{
   datatype data;
   int ltag,rtag;                 /*左、右标志位*/
   struct node *lchild,*rchild;
}binthrnode;
typedef binthrnode    *binthrtree;
```

规定当左线索标志 ltag 为 0 时，表示 lchild 是指向结点的左孩子的指针；其值为 1 时，表示 lchild 是指向该结点的前驱的左线索；相应的，右标志 rtag 为 0，表示 rchild 是指向结点的右孩子的指针，为 1 时表示是指向结点的后继的右线索。

例如，图 6.17(a)所示的中序线索二叉树，它的线索链表如图 6.17（b）所示。

将二叉树变为线索二叉树的过程称为**线索化**。按某种次序将二叉树线索化，只要按该次序遍历二叉树，在遍历过程中用线索取代空指针域。为此，附设一个指针 temp 始终指向刚刚访问过的结点，而应用 tree 表示当前正在访问的结点。显然结点 temp 是结点 tree 的前驱，而 tree 是 temp 的后继。下面给出将二叉树按中序进行线索化的算法。该算法与中序遍历算法类似，区别仅仅在于访问根结点时所做的处理不同。线索化算法中，访问当前根结点 tree 所做的处理如下。

① 若结点*tree 有空引用，则将相应的标志置为 1。

② 若结点*tree 有中序前驱结点*temp（即*temp！=null）则：

- 若结点*tree 的左线索标志已经建立（即 tree->ltag==1），则令 tree->lchild 为指向其中序前驱结点*temp 的左线索；
- 若结点*temp 的右线索标志已经建立（即 temp->rtag==1），则令 temp->rchild 为指向其中序前驱结点*tree 的右线索；

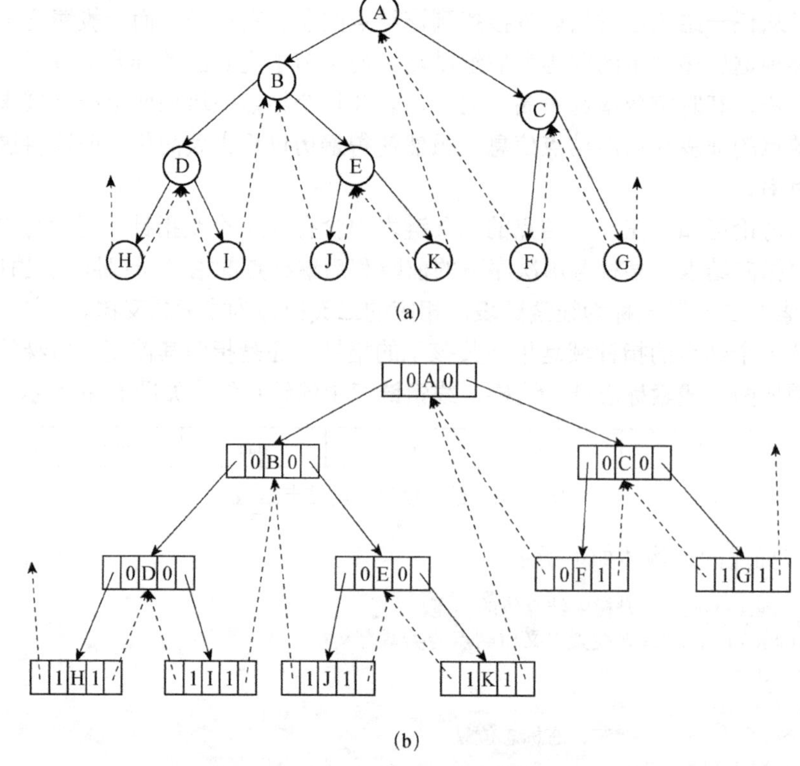


**图 6.17　中序线索二叉树及其线索链表**

- 将*temp 指向刚刚访问过的结点 tree（即 temp==tree）。这样，在下一次访问一个新结点*tree 时，*temp 为其前驱结点。

```
binthrtree *t   createbintree（）                    /*按前序遍历顺序建立二叉树*/
{
  int data;
  scanf（"%d",&data）;
   if（data<0）     return NULL;                    /*所建立的二叉树为空二叉树*/
      t=（binthrnode *）malloc（sizeof（binthrnode））;/*生成根结点*/
      t->data=data;
      t->lchild=createbintree（）;                   /*创建左子树*/
      t->rchild=createbintree（）;                   /*创建右子树*/

  }
 void inthreading（binthrtree *p）                   /*对二叉树进行中序线索化*/
{
   if（p!=NULL）
   { inthreading（&（（*p）->lchild））;               /*中序线索化左子树*/
    （*p）->ltag=（（*p）->lchild）?0:1;              /*对当前结点及其前驱结点进行线索化*/
    （*p）->rtag=（（*p）->rchild）?0:1;
     if （pre）
          {  if（pre->rtag==1）   pre->rchild=*p;
             if（（*p）->ltag==1）  （*p）->lchild=pre;
          }
     pre=*p;
     inthreading（&（（*p）->rchild））;               /*中序线索化右子树*/
```

```
    }
}
void createthrtree ()                                  /*创建中序线索二叉树*/
{
  binthrtree   *p= createbintree () ;
  inthreading (p) ;
  Return p;
}
main ()
{ binthrtree   *root;
  root=createthrtree () ;
}
```

类似可得前序线索化和后序线索化的算法。

建立了线索链表之后，我们来分析线索二叉树上的运算。下面介绍线索二叉树上常用的两种运算。

### 1. 查找某结点*p 在指定次序下的前驱和后继结点

如何在线索二叉树中查找结点的前驱和后继结点？以图 6.17(a)的中序线索二叉树为例。树中所有叶结点的右链是线索，因此叶结点的 lchild 指向该结点的后继结点，结点“H”的后继为结点“D”。当一个结点右线索标志为 0 时，其 rchild 指针指向其右儿子，因此无法由 rchild 得到其后继结点。然而，由中序遍历的定义可知，该结点的后继应是遍历其右子树时访问的第一个结点，即右子树中最左下的结点。例如，在查找结点“B”的后继时，首先沿右指针找到其右子树的根结点“E”，然后沿其 lchild 指针往下直至其左线索标志为 1 的结点，即为其后继结点（在图 6.17 中是结点“I”）。类似的，在中序线索树中查找某结点的前驱结点的规律是：若该结点的左线索标志为 1，则 lchild 为线索，直接指向其前驱结点；否则，遍历左子树时最后访问的那个结点，即左子树中最右下的结点为其前驱结点。由此可知，若线索二叉树的高度为 $h$，则在最坏情况下，可在 $O(h)$ 时间内找到一个结点的前驱或后继结点。在对中序线索二叉树进行遍历时，无须像非线索树的遍历那样，利用递归引入栈来存储待访问的子树信息，时间效率得到了提高。

为进一步说明线索化下如何查找到某结点的后继结点，以下结合图 6.18 说明在中序线索二叉树中，查找结点 p 的中序后继结点，分为以下两种情形。

① 若 p 的右线索存在，直接指向 tree 的中序后继结点。

② 若 p 的右线索不存在，则 p 的中序后继必定是其右子树中第一个中序遍历到的结点，也就是从 p 的右孩子开始，沿左指针链往下查找，直到找到一个没有左孩子的结点为止。该结点是 p 的右子树中“最左下”的结点，它就是 p 的中序后继结点，如图 6.18 所示。

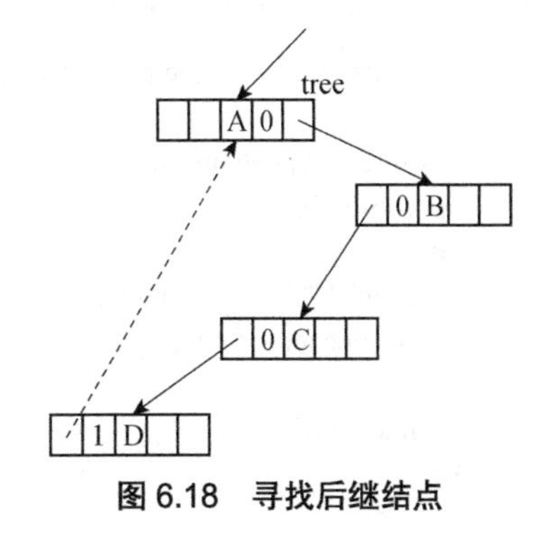


**图 6.18 寻找后继结点**

基于上述分析，不难给出中序线索二叉树中求中序后继结点的算法。

```
binthrtree insuccnode (binthrtree p)
  {binthrtree q;
```

```
if （p->rtag==1）
return  p->rchild;
else
 {q=p->rchild;
  while （q->ltag==0）
  q=q->lchild;
  return  q;
  }
}
```

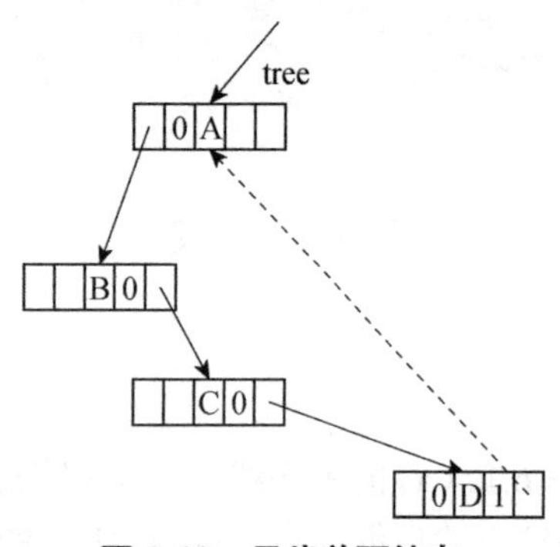

图 6.19 寻找前驱结点

可以应用类似的方法，在中序线索二叉树中查找结点 p 的中序前驱结点。若 p 的左孩子为空，则 tree->lchild 为左线索，直接指向 p 的中序前驱结点；若 p 的左子树非空，则从 p 的左孩子出发，沿右指针链往下查找，直到找到一个没有右孩子的结点为止。该结点是 p 的左子树中最右下的结点，它是 p 的左子树中最后一个中序遍历到的结点，即 p 的中序前驱结点，如图 6.19 所示。

由上述讨论可知：若结点 p 的左子树（或右子树）非空，则 p 的中序前驱（或中序后继）是从 p 的左孩子（或右孩子）开始往下查找，由于二叉链表中结点的链域是向下链接的，所以在非线索二叉树中也能同样找到 p 的中序前驱（或中序后继）；若结点 p 的左子树（或右子树）为空，则在中序线索二叉树中，通过 p 的左线索（或右线索）找到 p 的中序前驱（或中序后继），但中序线索一般都是“向上”指向其祖先结点，而二叉链表中没有“向上”的链接，因此在这种情况下，对于非线索二叉树，仅从 p 出发无法找到其中序前驱（或中序后继），而必须从根结点开始中序遍历，才能找到 p 的中序前驱（或中序后继）。由此可见，线索使得查找中序前驱和中序后继变得容易，然而线索对于查找指定结点的前序前驱和后序后继却没有什么帮助，有兴趣的同学可以自行分析。

遍历某种次序的线索二叉树，只要从该次序下的开始结点出发，反复找到结点在该次序下的后继结点，直到终端结点。这对于中序和前序线索二叉树是非常简单的，无须像非线索树的遍历那样，引入栈来保存以后访问的子树信息。在此，给出按中序遍历中序线索二叉树的算法。

```
void inthrtree（binthrtree p）/*中序遍历中序线索二叉树*/
{ if （p）
  { while  （p->ltag==0）
   p=p->lchild;
   do
   { printf（"%d ",p->data）;
    p=insuccnode（p）;
    }
    while （p）;
  }
}
```

由于中序序列的终端结点的线索为空，所以终止条件是 p==null。显然该算法的时间复杂性仍为 $O(n)$，且不用占用栈空间，所以若对一棵二叉树要经常遍历或者查找结点在指定次序下的前驱和后继，其存储结构宜采用线索树。因此，在实际开发应用中，相比于复杂的设计，省时省空间的运算往往是更重要的，所以学习线索二叉树的思想方法及其意义大于代码设计。

2. 线索二叉树的插入

上面介绍的两种运算，线索树均优于非线索树。但是线索树也有其缺点，就插入和删除运算而言，线索树比非线索树的时间开销大。原因在于线索树中进行插入和删除，除去修改指针外，还要修改线索。

在此仅讨论在中序线索二叉树中插入结点的运算。假设新结点 q 是插到树中指定结点 p 和 p 的右子树之间，q 插入后，它是 p 的右子树的根。若 p 原来的右子树非空，则该子树作为新结点的右子树；若 p 原来的右子树为空，则 q 插入后是叶子结点。这两种情况下 q 的左子树均为空，故它是 p 的右子树中最左下的结点。换言之，q 是作为 p 的中序后继结点插入的。若 p 不是中序序列的终端结点，则它原来必有一个中序后继结点 s，插入 q 之后，s 将变为 q 的中序后继结点。因此，插入操作时，除 q 的两个链域及其 p 的右链域外，还可能修改 s 的左链域。具体算法如下所示。

```
void insertthrtree（binthrtree p,binthrtree q）{
  binthrtree s= insuccnode（ p）; //查找结点 p 的中序后继结点
  q->ltag=1;
  q->lchild=p;
  q->rtag=p->rtag;
  q->rchild=p->rchild;
  p->rtg=0;
  p->rchild=q;
  if（(s!=NULL）&&（s->ltag==1))
  s->lchild=q;
}
```

当结点 p 的右子树为空时，p->rchild 为右线索，若 p 不是中序序列的终端结点，则它的中序后继结点 s 是 p 的祖先，p 是 s 的左子树中最右下的结点；当结点 p 的右子树非空时，p 的中序后继结点 s 是 p 的右子树中最左下的结点。

由于删除和插入操作会导致线索的不一致，所以一般频繁删除或插入二叉树操作时，不宜采用线索二叉树。

## 6.6 二叉树、树和森林之间的转换

一般的树中孩子多且无序，在实际开发应用中，用一般树来存储数据，其操作非常不方便，因此常常把它们转化为二叉树来进行运算操作。对于森林来说也是如此。本节学习树、森林与二叉树之间的转换。

树或森林与二叉树之间有一个自然的一一对应关系。任何一个森林或者一棵树可唯一地对应到一棵二叉树；反之，任何一棵二叉树也能唯一地对应到一个森林或一棵树。

1. 树与二叉树之间的转换

树中每个结点可能有多个孩子，但二叉树中每个结点最多只能有两个孩子。要把树转换

为二叉树，就必须找到一种结点与结点之间至多用两个量说明的关系。树中每个结点最多只有一个最左边的孩子（长子）和一个右边的兄弟，这就是我们要找的关系。按照这种关系很自然地就能将树转换成对应的二叉树：

- 在所有兄弟结点之间加一连线；
- 对每个结点，除了保留与其长子之间的连线外，去掉该结点与其他孩子的连线。

使用上述变换法，如图 6.20（a）所示的树就变为图 6.20（b）的形式，它已经是一棵二叉树，若按顺时针方向将它旋转一下变为图 6.20（c）所示的二叉树。由于树根没有兄弟，故树转化为二叉树后，二叉树的根结点的右子树必为空。

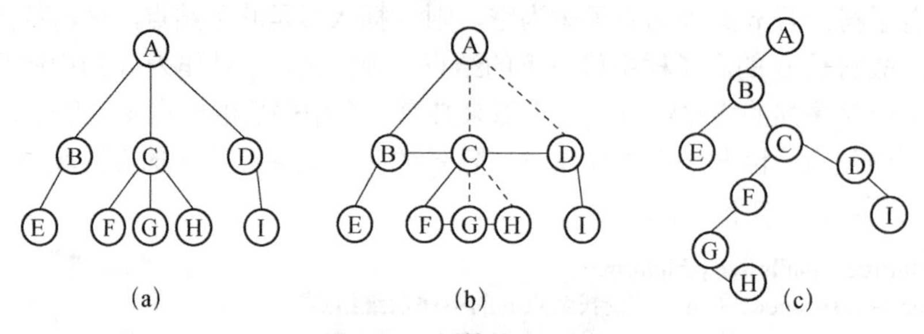


**图 6.20　树转换为叉树**

树可以转换成二叉树，同理，二叉树也可以还原为原来的树。并非任意一棵二叉树都能还原成一般树，此时的二叉树必须是由某一棵树转换而来，且根结点没有右子树的二叉树（如果根结点有右子树，则可以转化为森林，见下面的讨论）。将二叉树转换成一般树是树转换为二叉树的逆过程，其步骤如下所述。

① 加线：若某一个结点 i 是其父结点的左孩子，则将结点 i 的右孩子、右孩子的右孩子，…，全部与 i 的父结点用虚线连接，直到连续地沿着右孩子的右链不断搜索到的所有右孩子都分别与结点 i 的父结点用虚线连接，如图 6.21（a）所示。

② 去线：将原二叉树中父结点与其右孩子的连线抹去，如图 6.21（b）所示。

③ 整理：去掉原二叉树中的连接线后，将新的连接线由虚线变为实线，调整树中结点的层次结构，调整结果如图 6.21（c）所示。

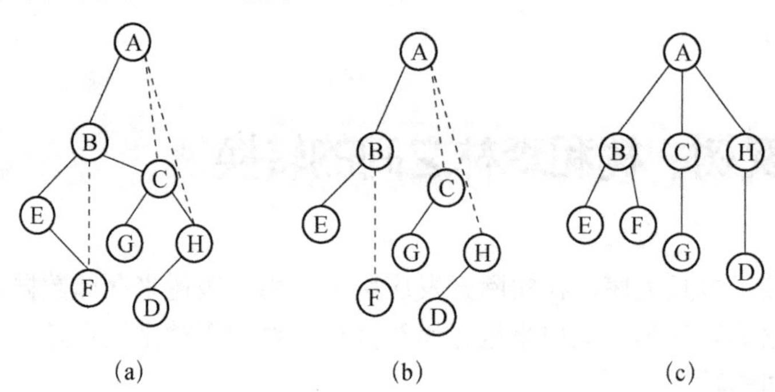


**图 6.21　二叉树转换为树**

### 2. 森林与二叉树之间的转换

将一个如图 6.22（a）所示的森林转换为二叉树的方法如下所述。

① 先将森林中每一棵树变为二叉树，形成若干个二叉树的森林，如图 6.22（b）所示。

② 按森林中的先后次序，依次将靠后的一棵二叉树作为当前二叉树根结点的右子树，这样就将森林转化为二叉树，如图 6.22（c）所示。

二叉树能否转换为森林，取决于树的根结点是否有右子树。如果根结点没有右子树，则这棵二叉树只能转换为一棵树；如果根结点有右子树，则二叉树可以转换为森林。二叉树转换为森林步骤如下所述。

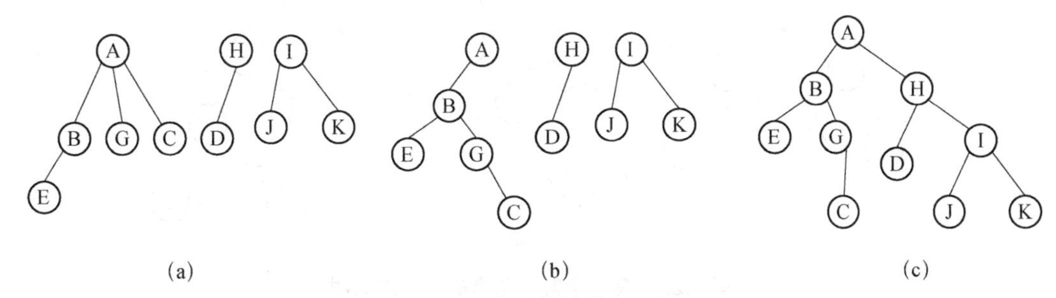


**图 6.22 森林转换为二叉树**

① 首先，判断树的根结点是否有右子树，若右子树存在，则把根结点与右子树根结点的连线删除；然后，继续判断结点是否有右子树，如此重复下去，直到所有的右孩子与根结点的连线都删除为止。

② 将步骤①生成的二叉树转换为相应的树，这样就生成了森林。

## 6.7 哈夫曼树及其应用

二叉树在计算机领域的应用非常广泛，也是很多问题优化过程中经常采用的策略，这在本书以后的章节中将会学习。本节给出二叉树在通信编码中的经典应用——哈夫曼编码。

### 6.7.1 最优二叉树（哈夫曼树）

在树的概念一节中，已介绍路径及路径长度概念。在此基础上，定义树的路径长度是从树根到树中每一结点的路径长度之和。在结点数目相同的二叉树中，完全二叉树的路径长度最短。

在许多应用中，常将树中结点赋予一个有某种意义的实数，称为该结点的**权**。结点的带权路径，是该结点到树根之间的路径长度与结点的权的乘积。

树的**带权路径长度**，是结点到树根之间的路径长度与该结点的权值的乘积。

树的带权路径长度总和为树中所有叶子结点的带权路径长度之和，通常记为

$$\mathrm{WPL}=\sum_{i=1}^{n} w_i l_i$$

其中，$n$ 表示叶子结点的数目，$w_i$ 和 $l_i$ 分别表示叶子结点 $k_i$ 的权值和根到叶结点 $k_i$ 之间的路径长度。在权为 $w_1, w_2, \cdots, w_n$ 的 $n$ 个叶结点的所有二叉树中，带权路径长度 WPL 最小的二叉树称为**最优二叉树**或**哈夫曼树**。

例如，给定 4 个叶子结点 a，b，c 和 d，分别带权 7，5，2 和 4，我们可以构造如图 6.23

所示的三棵二叉树。它们的带权路径长度分别为

$$WPL = 7\times2+5\times2+2\times2+4\times2=36$$
$$WPL = 7\times3+5\times3+2\times2+4\times1=44$$
$$WPL = 7\times1+5\times2+2\times3+4\times3=35$$

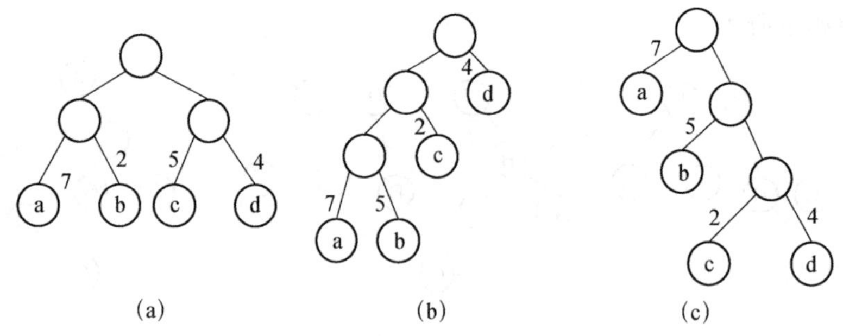


图 6.23 有 4 个叶子结点的 3 个二叉树

其中第三棵树 WPL 最小，可以验证，它就是哈夫曼树。

由上例可看出，在叶子数目及其权值相同的二叉树中，完全二叉树不一定是最优二叉树。一般情况下，最优二叉树中，权值越大的叶子离根结点越近。

## 6.7.2 哈夫曼树的构建

根据哈夫曼提出的构造最优二叉树的算法思想，其算法步骤如下。

① 有 $n$ 棵权值分别为 $w_1, w_2, \cdots, w_n$ 的二叉树，将其组合成一个森林集合 $F=\{T_1, T_2, \cdots, T_n\}$，其中每棵二叉树 $T_i$ 中都只有一个权值为 $w_i$ 的根结点，其左、右子树均为空。

② 在森林 $F$ 中选出两棵根结点的权值最小的树，将这两棵树合并为一棵新树，为了保证新树仍是二叉树，需要增加一个新结点作为新树的根，并将所选的两棵树的根分别作为新树的左、右孩子，不用区分先后，将左、右孩子的权值之和作为新树根的权值。

③ 对新的森林集合 $F$ 重复步骤②，直到森林 $F$ 中只剩下一棵树为止，最后生成的二叉树为哈夫曼树。

为了方便阅读和更好地理解哈夫曼树的构造过程，下面用图 6.24 表示。

① 确定一个森林集合 $F$，如图 6.24（a）所示。

② 从中选出权值最小的两棵二叉树 c，d，新增一个根结点，以两个孩子的权值之和作为新根结点的权值，如图 6.24（b）所示。删除 c，d 结点。

③ 重复步骤②，组成新的二叉树。

④ 当集合 $F$ 为空时，即构建一棵二叉树，这就是一棵哈夫曼树，如图 6.24（c）所示。

由哈夫曼算法可知以下性质。

① 初始森林中共有 $n$ 棵二叉树，每棵树中都仅有一个孤立的结点，它们既是根，又是叶子。

② 将当前森林中的两棵根结点权值最小的二叉树，合并成一棵新二叉树，$n$ 个结点需要进行 $n-1$ 次合并，才能使森林中的二叉树，由 $n$ 棵减少到一棵，剩下最终的哈夫曼树。并且每次合并，都要生产一个新结点，合并 $n-1$ 次共产生 $n-1$ 个新结点，显然它们都是具有两个孩子的分支结点。由此可知，最终求得的哈夫曼树共有 $2n-1$ 个结点，其中 $n$ 个叶子结点是初

始森林中的 $n$ 个孤立结点，并且哈夫曼树中没有度为1的分支结点。

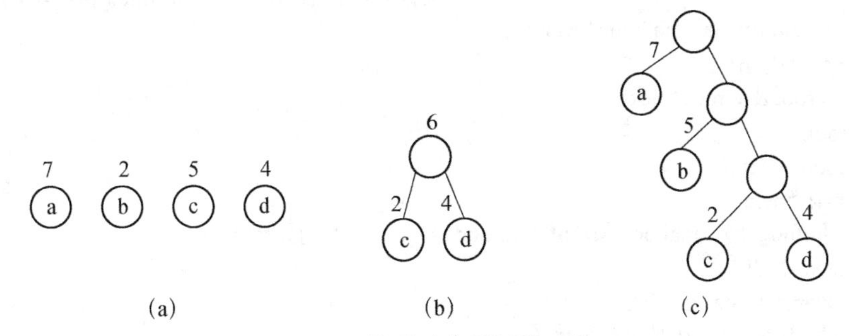


**图 6.24 构造哈夫曼树的过程**

总结出以上性质，我们用一个大小为 $2n-1$ 的向量来存储哈夫曼树中的结点。首先，建立一个哈夫曼树的存储结构。

```
typedef struct node
{
  int data;                        /*权值*/
  struct node* lchild,*rchild,*next;
  struct node *parent;             // 为了更好地进行编码
} hufnode;
```

其中，树中每个结点包括4个域，data 是结点的权值，lchild，rchild 分别为结点的左、右孩子指针域，next 是结点下一个指针域。哈夫曼树的构建主要便于后续的编码，因此为了能够快速地得出编码，增加一个 parent 指针，指向它的父结点。

在当前森林中合并两棵二叉树时，必须在森林的所有结点中先取两个权值最小的根结点。创建哈夫曼树的步骤如下。

① 首先建立一个由孤立结点权值组成的有序链表，方便后序操作。

② 建立哈夫曼树，对森林中的树进行 $n-1$ 次合并，共产生 $n-1$ 个新结点。因为是有序链表，所以从链表的头开始两两合并，生成新结点。

③ 遍历打印哈夫曼树，查看结果是否正确。

创建哈夫曼树的具体程序如下所示。

```
Hufnode *insert（ hufnode * root,hufnode * s）
{ hufnode * p1,*p2;                    /* 将结点 s 插入到有序链表 root 中,并保持链表的有序性*/
   if （root==NULL）   root=s;
   else{
   p1=NULL;
   p2=root;
   while（p2 && p2->data<s->data）{  /*查找插入位置*/
   p1=p2;
   p2=p2->next;
   }
    s->next=p2;
 if （p1==NULL）  root=s; else p1->next=s;
  }
  return root;
}
```

```
                                        /*-------根据有序链表 root 建立 huffman 树-------*/
hufnode*   creathuffman（hufnode* root）{
  hufnode * s,*rl,*rr;
   while  （root && root->next）{
      rl=root;
      rr=root->next;
      root=rr->next;
      s=（hufnode*） malloc（sizeof（hufnode））;        /*生成新结点*/
      s->next=NULL;
      s->data=rl->data+rr->data;
      s->lchild=rl;  //   rl 是 s 的左孩子
      s->rchild=rr;     // rr 是 s 的右孩子
      rl->parent=s; //   r1 的父节点
      rr->parent=s;   // r2 的父节点
      rl->next=rr->next=NULL;
      root=insert（root,s）;                              /*将新结点插入到有序表 root 中*/
   }
   return root;
 }

 void inorder（hufnode * t）{                              /*中序遍历二叉树*/
   if （t） {inorder（t->lchild）;
   printf（"%4d",t->data）;
   inorder（t->rchild）;
   }
 }
 void preorder（hufnode * t）{                             /*前序遍历二叉树*/
   if （t） {  printf（"%4d",t->data）;
   preorder（t->lchild）;
   preorder（t->rchild）;
   }
 }

 main（）{
   hufnode * root=NULL, *s;
   int x;
   printf（"请输入外部结点的权值（以 0 结束）：\n"）;
   scanf（"%d",&x）;
   while  （x!=0）{                                        /* 建立外部结点权值组成的有序链表*/
     s=（hufnode*）malloc（sizeof（hufnode））;
     s->data=x;
     s->next=NULL;
     s->lchild=s->rchild=NULL;
     root=insert（root,s）;
     scanf（"%d",&x）;
   }
   printf（"The linkhuf of root is:\n"）;
   root=creathuffman（）;

   printf（"\nHuffman 的前序序列是："）;
```

```
    preorder (root);
    printf ("\nHuffman 的中序序列是: ");
    inorder (root);
}
```

创建哈夫曼树的时候，while 循环体就是创建新结点的过程，因为全程哈夫曼树链表都是有序链表，所以创建过程中两个最小权值的结点始终是第一个结点与下一个结点。前提是这两个结点不为空。

### 6.7.3 哈夫曼编码

哈夫曼树可以用于构造一种不等长的前缀编码。例如，在电报通信中，电文是以二进制的 0，1 序列传送的。在发送端，需要将电文中的字符转换成二进制的 0，1 序列（编码），在接收端则要将收到的 0，1 串转化为对应的字符序列（译码）。

最简单的编码方式是等长编码，例如，若电文是英文，则电文的字符串仅由 26 个英文字母组成，需要编码的字符集合是$\{A, B,\cdots, Z\}$，采用等长的二进制编码时，每个字符用 5 位二进制位串表示即可。在接收端，只要按 5 位分割开进行译码就可以得到对应的文字。

但在一般情况下，字符集中的字符被使用的频率是非均匀的，例如，英文中 A 和 T 的使用较 Q 和 X 要频繁得多。因此，如果让编码都一样长，会导致一些频繁使用字符占用了太多的资源。所以要让使用频率高的字符的编码尽可能短，则可使传送的电文总长度缩短。然而采用这种不等长编码可能使译码产生多义性的电文。例如，假设使用 00 表示 A，用 01 表示 B，用 0001 表示 C，则当接收到的信息串为 0001 时，无法确定原电文是 AB 还是 C。

产生该问题的原因是 A 的编码与 W 的编码的开始部分（前缀）相同。因此，若对某字符集进行不等长编码，则要求字符集中任一字符的编码都不是其他字符的编码的前缀，这种编码叫作前缀码。显然，等长编码是前缀码。

为了解决这个问题，哈夫曼在不定长编码思想的基础上利用哈夫曼树提出了一种编码方式：一般来说，设需要编码的字符集为$D=\{d_1,\cdots,d_n\}$，各个字符出现的频率为$W=\{w_1,\cdots,w_n\}$，以字符出现的频率作为结点字符的权值来构造哈夫曼树。规定左权分支为 0，右权分支为 1，则从根结点到叶子结点经过的分支所组成的 0，1 串便是对应的字符编码，这就是**哈夫曼编码**。

显然，每个字符$d_i$的编码长度就是从根到叶子$d_i$的路径长度$l_i$，因此，$\sum_{i=1}^{n} w_i l_i$既是平均码长又是二叉树的带权路径长度。由于哈夫曼算法构造的是带权路径长度最小的二叉树，因此，上述编码的平均码长也最小。另外，因为没有一片树叶是另一片树叶的祖先，因此每个叶结点对应的编码就不可能是其他叶结点对应编码的前缀码，也就是说，上述编码是二进制前缀码。

例如，表 6.2 给出的字符集及其概率分布，用哈夫曼算法构造的哈夫曼树及其对应的哈夫曼编码，如图 6.25 所示。

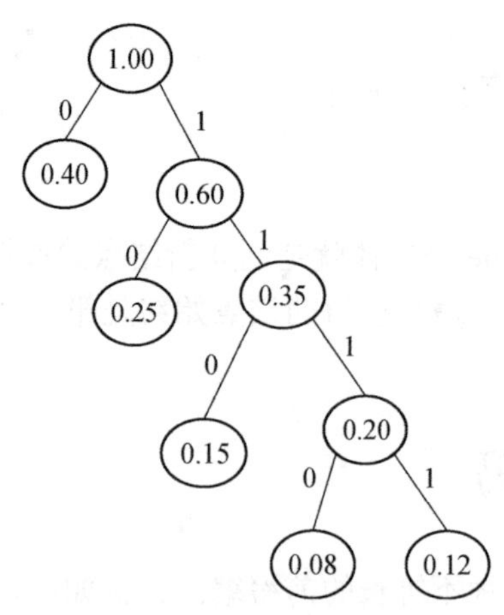


图 6.25 哈夫曼编码树

表 6.2 字符集及其概论分布

| 字符 | 概率 |
|---|---|
| a | 0，12 |
| b | 0，40 |
| c | 0，15 |
| d | 0，08 |
| e | 0，25 |

由于在哈夫曼树的结构体里面增加一个 parent 指针域，因此获取每个叶子结点的编码时，可以先找到叶子结点，再由叶子沿着 parent 这条链回溯至哈夫曼树的树根为止，得出它的编码。

下面给出实现代码。

```
// 从叶子结点回溯到根结点，得出该叶子的编码
void getCode（ hufnode *leaf, char leafcode[  ] ）
{
  hufnode *t=NULL;
  int   i=0;
  t=leaf->parent;
  while（t!=NULL）
  {
     if（ t->lchild==leaf ）   leafcode[i++]='0';
     else     leafcode[i++]='1';
     t=t->parent;
  }
   leacode[i]='\0';
}


// 递归进行哈夫曼编码，打印出编码
int  HuffmanCode（hufnode *t, char **code）
   // t 指向哈夫曼树，code 用来存储编码
{  int i=0;
   while（t!=NULL）
   {
```

```
            if（t->lchild==NULL&&t->rchild=NULL）    getcode（t, code[i++]）;
            t=t->next;
        }
        return   i ;// 返回叶子结点数
    }
```

哈夫曼树可以用来编码，也可用来译码。与编码过程相反，译码过程是从哈夫曼树的根结点出发，逐个读入电文中的二进制码，若读入 0，则走向左孩子，否则走向右孩子，一旦到达叶结点就读取其数据域。具体算法如下：

```
// 哈夫曼解码
void HuffmanDecode（char ch[], hufnode *hufmTree）
{
    int length=strlen（ch）;
    int i = 0;
    hufnode *t=NULL;
    while  （i < length）
    {// 逐个字符读取，遇到 1 就转向右孩子，遇到 0 就转向左孩子
        t=hufmTree;
        while（i<length&&（t->lchild!=NULL &&t->rchild!=NULL））
        {
            if （ch[i] == '0'）
            {
             t = t->lchild;
           } else
            {
             t = t->rchild;
             }
        i++;
      }
      if（!（ t->lchild==NULL&&t->rchild==NULL））
      {
        printf（"第 %d 位置编码有错或不完整", i）;
        return   ;
       }
      else printf（"%d", t->data）; //打印
    }
}
```

# 本章小结

本章主要讲解树的相关概念和算法。在计算机应用中，树是一类具有层次或嵌套关系的非线性结构，被广泛地应用于计算机领域，尤其是二叉树，在本书的后续章节如排序、查找等都有所体现。

熟悉树和二叉树的定义和有关术语，理解和记住二叉树的性质，熟练掌握二叉树的顺序存储和链式存储结构，对程序设计很有帮助。遍历二叉树是二叉树中各种运算的基础，应能

灵活运用各种次序的遍历算法，从而更加自如地应对二叉树的其他运算。二叉树的线索化，充分利用存储中闲置空间，达到加速遍历过程，这种紧凑的思路和对此方法的理解同等重要，学生应了解线索二叉树和普通二叉树的取舍，各自的优势和劣势，并能深入理解线索化二叉树的相关运算，提高抽象思维的能力。

二叉树、满二叉树、完全二叉树、哈夫曼二叉树等应用在不同领域，其中哈夫曼树保证了该树的路径之和最小，主要应用在通信编码领域。而完全二叉树目的是顺序保存二叉树，且与满二叉树进行比较得出优于前者的结论。事实上，在处理数据中更为常见的运算包括排序、查找，与满二叉树相比，完全二叉树也具有更为切实的优势，因为在等量级的结点个数情况下，二者的深度也在相同量级上——$\log_2 n$，但完全二叉树对结点个数没有要求，而满二叉树结点个数必须是2的幂少1。

再次强调，在查找、排序领域，利用完全二叉树的性质非常有益于这些算法的效率改进，而掌握完全二叉树的形态，对设计出更高效的算法将大有裨益。

## 本章习题

### 一、判断题

1.（　　）若二叉树用二叉链表作为存储结构，则在 $n$ 个结点的二叉树链表中只有 $n-1$ 个非空指针域。

2.（　　）二叉树中每个结点的两棵子树的高度差等于1。

3.（　　）二叉树中每个结点的两棵子树是有序的。

4.（　　）二叉树中每个结点有两棵非空子树或有两棵空子树。

5.（　　）二叉树中每个结点的关键字值大于其非空左子树（若存在的话）所有结点的关键字值，且小于其非空右子树（若存在的话）所有结点的关键字值。

6.（　　）二叉树中所有结点个数是 $2^{k-1}-1$，其中 $k$ 是树的深度。

7.（　　）二叉树中所有结点，如果不存在非空左子树，则不存在非空右子树。

8.（　　）对于一棵非空二叉树，它的根结点作为第一层，则它的第 $i$ 层上最多能有 $2^i-1$ 个结点。

9.（　　）非空的二叉树一定满足：某结点若有左孩子，则其中序前驱一定没有右孩子。

10.（　　）当一棵具有 $n$ 个叶子结点的二叉树的 WPL 值最小时，称为 Huffman 树，且其二叉树的形状必是唯一的，因此，Huffman 编码一定时，达到高频使用的编码更短。

### 二、填空题

1. 由3个结点所构成的二叉树有_________种形态。

2. 一棵深度为6的满二叉树有_________个分支结点和_________个叶子。

3. 一棵具有257个结点的完全二叉树，它的深度为_________。

4. 设一棵完全二叉树有700个结点，则共有_________个叶子结点。

5. 设一棵完全二叉树具有 1 000 个结点，则此完全二叉树有_________个叶子结点，有_________个度为2的结点，有_________个结点只有非空左子树，有_________个结点只有非空右子树。

6. 一棵含有 $n$ 个结点的 $k$ 叉树，可能达到的最大深度为__________，最小深度为______。

7. 二叉树的基本组成部分是：根（N）、左子树（L）和右子树（R）。因而二叉树的遍历次序有六种。最常用的有三种：前序法、后序法和中序法。这三种方法相互之间有关联。若已知一棵二叉树的前序序列是 BEFCGDH，中序序列是 FEBGCHD，则它的后序序列必是__________。

8. 已知 q 是指向中序线索二叉树上某个结点的指针，本函数返回中序遍历下指向*q 的后继的指针，请完善。

```
BiTree InSucc（BiTree q）{
  if（q->rtag==1） return q->rchild;
  else{
    r=q->rchild;
    while（!r->ltag）__________
  }
  return r;
}//ISucc
```

**三、选择题**

1. 二叉树是非线性数据结构，所以（　　）。

A. 它不能用顺序存储结构存储

B. 它不能用链式存储结构存储

C. 顺序存储结构和链式存储结构都能存储

D. 顺序存储结构和链式存储结构都不能使用

2. 具有 $n$（$n$>0）个结点的完全二叉树的深度为（　　）。

A. $\lceil \log_2(n) \rceil$　　B. $\lfloor \log_2(n) \rfloor$

C. $\lfloor \log_2(n) \rfloor+1$　　D. $\lceil \log_2(n)+1 \rceil$

3. 把一棵树转换为二叉树后，这棵二叉树的形态是（　　）。

A. 唯一的

B. 有多种

C. 有多种，但根结点都没有左孩子

D. 有多种，但根结点都没有右孩子

4.设树 T 的度为 4，其中度为 1，2，3 和 4 的结点个数分别为 4，2，1，1，则 T 中的叶子数为（　　）。

A. 5　　B. 6　　C. 7　　D. 8

5. 一棵树高为 $k$ 的完全二叉树至少有（　　）个结点。

A. $2^{k-1}$　　B. $2^{k-1}-1$　　C. $2^k-1$　　D. $2^k$

**四、算法设计题**

1. 编写递归算法，计算采用链表保存的二叉树中叶子结点的数目。

2. 编写递归算法，计算采用链表保存的二叉树深度的算法。

3. 编写递归算法，求二叉树中以元素值为 $x$ 的结点为根的子树的深度。

4. 编写算法判别给定二叉树是否为完全二叉树。

5. 假设一组通信的短文由 8 个字母组成，字母在电文中出现的频率分别为 0.07，0.19，

0.02，0.06，0.32，0.03，0.21，0.10。试为这8个字母设计哈夫曼编码。若采用等长编码。对于上述实例，比较两种方案的优缺点。

## 五、简答题

1. 若二叉树采用二叉链表存储，结点定义如下所示。

```
struct node{
  char data;
  struct node *lchild, rchild;
};
```

函数 traversal 是一种二叉链表存储的二叉树遍历程序，请写出该函数对图6.11存储的二叉树执行后输出的结果：

```
void traversal（struct node *root）{
if （root）{
    printf（"%c", root->data）;
    traversal（root->lchild）;
    printf（"%c", root->data）;
    traversal（root->rchild）;
  }
}
```

2. 如图6.26所示，画出与该二叉树对应的森林。

3. 如图6.26所示，参照图6.17（b），画出该二叉树的中序线索化。

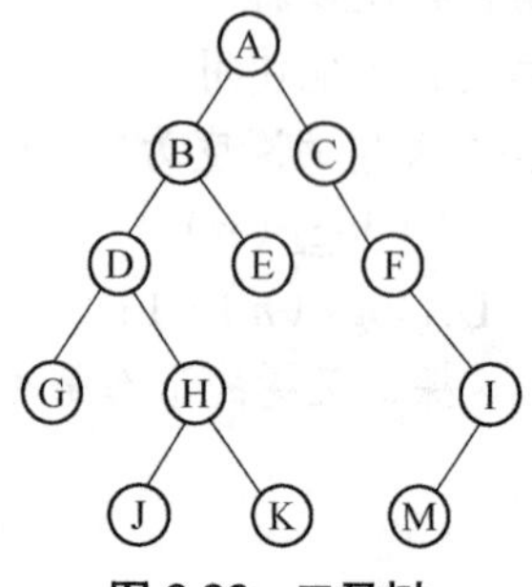


图6.26　二叉树

# 第 7 章　图

图是一种比线性表和树更为复杂的数据结构，其最大特点是元素之间存在多对多的关系。线性结构数据元素之间仅存在一对一的关系，在线性结构中，除第一个和最后一个元素外，任何一个元素都有唯一的直接前驱和直接后继；而在树结构中，数据元素之间虽然存在一对多的关系，但在这种结构中，每个元素对下（层）可以有零或多个元素联系，对上（层）只有唯一的一个元素相关，数据元素之间存在层次关系。而图由于数据元素之间的多对多的关系，没有上下层之间的层次关系，更没有谁先谁后的前后关系。

本章介绍图的基本概念，图的存储格式，图的遍历，图与树之间的转换，图的应用等。

本章任务是首先要掌握图的存储特点，并基于此，理解图中结点的遍历是如何实现的。本章在图的应用中，主要介绍了最短路径、关键路径等相关知识，具有很现实的工程意义，也希望广大读者能真正掌握。

## 7.1　图的概念

一个**图**（G）定义为一个偶对，记为

$$G=(V, E)$$

其中，$V$ 是顶点的非空有限集合，记为 $V$（G）；$E$ 是 $V$（G）中任意两个元素相连所构成弧的集合的一个子集，记为 $E$（G），$E$（G）可以是空集，若 $E$（G）为空，则图 G 只有顶点而没有边。

### 1. 无向图、有向图

若图 G 中的每条边都是有方向的，则称 G 为有向图；反之，则为无向图，如图 7.1 所示分别为**无向图**和**有向图**。

在无向图中，一条无向边是由两个顶点对组成的无序对，无序对通常用圆括号表示。例如，（$v_i$, $v_j$）表示一条无向边，由于无向边不存在起点和终点，因此（$v_i$, $v_j$）和（$v_i$, $v_j$）表示一条边。

在有向图中，一条有向边是由两个顶点对组成的有序对，有序对通常用尖括号表示。例如，$<v_i, v_j>$表示一条有向边，$v_i$ 是边的起点（始点），$v_j$ 是边的终点。因此$<v_i, v_j>$和$<v_i, v_j>$

是两条不同的有向边。有向边也称弧，边的始点称为弧尾，终点称为弧头。例如，图 7.2 是一个有向图，图中边的方向是由始点指向终点的箭头表示的，该图顶点集和边集分别为

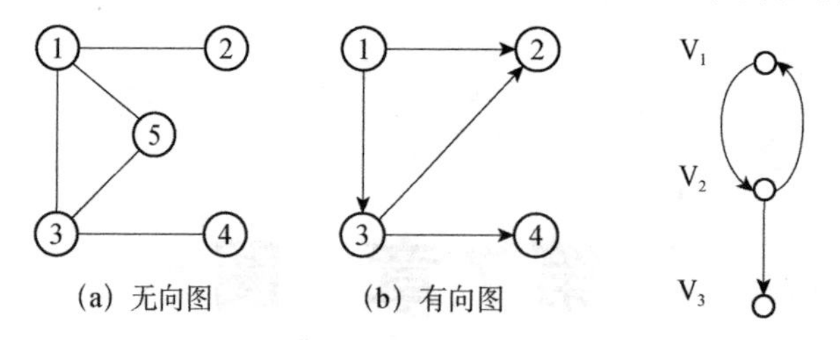


**图 7.1　无向图和有向图**　　**图 7.2　图 $G_1$**

$$V(G_1)=\{v_1, v_2, v_3\}, E(G_1)=\{<v_1, v_2>, <v_2, v_1>, <v_2, v_3>\}$$

### 2. 完全图、稠密图、稀疏图

具有 $n$ 个顶点和 $n(n-1)/2$ 条边的无向图，称为完全无向图，具有 $n$ 个顶点，$n(n-1)$ 条弧的有向图,称为完全有向图。完全无向图和完全有向图都称为**完全图**。显然，完全图具有最多的边数，即任意一对顶点间均有边或弧相连。

对于一般无向图，顶点数为 $n$，边数为 $e$，则 $0 \leqslant e \leqslant n(n-1)/2$。

对于一般有向图，顶点数为 $n$，弧数为 $e$，则 $0 \leqslant e \leqslant n(n-1)$。

当一个图接近完全图时，则称它为**稠密图**；相反的，当一个图中含有较少的边或弧时，则称它为**稀疏图**。

### 3. 邻接点度

在图中，对于无向图 G=（$V$, $E$），如果边（$v$, $v'$）$\in E$，则称顶点 v 和 v′ 互为邻接点，即 v 和 v′ 相邻。边（v，v′）依附于顶点 v 和 v′，或者说（v，v′）和顶点 v 和 v′ 相关联。一个顶点依附的边或弧的数目，称为该顶点的**度**，记为 TD（v）。

在有向图 G=（$V$, $A$）中，如果弧 $<v, v'> \in A$，则称顶点 v 邻接到顶点 v′，顶点 v′ 邻接自顶点 v，弧 $<v, v'>$ 和顶点 v 和 v′ 相关联。一个顶点依附的弧头数目，称为该顶点的入度，记为 ID（v）；一个顶点依附的弧尾数目，称为该顶点的出度，记为 OD（v）；顶点的入度和出度之和称为该顶点的度，因此有 $D$（v）=ID（v）+OD（v）。

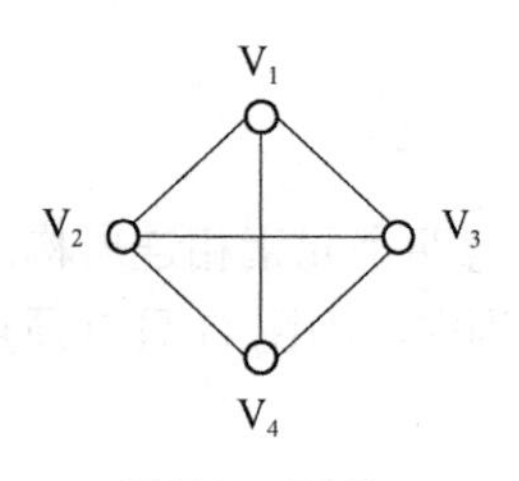


**图 7.3　图 $G_2$**

例如，图 7.3 中 $G_2$ 中的顶点 $v_1$ 的度为 3，图 7.2 中图 $G_1$ 中的顶点 $v_2$ 的入度为 1，出度为 2，则该顶点度为 3。无论是有向图还是无向图，顶点数 $n$、边数 $e$ 和度数之间都有如下关系：

$$e=\sum_{i=1}^{n} D(v_i)/2$$

### 4. 子图

设 G=（$V$, $E$）是一个图，若 $V'$ 是 $V$ 的子集，$E'$ 是 $E$ 的子集，且 $E'$ 中的边所关联的顶点均在 $V'$ 中，则 G′ =（$V'$, $E'$）也是一个图，并称 G′ 为 G 的**子图**。

举例说，假设 $V'=\{v_1, v_2, v_3\}$，$E'=\{(v_1, v_2), (v_2, v_4)\}$，显然，$V' \subseteq V(G_2)$，$E' \subseteq E(G_2)$，但因为 $E'$ 中偶对（$v_2$, $v_4$）所关联的顶点 $v_4$ 不在 $V'$ 中，所以（$V'$, $E'$）不是

图，也就不可能是$G_2$的子图。

图7.4和图7.5分别是图$G_1$，$G_2$的若干子图。

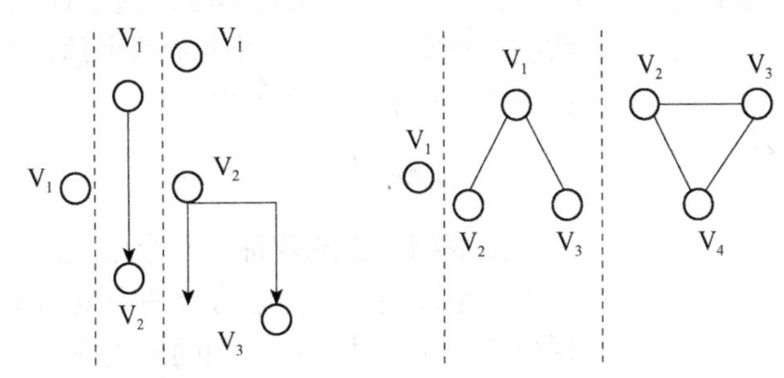


图7.4 图$G_1$的若干子图　　图7.5 图$G_2$的若干子图

### 5. 路径

在无向图G中，若存在一个顶点序列$v_p$，$v_{i_1}$，$v_{i_2}$，...，$v_{i_n}$，$v_q$，使得（$v_p$，$v_{i_1}$），（$v_{i_1}$，$v_{i_2}$），...，（$v_{i_n}$，$v_q$），均属于$E$（G），则称顶点$v_p$到$v_q$之间存在一条**路径**。若G是有向图，则路径也是有向的，它由$E$（G）中的有向边<$v_p$，$v_{i_1}$>，<$v_{i_1}$，$v_{i_2}$>，...，<$v_{i_n}$，$v_q$>组成。路径长度定义为该路径边的数目。若一条路径上除了$v_p$和$v_q$可以相同外，其余顶点均不重复，则称此路径为一条简单路径。起点和终点相同（$v_p = v_q$）的简单路径称为简单回路（无向图）或者简单环（有向图）。

在一个有向图中，若存在一个顶点 v，从该顶点有路径可以到达图中其他所有顶点，则称此有向图为有根图，v称作图的根。

### 6. 连通图、连通分量

在无向图G中，若从顶点$v_i$到顶点$v_j$有路径（当然从$v_j$到$v_i$也有路径），则称$v_i$和$v_j$是连通的。若$V$（G）中存在任意两个不同的顶点$v_i$和$v_j$连通（即有路径），则称G为**连通图**。例如，图7.3中$G_2$是连通图。

无向图G的极大连通子图称为G的**连通分量**。显然，任何连通图的连通分量只有一个，即自身，而非连通的无向图有多个连通分量。极大的含义：对子图再增加图G中的其他顶点，子图就不再连通。

在有向图G中，若对于$V$(G)中任意两个不同的顶点$v_i$和$v_j$，都存在从$v_i$到$v_j$及从$v_j$到$v_i$的路径，则称G是强连通图，否则称为非强连通图。若G是非强连通图，有向图G的极大强连通子图称为G的强连通分量。显然，强连通图只有一个强连通分量，即自身。非强连通图有多个强连通分量。如图7.6所示是有向图$G_1$（如图7.2所示）的两个强连通分量。

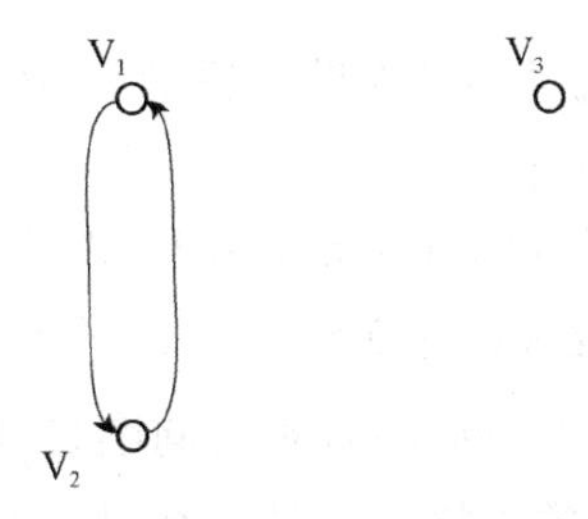


图7.6 有向图$G_1$的两个强连通分量

7. 网络

若将图的每条边都赋上一个权，则称这种带权图为**网络**。通常权是具有某种实际意义的数据，例如，它们可以表示两个顶点之间的距离、耗费等，如图 7.7 所示为一个无向网络。

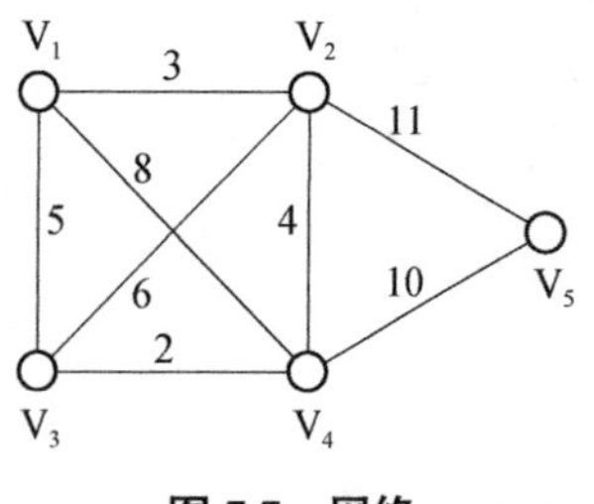

图 7.7 网络

8. 生成树、生成森林

**生成树、生成森林**：一个连通图（无向图）的生成树是一个极小连通子图，它含有图中全部 $n$ 个顶点和足以构成一棵树的 $n-1$ 条边，称为图的生成树。

关于无向图及生成树有以下几个结论。

① 一棵有 $n$ 个顶点的生成树有且仅有 $n-1$ 条边。

② 如果一个图有 $n$ 个顶点和小于 $n-1$ 条边，则是非连通图。

③ 如果多于 $n-1$ 条边，则一定有环。

④ 有 $n-1$ 条边的图不一定是生成树。

非连通无向图的多个连通分量可以构成多棵生成树，因此非连通无向图生成树将构成森林。

对有向图而言，如果该有向图是强连通的有向图或有根的有向图，则可以构建一个有向生成树。有向图的生成森林是这样一个子图：由若干棵有向树组成，含有图中全部顶点。有向树是只有一个顶点的入度为 0 ，其余顶点的入度均为 1 的有向图。

## 7.2 图的存储

图的存储结构比较复杂，其复杂性主要表现在以下两个方面。

① 任意顶点之间可能存在联系，难以用数据元素在存储区中的物理位置来表示元素之间的关系。

② 图的顶点的度不一样，有的可能相差很大，若按度数最大的顶点设计结构，则会浪费很多存储单元；反之，按每个顶点自己的度设计不同的结构，又会影响操作。

图的存储表示方法很多，邻接矩阵、邻接链表、十字链表、邻接多重表和边表。本节仅介绍几种常用的方法，具体选择哪一种表示方法可以结合对图进行哪种操作而定。

### 7.2.1 邻接矩阵表示法

**邻接矩阵**是表示顶点之间相邻关系的矩阵。设 G=（$V,E$）是具有 $n$ 个顶点的图，则 G 的邻接矩阵是具有如下性质的 $n$ 阶方阵：

$$A[i,j]=\begin{cases}1 & 若(v_i,\ v_j)是E(G)中的边\\0 & 若(v_i,\ v_j)或(v_j,\ v_i)不是E(G)中的边\end{cases}$$

依据上述定义，如图 7.8 所示无向图 $G_3$ 和有向图 $G_4$ 的顶点顺序表和邻接矩阵 $A_1$ 和 $A_2$，如图 7.9 所示。容易看出，无向图的邻接矩阵是一个对称矩阵。

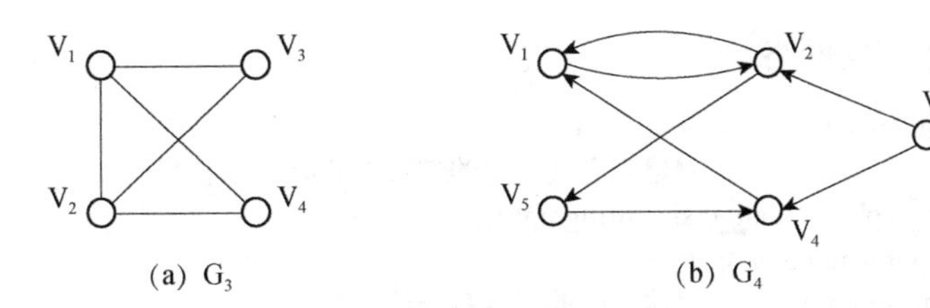


**图 7.8　无向图 $G_3$ 和有向图 $G_4$**

若 G 是网络，则邻接矩阵可定义为

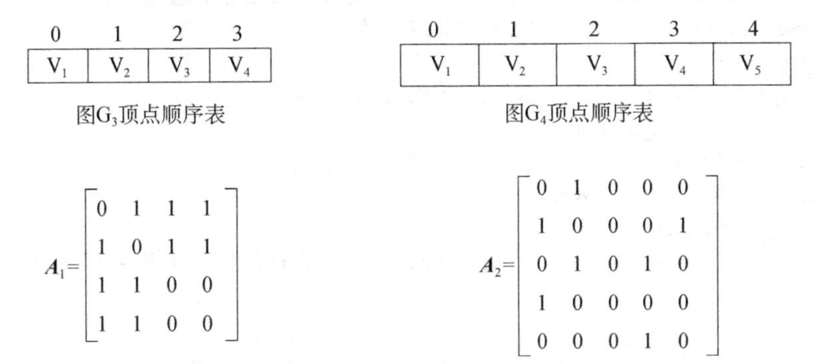

| 0 | 1 | 2 | 3 |
|---|---|---|---|
| $V_1$ | $V_2$ | $V_3$ | $V_4$ |

图$G_3$顶点顺序表

| 0 | 1 | 2 | 3 | 4 |
|---|---|---|---|---|
| $V_1$ | $V_2$ | $V_3$ | $V_4$ | $V_5$ |

图$G_4$顶点顺序表

$$\boldsymbol{A}_1=\begin{bmatrix}0 & 1 & 1 & 1\\1 & 0 & 1 & 1\\1 & 1 & 0 & 0\\1 & 1 & 0 & 0\end{bmatrix}$$

$$\boldsymbol{A}_2=\begin{bmatrix}0 & 1 & 0 & 0 & 0\\1 & 0 & 0 & 0 & 1\\0 & 1 & 0 & 1 & 0\\1 & 0 & 0 & 0 & 0\\0 & 0 & 0 & 1 & 0\end{bmatrix}$$

**图 7.9　无向图 $G_3$ 和有向 $G_4$ 顶点顺序表及邻链接矩阵**

若 G 是网络，则邻接矩阵可定义为

$$\boldsymbol{A}[i,j]=\begin{cases}w_{ij} & 若(v_i,v_j)或<v_i,v_j>\in E(G)\\0或\infty & 若(v_i,v_j)或<v_i,v_j>\notin E(G)\end{cases}$$

其中，$w_{ij}$ 表示边上的权值，∞或 0 表示两顶点之间没有弧相连。

需要注意的是，利用邻接矩阵进行图的存储时，矩阵中的某一行或一列对应图中哪一个元素的出入度或边的情况是由顶点信息顺序保存的顺序位置决定的，以图 7.9 为例，矩阵 $\boldsymbol{A}_1$ 的第一行（严格上，应是第 0 行，为习惯见，以下矩阵的首行首列称为第 1 行第 1 列）描述的是顶点 $V_1$ 的情况，这是因为顺序表的第一个元素存放的是顶点 $V_1$ 的信息。换句话说，矩阵的行列是采用整数表示的，而顶点信息可能是字符型或更为复杂的结构体类型的数据，如何让矩阵的行（列）对应图的顶点信息及出（入）度信息？此时，在顺序表中保存顶点自身信息，而矩阵中保存边（弧）的信息，利用顺序表中顶点所在的位置确定出对应矩阵的行（列）号。

用邻接矩阵存储一个网络，其结构体定义如下：

```
#define FINITY 1000                //此处用 1000 代表无穷大
#define SIZE 20                    //表示图的顶点数
typedef char vertextype;           //顶点值类型
typedef int edgetype;              //假设权值为整型
typedef struct{
    vertextype vexs[SIZE];         //顶点信息域
    edgetype edges[SIZE][SIZE];    //邻接矩阵
    int n,e;                       //图中顶点总数与边数
} mgraph;                          //邻接矩阵表示的图类型
```

下面 createmgraph 函数的功能是构建一个链接矩阵，返回 mgraph 指针。以下代码实现了

用邻接矩阵存储一个有向网络。

```
mgraph *   createmgraph( ){
    int i,j,k,w;                        /*建立有向网络的邻接矩阵存储结构*/
    mgraph *g=（mgraph *）malloc(sizeof(mgraph));
    printf("please input n and e:\n");
    scanf("%d%d",&g->n,&g->e);    /*输入图的顶点数与边数*/
    printf("please input vexs:\n");
    for(i=0;i<g->n;i++)                 /*输入图中的顶点信息*/
    scanf("%d"，&（g->vexs[i]））; // 为简洁起见，在这里假设顶点信息为整型
    for(i=0;i<g->n;i++)                 /*初始化邻接矩阵*/
    for(j=0;j<g->n;j++)
    g->edges[i][j]= FINITY;             // 表示两个顶点之间不连通
    printf("please input   edges:\n");
    for (k=0;k<g->e;k++){               /*输入网络中的边及其权值*/
        scanf("%d%d%d", &i,&j,&w);
        g->edges[i][j]=w;
                                         /*若是建立无向网，只需在此加入语句 g->edges[j][i]=w;即可*/
    }
    return g;
}
```

在采用邻接矩阵进行图的存储结构中，如果是一个无向图，因为该矩阵是一个对称矩阵，并且每一行或列中非零元素（在图 7.9 中，用 0 表示在网络中，两个顶点元素之间没有边相连）的个数是该顶点的度，矩阵中所有非零元素个数之和为该图边数的两倍。

同学们可以自行推导一下有向图的邻接矩阵中的特点，以及如何从该矩阵中推导出图中弧的个数、某顶点的出度、入度等。

## 7.2.2 邻接表表示法

图的**邻接表表示法**类似于树的孩子链表表示法。对于图 G 中的每个顶点 $v_i$，该方法把所有邻接于 $v_i$ 的顶点 $v_j$ 链成一个带头结点的单链表，这个单链表就称为顶点 $v_i$ 的邻接表。邻接表中每个结点均有两个域，其一是邻接点域，用以存放与 $v_i$ 相邻接的顶点 $v_j$ 在顺序表中的序号 $j$；其二是指针域，用来将邻接表所有表结点连在一起。并且为每个顶点 $v_i$ 的邻接表设置一个具有两个域的表头结点：一个顶点域，用来存储顶底 $v_i$ 的信息，另一个是指针域，用于存储指向 $v_i$ 的邻接表中的第一个表结点的指针，即该链表的头指针。为了便于随机访问任一顶点的邻接表，将所有邻接表的表头结点顺序存储在一个向量中，图 7.10 即为图 7.9 中无向图 $G_3$ 的邻接表表示。

显然，对于无向图而言，$v_i$ 的邻接表中每个表结点都对应于与 $v_i$ 相连的一条边；对于有向图来说，$v_i$ 的邻接表中每个结点都对应于以 $v_i$ 为始点的一条边。因此我们将无向图的邻接表称为**边表**，将有向图邻接表称为**出边表**，将邻接表的表头向量称为**顶点表**。

下面给出邻接表的数据类型描述：

```
define SIZE 10                  /*预定义图的最大顶点数*/
typedef char datatype;          /*顶点信息数据类型*/
typedef struct node{            /*边表结点*/
```

```
    int adjvex;                /*邻接点*/
    struct node *next;
}edgenode;
typedef struct vnode{          /*头结点类型*/
    datatype vertex;           /*顶点信息*/
    edgenode *firstedge;       /*邻接链表头指针*/
}vertexnode;
typedef struct{                /*邻接表类型*/
    vertexnode adjlist [m];    /*存放头结点的顺序表*/
    int n,e;                   /*图的顶点数与边数*/
}adjgraph;
```

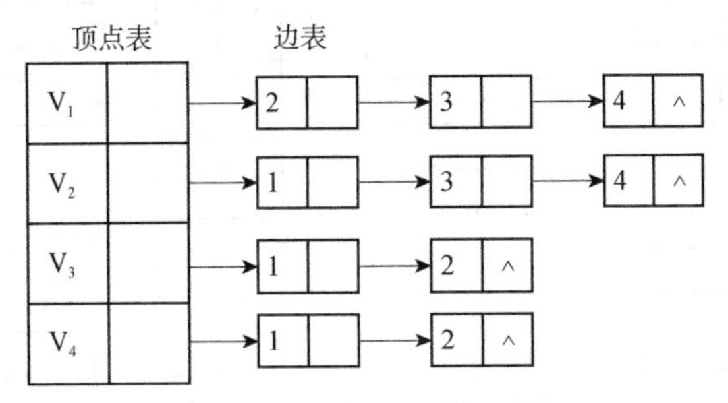


**图 7.10　无向图 $G_3$ 的邻接表表示**

函数 createAdjgraph 的功能是创建以邻接表存储的图，参数 adjgraph 为即将构建的有向图。以下代码是无向图的邻接表实现算法，依据用户输入的先后而构建。

```
//建立无向图的邻接表算法
void createAdjgraph(adjgraph *g){
    int i,j,k;
    edgenode *s;
    printf("Please input n and e:\n");
    scanf("%d%d",&g->n,&g->e);                  /*输入顶点数与边数*/
    getchar();
    printf("Please input %d vertex:",g->n);
    for(i=0;i<g->n;i++){
        scanf("%c",&g->adjlist[i].vertex);      /*读入顶点信息*/
        g->adjlist[i].firstedge=NULL;           /*边表置为空表*/
    }
    printf("Please input %d edges:",g->e);
    for(k=0;k<g->e;k++){                        /*循环 e 次建立边表*/
    scanf("%d%d",&i,&j);                        /*输入无序对（i,j）*/
    s=(edgenode *)malloc(sizeof(edgenode));
    s->adjvex=j;                                /*邻接点序号为 j*/
    s->next=g->adjlist[i].firstedge;
    g->adjlist[i].firstedge=s;                  /*将新结点*s 插入顶点 vi 的边表头部*/
      s=(edgenode *)malloc(sizeof(edgenode));
      s->adjvex=i;                              /*邻接点序号为 i*/
      s->next=g->adjlist[j].firstedge;
      g->adjlist[j].firstedge=s;                /*将新结点*s 插入顶点 vj 的边表头部*/
      }
}
```

从上面讨论可知，基于邻接表，如果是无向图，可以方便地计算出该图的边数、某顶点的度及与该顶点有边相连的所有顶点，而对于有向图来说，基于出边表构建的邻接表称为正邻接表[如图 7.11（a）所示]，也可以方便地计算机出该图的弧数、某顶点的出度及由该顶点发出的弧所指向的结点。但如果基于出边表来求某顶点的入度或指向该顶点的弧的弧头，显然是一个比较麻烦的事情。

因此，有向图还有一种基于入边构建的邻接表称为逆邻接表[如图 7.11(b)所示]表示法，该方法为图中每个顶点 $v_i$ 建立一个入边表，入边表中的每个表结点均对应一条以 $v_i$ 为终点（即射入 $v_i$）的边。

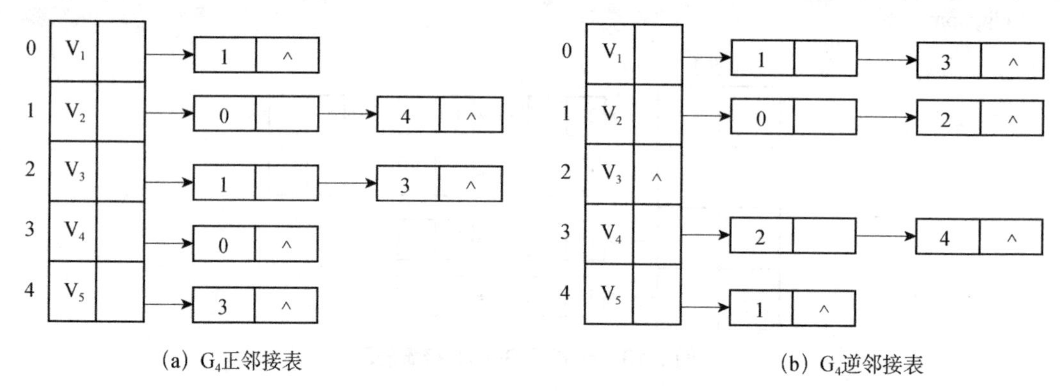


**图 7.11 正邻接表和逆邻接表**

值得注意的是，在顺序保存图的顶点情况下，一个图的邻接矩阵表示是唯一的，但其邻接表表示是不唯一的，这是因为在邻接表表示中，各边表结点的链接次序取决于建立邻接表的算法及边的输入次序，即对同一个图而言，邻接表的链表的结点次序是可以交换的。

邻接矩阵和邻接表是图的两种最常用的存储结构，它们各有所长。下面从空间效率及执行常用操作的时间效率这两方面比较这两种存储的优缺点。

在正邻接表（或逆邻接表）表示中，每个边表对应于邻接矩阵的一行（或一列），边表中结点个数等于一行（或一列）中非零元素的个数。对于一个具有 $n$ 个结点 $e$ 条边的图 G，若 G 是无向图，则它的邻接表中有 $n$ 个顶点表结点和 $2e$ 个边表结点；若 G 是有向图，则它的邻接表中均有 $n$ 个顶点表结点和 $e$ 个边表结点。因此邻接表或逆邻接表表示法的空间复杂度为 $S(n, e)=O(n+e)$。从前面的分析可知，无向完全图的边的个数是 $n(n-1)/2$，有向完全图的边的个数是 $n(n-1)$，都是 $n^2$ 量级。因此，若图中边的数目远远小于 $n^2$（即 $e \ll n^2$），此类图称作稀疏图，这时用邻接表表示比用邻接矩阵表示节省存储空间；若 $e$ 接近于 $n^2$，此类图称作稠密图，考虑到邻接表中要附加链域，则应取邻接矩阵表示法更好。

在无向图中求顶点的度，邻接矩阵和邻接表两种存储结构都很容易做到。邻接矩阵中的第 $i$ 行（或第 $i$ 列）上非零元素的个数即为顶点 $v_i$ 的度；在邻接表表示中，顶点 $v_i$ 的度则是第 $i$ 个边表中的结点个数。在有向图中求顶点的度，采用邻接矩阵表示比邻接表表示更方便：邻接矩阵中的第 $i$ 行上非零元素的个数是顶点 $v_i$ 的出度 $OD(v_i)$，第 $i$ 列上非零元素的个数是顶点 $v_i$ 的入度 $ID(v_i)$，顶点 $v_i$ 的度即是二者之和；在邻接表表示中，第 $i$ 个边表（即出边表）上的结点个数是顶点 $v_i$ 的出度，求 $v_i$ 的入度较困难，需遍历各顶点的边表。若有向图采用逆邻接表表示，则与邻接表表示相反，求顶点的入度容易，而求顶点的出度较难。

在邻接矩阵表示中，很容易判定 $(v_i, v_j)$ 或 $\langle v_i, v_j \rangle$ 是否是图的一条边，只要判定矩

阵中的第 $i$ 行第 $j$ 列上的哪个元素是否为零即可，但在邻接表表示中，需扫描第 $i$ 个边表，最坏的情况下要耗费 $O(n)$ 时间。

在邻接矩阵中求边的数目 $e$，必须检测整个矩阵，所耗费的时间是 $O(n^2)$，与 $e$ 的大小无关；而在邻接表表示中，只要对每个边表的结点个数计数即可求得 $e$，所耗费的时间是 $O(e+n)$。因此当 $e<<n^2$ 时，采用邻接表表示更节省时间。

经过上面的讨论，得到存储图的两种基本方法的以下一些属性。

① 邻接表的表头向量中每个分量就是一个单链表的头结点，分量个数就是图中的顶点数目。邻接矩阵的顺序表中的个数就是顶点数目，顶点信息在顺序表中的位置决定了矩阵中的行（列）次序。

② 在边或弧稀疏的条件下，用邻接表表示比用邻接矩阵表示节省存储空间。

③ 对无向图而言，在邻接表保存时，顶点 $v_i$ 的度是第 $i$ 个链表的结点数。在邻接矩阵保存时，对应次序的行或列中非零元素的个数就是该顶点的度。

④ 对有向图可以建立正邻接表或逆邻接表，正邻接表是以顶点 $v_i$ 的出度（即为弧的起点）而建立的邻接表；逆邻接表是以顶点 $v_i$ 的入度（即为弧的终点）而建立的邻接表。有向图的邻接矩阵只有一种，但该矩阵不是对称矩阵，某行中非零元素的个数是顺序表对应位置某顶点的出度，某列中非零元的个数是顺序表中对应位置某顶点的入度。

⑤ 用邻接表保存的有向图中，第 $i$ 个链表中的结点数是顶点 $v_i$ 的出（或入）度；求整个图的入（或出）度，需遍历整个邻接表。而用邻接矩阵保存的有向图，求整个图的入（或出）度，需统计整个矩阵中非零元素的个数。

### 7.2.3 十字链表表示法

**十字链表**是有向图的另一种链式存储结构，是将有向图的正邻接表和逆邻接表结合起来得到的一种链表。在这种结构中，将每个顶点信息以顺序表进行保存，不同于前面介绍的正邻接表或逆邻接表，此时，顺序表中的每一个结点有三个域，分别是顶点信息、出度链表的头指针、入度链表的头指针。而每个边表结点主要存放弧的信息，包含五个域，分别为弧头的顶点信息、弧尾的顶点信息，该弧的权值、相同弧头顶点的另一个出边弧，相同弧头顶点的另一个入边弧。

十字链表顶点结点及边表结点的结构如下：

| data | firstin | firstout |
|---|---|---|

| tailvex | headvex | info | hlink | tlink |
|---|---|---|---|---|

结点各域数据说明如下。

data 域：顶点信息。

指针域 firstin：指向以该顶点为弧头的第 1 条弧所对应的弧结点。

指针域 firstout：指向以该顶点为弧尾的第 1 条弧所对应的弧结点。

尾域 tailvex：指示弧尾顶点的信息。

头域 headvex：指示弧头顶点的信息。

指针域 hlink：相同弧头顶点的另一个出边弧。

指针域 tlink：相同弧头顶点的另一个入边弧。

info 域：弧的权值。

顶点结点的数据类型描述如下。

```
typedef struct {
  datatype  data;      // 顶点信息
  ArcInfo *firstin;    // 顶点入度指针
  ArcInfo *firstout;   // 顶点出度指针
}VexInfo;
```

边表结点的数据类型描述如下。

```
typedef  char  datatype;
typedef struct arc{
  datatype  tailvex;
  datatype  headvex;
  double      info;
  struct arc *hlink;
  struct arc *tlink;
}ArcInfo;
```

从这种存储结构可以看出，从一个顶点结点的 firstout 出发，沿表结点的 tlink 指针构成了正邻接表的链表结构，而从一个顶点结点的 firstin 出发，沿表结点的 hlink 指针构成了逆邻接表的链表结构。

利用十字链表保存的有向图 $G_4$（图 7.8）的示意如图 7.12 所示。为清晰起见，将图 $G_4$ 顶点顺序表单独画在最左边，强调十字链表的顶点信息是顺序保存的。

基于上述示例，假设要对有向图 $G_4$ 计算某个顶点（$v_2$）的度数（有向图包括入度与出度），求解过程如下。

① 在顶点顺序表中搜索 VexInfo 的数据域 data，找到 $v_2$ 顶点在数组的下标。

② 首先从 $v_2$ 结构体的指针域（firstout）获取出度弧的首指针；然后通过遍历以出度构建的链表（tlink），统计弧的个数；直到 tlink 为 NULL，则获得顶点 $v_2$ 的出度。

③ 首先从 $v_2$ 结构体中的指针域（firstin）获取入度弧的首指针；然后通过遍历以入度构建的链表（hlink），统计弧的个数；直到 hlink 为 NULL，则获得顶点 $v_2$ 的入度。

上述过程的具体算法代码如下。

```
int  countDegreeByCrossLink（VexInof graph[], datatype v, int N ）{
  int i;
  ArcInof   *p=NULL;                 // 弧边指针;
  int  inDegree=0, outDegree=0;
  for（i=0;i< N; i++ ）
  if（graph[i].data == v）  break;   // 在顶点顺序表中找到给定顶点的结构体
  if（i == N）   return;             // 没有找到指定顶点
  p=graph[i].tlink;                  // 获取出度遍历链的首指针
  while（ p!=NULL） {
    outDegree++;
    p=p->tlink;
  }
  p=graph[i].hlink;                  // 获取入度遍历链的首指针
  while（ p!=NULL） {
```

```
        inDegree++;
        p=p->hlink;
    }
    return（inDegree+outDegree）;          // 返回入度与出度之和
}
```

| $v_1$ | fin | fout |
|---|---|---|
| $v_2$ | fin | fout |
| $v_3$ | fin | fout |
| $v_4$ | fin | fout |
| $v_5$ | fin | fout |

图$G_4$的顶点顺序表

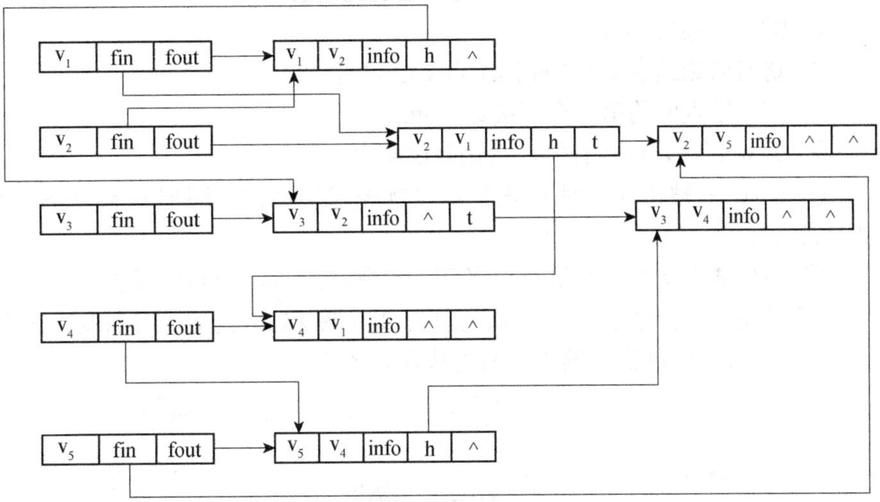

**图 7.12　有向图 $G_4$ 十字链表存储**

其中，countDegreeByCrossLink 函数计算某个顶点的度，图以十字链表形式存储，参数 graph[ ]表示传入一个顶点数组，v 代表求某个顶点的度，N 代表顶点的个数，函数的返回类型为整数。

# 7.3　图的遍历

和树的遍历相似，图的遍历也是从某个顶点出发的，沿着某条搜索路径对图中所有顶点各做一次访问。若给定的图是连通图，则从图中任一顶点出发可以访问到该图的所有顶点。然而，图的遍历比树的遍历要复杂得多，这是因为图中任一顶点都可能和其余顶点相邻接，故在访问某个顶点之后，可能顺着某条回路径又回到了该顶点。为避免重复访问同一个结点，必须记住每个顶点是否被访问过，因此对图进行遍历，需要为每一个顶点设置一个标志变量，未访问前将该标志变量设置为一个值，如 0，访问后改变该标志变量为 1，如此在访问某顶点前，首先检查该顶点对应的标志变量的值，以保证该顶点不被重复访问。

根据搜索路径的方向不同，有两种常用的遍历图的方法：深度优先搜索遍历（Depth-First Search，DFS）和广度优先搜索遍历（Breadth-First Search，BFS），下面分别进行讲解。

## 7.3.1　连通图的深度优先搜索遍历

**深度优先搜索**，从初始访问结点出发，沿着该结点的邻接点一直往下访问。由于初始访问结点可能有多个邻接结点，深度优先遍历的策略就是首先访问第一个邻接结点，然后再以这个被访问的邻接结点作为初始结点，访问它的第一个邻接结点。总体而言，DFS 就是每次访问完当前结点后再访问当前结点的第一个邻接结点。

从以上描述可以看到，这样的访问策略是优先向纵向挖掘深入，而不是对一个结点的所有邻接结点进行横向访问，所以称为**深度优先遍历**。

具体算法表述如下。

① 访问初始结点 v，并标记结点 v 已访问。

② 查找结点 v 的第一个邻接结点 w。

③ 若 w 存在，则执行④，否则算法结束。

④ 若 w 未被访问，对 w 进行深度优先遍历递归（即把 w 当作另一个 v，然后进行步骤①②③）。

⑤ 查找结点 v 的邻接结点 w 的下一个邻接结点，转到步骤③。

上面的过程比较抽象，下面以无向图 $G_5$（图 7.13）为例，对深度优先搜索进行实例分析。

对该图进行深度优先遍历，假设从顶点 A 开始。

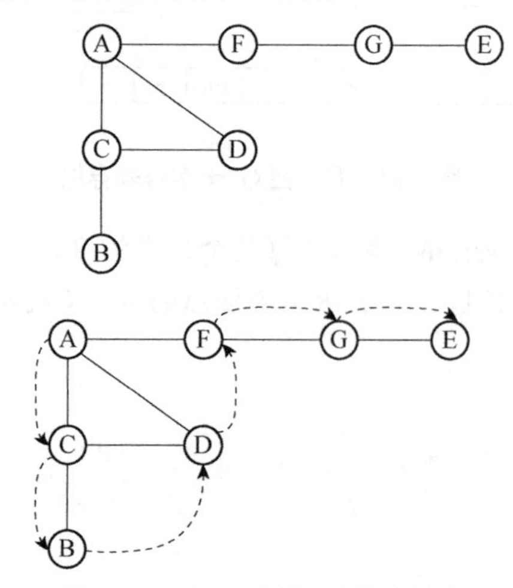


**图 7.13 图 $G_5$ 及其深度优先搜索**

第 1 步：访问 A，并修改其标志变量为被访问过。

第 2 步：访问 A 的第一个邻接点，假设为 C，并修改其标志变量为被访问过。值得注意的是，A 的邻接点有 C，D，F 三个，并无先后之分，所以第一个实际上也是随机的一个，由此得到一个重要结论，从图的某指定顶点出发，DFS 遍历一个图时，其遍历序列不唯一。

第 3 步：访问 C 的邻接点 B，并修改其标志变量为被访问过。当然也可以是 D，这里假设为 B。

第 4 步：由于 B 的邻接点只有 C，而 C 的访问标志已被修改为“已访问过”，此时，访问过程退到访问 B 前被访问的顶点作为起始点，这里是 C。

第 5 步：C 的三个邻接点 A，B，D 中，A，B 已被访问过，因此，只能访问 D。

第 6 步：类似于第 4 步，D 的邻接点已都被访问过，所以退到 C，又因为 C 的邻接点也都被访问过，所以退到访问 C 前被访问的顶点作为起始点，这里是 A。

第 7 步：类似于上面的步骤，将依次访问 F，G，E。一旦 DFS 回到起点 A，并且 A 的任何邻接点都被访问之后，DFS 结束。

最终得到该次深度遍历的次序为：A，C，B，D，F，G，E。

如同上面第 2 步提到的，深度优先遍历得到的遍历序列结果并不唯一，可以想像，如果依然从顶点 A 出发进行 DFS，则也可以得到另一个结果：A，F，G，E，C，D，B。当然还可以得到其他的结果。

究其原因，是因为图的逻辑结构“约束”太少，既没有层次关系，也没有先后次序，但是利用某种存储形式将图保存下来，对其存储结构进行遍历时，则得到的遍历结果就会唯一。

### 1. 以链接矩阵存储的深度遍历算法

$G_5$ 的邻接矩阵如图 7.14 所示。

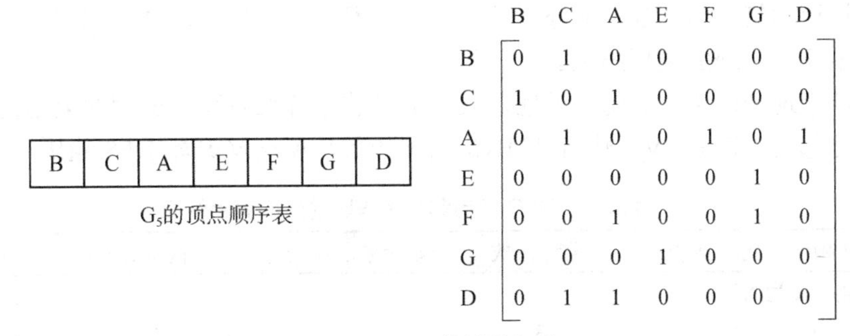


**图 7.14 $G_5$ 的链接矩阵**

图 7.14 中，将顺序表没有依据字典顺序保存，而是 B，C，A，E，G，F，D 顺序，其实，如果从顶点 A 出发进行 DSF 遍历，则访问结果唯一：A，C，B，D，F，G，E。

算法采用递归实现，函数 dfsByMatrix 表示对邻接矩阵 mgraph 从顶点 V 出发的 DFS 遍历，其中，数组 visited[ ]用于标志顶点是否被访问：0 表示未被访问，1 表示被访问过。

```
void dfsByMatrix (mgraph *g, int visited[ ], int v) {
   int i;
   printf ("% c ---->",g->vexs[v]) ; // 打印标志已遍历;
   visited[v]=1;                    // 设置标志位;
   for ( i=0; i< g->n ;i++ ) {
   // g-> edges[v][i]==1 标志与 v 顶点相邻，visited[i]==0 未被遍历;
   if (g-> edges[v][i]==1 && visited[i]==0)
   dfsByMatrix (g,visited,i) ;
   }
}
```

为便于加深理解基于邻接矩阵的 DSF 遍历，以图 7.14 为例，从顶点 A 出发的具体访问过程如下。

① 访问顶点 A，且 A 在顺序表的第 3 行。

② 从矩阵的第 3 行出发，第 3 行的第一个非零元素在第 2 列，说明 A 的第一个邻接点在顺序表的第 2 个元素为 C（顺序表可以随机读取，所以获取 C 效率很高），访问 C。

③ 从矩阵的第 2 行出发，第 1 个非零元素在第 1 列，则访问对应顺序表的 B。

④ 从矩阵的第 1 行出发，第 1 个非零元素在第 2 列，而对应的 C 已被访问过，从第 1 行往下搜索，没有其他非零元素，程序返回上一次递归调用的第 2 行，第 2 行的第 2 个非零元素

是3，对应的A已被访问过，进一步搜索，得到下一个非零元素，第7行，访问对应的D。

⑤ 从矩阵的第7行出发，分别搜索到第2，3列两个非零元素，但对应的B，C都已被访问过，该行已没有非零元素，程序返回上一次递归调用的第2行，而第2行也无非零元素，则再一次返回递归调用顶点C的第3行，第3行下一个非零元素在第6列，则访问对应的F。

⑥ 从矩阵的第6行出发，第一个非零元素在第3列，对应的A已被访问，下一个非零元素在第5列，则访问对应的G。

⑦ 从矩阵的第5行出发，第一个非零元素在第4列，则访问对应的E。

⑧ 从矩阵的第4行出发，第一个非零元素在第5列，而对应的E已被访问过，该行没有其他非零元素，则返回到递归调用的第5行，第5行的下一个非零元素是6，对应的F已被访问过，该行没有其他非零元素，则返回到递归调用的第6行，第6行已没有非零元素，则返回到递归调用的第3行，第三行下一个非零元素是7，而对应的D已被访问过，此时第3行已没有非零元素，DSF遍历结束。

为了更清楚地分析递归实现的过程，表7.1给出了递归过程栈的程序调用情况及访问的数据，为简化起见，以P（V）代替dfsByMatrix函数从顶点V开始DFS遍历。

表7.1 DFS遍历邻接矩阵时的递归调用情况

| 递归栈状况（顺序为栈底至栈顶） | 矩阵行数 | 非0元素所在列 | 访问的顶点 | 入栈 | 出栈 |
|---|---|---|---|---|---|
| 以顶点A为入口 | | | A | P（A） | |
| P（A） | 3 | 2 | C | P（C） | |
| P（A），P（C） | 2 | 1 | B | P（B） | |
| P（A），P（C），P（B） | 1 | 2 | C已被访问，该行无下一个非零元素 | | P(B) |
| P（A），P（C） | 2 | 3 | A已被访问 | | |
| P（A），P（C） | 2 | 7 | D | P（D） | |
| P（A），P（C），P（D） | 7 | 2 | C已被访问 | | |
| P（A），P（C），P（D） | 7 | 3 | A已被访问，该行无下一个非零元素 | | P(D) |
| P（A），P（C） | 2 | 7 | 第7列已是最后 | | P(C) |
| P（A） | 3 | 6 | F | P（F） | |
| P（A），P（F） | 6 | 3 | A已被访问 | | |
| P（A），P（F） | 6 | 5 | G | P（G） | |
| P（A），P（F），P（G） | 5 | 4 | E | P（E） | |
| P（A），P（F），P（G），P（E） | 4 | 5 | G已被访问，该行后面全是0 | | P(E) |
| P（A），P（F），P（G） | 5 | 6 | F已被访问，该行后面全是0 | | P(G) |
| P（A），P（F） | 6 | | 该行后面全是0 | | P(F) |
| P（A） | 3 | 7 | D已被访问，该行后面全是0 | | P(A) |
| 栈空，程序结束 | | | | | |

上述采用文字及表分别说明了函数递归调用过程，下面再用图7.15来描述对邻接矩阵进行DFS遍历的递归调用过程。

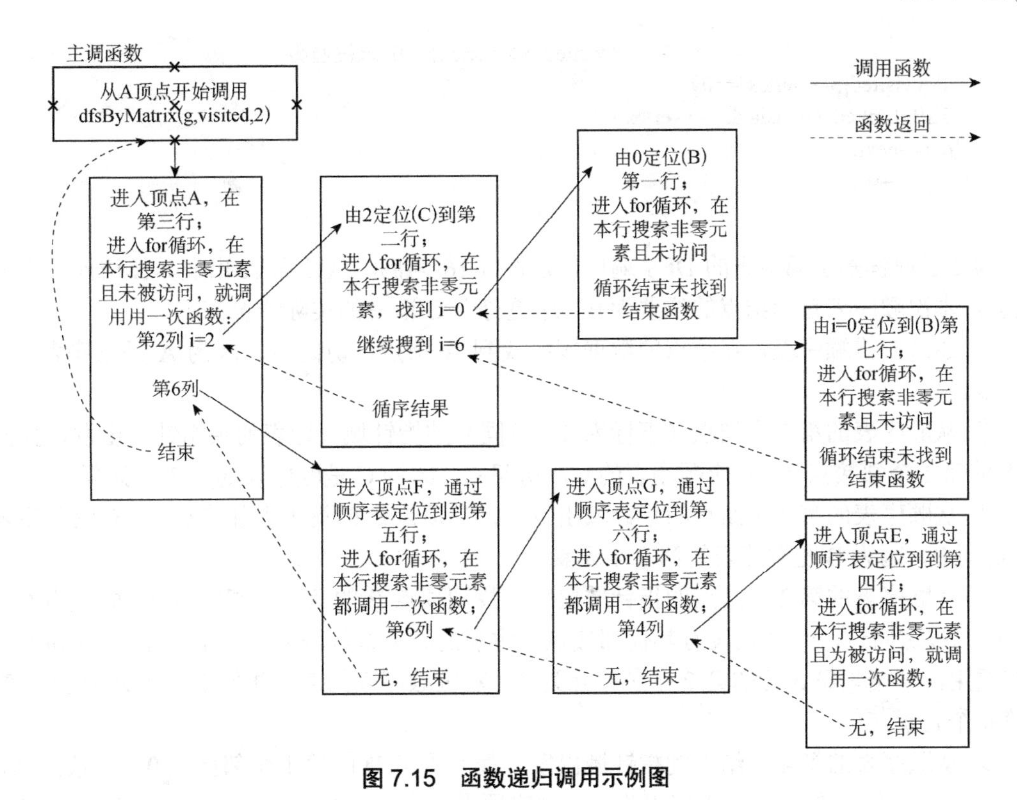


**图 7.15　函数递归调用示例图**

### 2. 以链接表存储的深度遍历算法

图 7.13 中 $G_5$ 的邻接表存储如图 7.16 所示，假设从顶点 A 出发，则基于邻接表得到的 DFS 结果分别为 A，C，B，D，F，G，E。

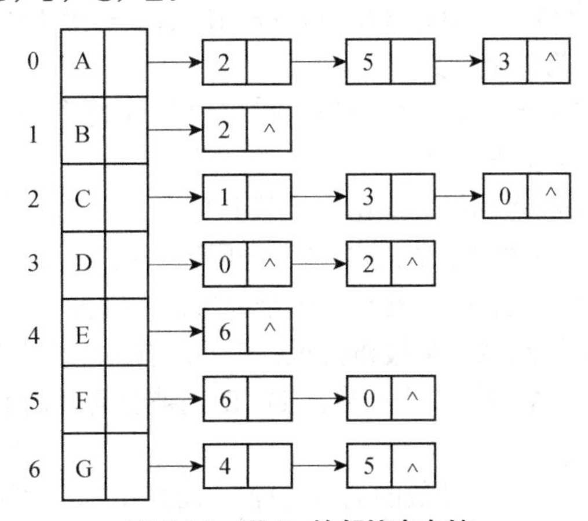


**图 7.16　图 $G_5$ 的邻接表存储**

基于邻接表存储的图在进行 DFS 遍历时，依然采用递归调用，实现代码如下：

```
void dfsByLinked（adjgraph *g, int visited[], int v）{
    vertexnode *p = g-> adjlist[v];
    printf（"% c ---->",p-> vertex）;    // 打印遍历标志
    visited[v]=1;                        // 设置标志位
    while（p!=NULL）{
```

```
                        // visited[p-> vertex]==0 未被遍历
    if (visited[p-> vertex]==0)
    dfsByLinked (g,visited, p-> vertex);
    p=p->next;
  }
}
```

为便于理解基于邻接表的 DFS 遍历，以图 7.16 为例，从顶点 A 出发具体访问过程如下（注意，本次顺序表首元结点的位置为 0，这更符合 C 语言的实际情况）。

① 通过扫描顺序表，在结点的数据域中找到 A 顶点，访问 A，因为 A 是顺序表的第 0 个元素。

② 从顺序表的第 1 个结点（下标为 0，下同）的指针域（边表的头指针）出发，找到顶点 A 的第 1 个邻接点 2，对应顺序表的 C，访问 C，因为 C 是顺序表的第 3 个元素。

③ 从顺序表的第 3 个结点的指针域出发，找到顶点 C 的第 1 个邻接点 1，对应顺序表的 B，访问 B，因为 B 是顺序表的第 2 个元素。

④ 从顺序表的第 2 个结点的指针域出发，找到顶点 B 的第 1 个邻接点 2，即顶点 C。注意，C 已被访问过，而 B 已没有其他邻接点（边表的结点指针域为 NULL），此时退到上一层递归调用，即搜索第 3 行的第 2 个邻接点为 3，对应顺序表的 D，访问 D，因为 D 是顺序表的第 4 个元素。

⑤ 从顺序表的第 4 个结点的指针域出发，找到顶点 D 的第 1 个邻接点 0，即顶点 A，A 被访问过；搜索 D 的下一个邻接点为 2，对应顶点 C，C 也被访问过，此时退到上一层递归调用，即搜索第 3 行第 2 个邻接点的下一个邻接点为 0，而对应的 A 被访问过。则再一次退到上一层递归调用，顶点 A 的第 2 个邻接点为 5，对应顺序表的 F，访问 F，因为 F 是顺序表的第 6 个元素。

⑥ 从顺序表的第 6 个结点的指针域出发，找到顶点 F 的第 1 个邻接点 6，即顶点 G，访问 G，因为 G 是顺序表的第 7 个元素。

⑦ 从顺序表的第 7 个结点的指针域出发，找到顶点 G 的第 1 个邻接点 4，即顶点 E，访问 E，因为 E 是顺序表的第 5 个元素。

⑧ 从顺序表的第 5 个结点的指针域出发，找到顶点 E 的第 1 个邻接点 6，即顶点 G，G 已被访问过；E 没有下一个邻接点，此时退到上一层递归调用，即搜索第 7 行 G 的第 2 个邻接点，是对应的 F，F 被访问过；G 已没有下一个邻接点，则再一次退到上一层递归调用，即搜索第 6 行 F 的第 2 个邻接点 A，A 被访问过；F 已没有下一个邻接点，则再一次退到上一层递归调用，即搜索第 1 行 A 的第 3 个邻接点 D，D 也被访问过，且 A 已没有下一个邻接点。

DFS 遍历结束。

基于邻接表的深度遍历的递归函数的调用过程、栈的情况及示意图，限于篇幅，在此省略。

### 3. 深度优先遍历两种存储格式的效率分析

对于具有 $n$ 个顶点 $e$ 条边的连通图，无论采用何种存储形式，算法 DFS 均递归调用 $n$ 次。每次递归调用时，除访问顶点及标记访问顶点外，主要时间耗费在从顶点出发搜索它的所有邻接点。

在用邻接矩阵表示图时，搜索一个顶点的所有邻接点需花费 $O(n)$ 时间来检查矩阵相应行中全部 $n$ 个元素，故从 $n$ 个顶点出发完成 DFS 遍历所需的时间是 $O(n^2)$，即 DFS 算法的

时间复杂度是 $O(n^2)$。用邻接表表示图时，搜索 $n$ 个顶点的所有邻接点即是对各边表结点扫描一遍，故算法 DFS 的时间复杂度为 $O(n+e)$。

无论是邻接表或邻接矩阵，算法 DFS 所用的辅助空间是标志数组和实现递归所用的栈，空间复杂度都是 $O(n)$。

## 7.3.2 连通图的广度优先搜索遍历

**广度优先搜索遍历**（BFS）类似于树的层次遍历。设图 G 的初态是所有顶点均未访问过，在 G 中任选一个顶点 $v_i$ 为初始出发点，则广度优先搜索遍历的基本思想：首先，访问出发点 $v_i$，接着访问 $v_i$ 的所有邻接点 $w_1$，$w_2$，…，$w_t$；然后，再依次访问与 $w_1$，$w_2$，…，$w_t$ 邻接的所有未曾被访问过的顶点，依次类推，直至图中所有和初始出发点 $v_i$ 路径相通的顶点都已访问到为止。此时，从 $v_i$ 开始的搜索过程结束，广度优先遍历完成。

以图 7.13 所示的无向图 $G_5$ 为例，对其进行广度优先搜索，过程如图 7.17。所以，以起始结点为中心，路径长度为半径，访问内层的所有结点后，再访问外面一层，一层层向外扩展直至整个图的所有结点。

设 x 和 y 是两个相继被访问过的顶点，若当前图 7.17 以 x 为出发点进行搜索，则在访问 x 的所有未曾访问过的邻接点之后，紧接着以 y 为出发点进行横向搜索，并对搜索到的 y 的邻接点中尚未被访问的顶点进行访问。也就是说，先访问的顶点其邻接点也先被访问。为此，需引入队列保存已访问过的顶点。下面的伪代码是对一个图的广度优先遍历的描述。

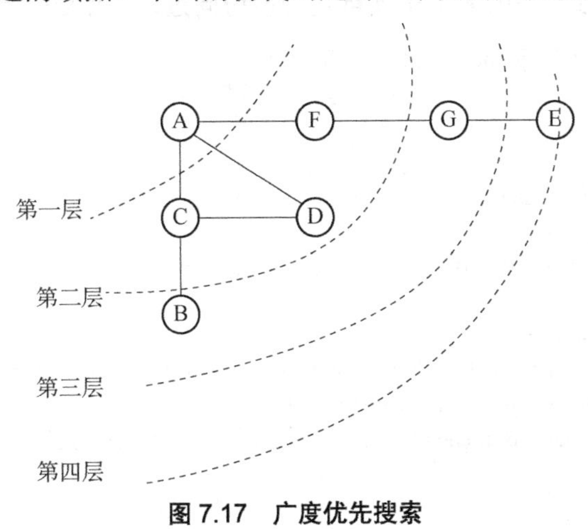


**图 7.17 广度优先搜索**

```
初始化队列 Q；visited[n]=0；
顶点 v 入队列 Q；
while（队列 Q 非空）{
  v=队列 Q 的对头元素出队；
  访问顶点 v；visited[v]=1；
  w=顶点 v 的第一个邻接点；
  while（v 是否存在邻接点 w）{
  如果存在且 w 未访问，顶点 w 入队列 Q；
  }
}
```

依然以图 $G_5$（图 7.13）为例，其 BFS 的具体步骤如下。

第 1 步：访问 A（图 7.17 的第一层结束）。

第 2 步：依次访问 C，D，F。需要注意的是，A 的邻接点包含三个顶点，C，D，F，但并无先后次序，即从 A 出发的 BFS 下一步可以访问 C，D，F 中的任意一个顶点，由此得到结论，广度优先遍历对一个逻辑图而言，其遍历序列也不唯一。访问完 C，D，F 后，图 7.17 的第二层结束。

第 3 步：假设从 A 的邻接点中某一个顶点 C 出发，BFS 该顶点的所有邻接点，这里是 B。

第 4 步：从 C，D，F 中剩下的两个顶点 D，F 中任一顶点，假设从 D 出发，BFS 该顶点的所有邻接点，这里没有未被访问的顶点。

第 5 步：从 C，D，F 中唯一剩下的顶点 F 出发，BFS 该顶点的所有邻接点，这里是顶点 G，此时，第三层结束。

第 6 步；由于 B 没有邻接点，只能从 G 出发，BFS 该顶点的所有邻接点，这里是 E，此时，第四层结束。

第 7 步：由于 E 没有邻接点，所以 BFS 结束。

如深度优先遍历，广度优先搜索对一个逻辑图格式的数据集进行遍历不会得到唯一的结果，但是将图以某种格式存储，对其存储结构进行遍历时，则得到的遍历结果就会唯一。

### 1. 以邻接矩阵存储的广度遍历算法

函数 bfsByMatrix 基于一个队列实现了对图的 BFS 遍历，其中参数 mgraph 是利用邻接矩阵存储的图，数组 visited[ ]用来标志顶点是否被访问过，v 代表开始遍历的顶点，程序如下。

```
void bfsByMatrix（mgraph *g, int visited[   ], int v）{
    Queue queue;                          // 创建一个队列
    inQueue（&queue,v）;
    int     t , i;
    while（!isEmpty（&queue）{           // 判断队列是否为空
        t=outQueue（&queue）              // 出队
        printf（"% c ---->",g->vexs[t]）; // 打印遍历标志
        visited[t]=1;                     // 设置标志位;
        for（i=0; i< g->n ;i++ ）{
            // g-> edges[v][i]==1 标志与 v 顶点相邻，visited[i]==0 未被遍历
            if（g-> edges[v][i]==1 && visited[i]==0）
                    inQueue（&queue,i）; //把与之相邻的顶点且未遍历过的入队
        }
    }
}
```

以图 7.14 为例，从顶点 A 出发进行 BFS 遍历，则得到遍历结果为：A，C，F，D，B，G，E。具体分析如下。

① 访问顶点 A，因为顶点 A 在顺序表的第 3 行。

② 从矩阵的第 3 行出发，依次访问该行非零元素在第 2，6，7 列，对应的顶点为 C，F，D，因为该行第一个非零元素在第 2 列，搜索完该行所有非零元素。

③ 从矩阵的第 2 行出发，依次访问该行非零元素在第 1，2，7 列，对应的未被访问的顶点是 B，访问 B。

④ 从矩阵的第 6 行出发，依次访问该行非零元素在第 3，5 列，未被访问的第 5 列非零元素对应的顶点是 G，访问 G。

⑤ 从矩阵的第 7 行出发，该行非零元素对应的顶点都已被访问。

⑥ 从矩阵的第 5 行出发，依次访问该行非零元素在第 4，6 列，其中，第 6 列非零元素对应的是未被访问过的顶点 E，访问 E。

⑦ 从矩阵的第 6 行出发，该行非零元素所在列对应的顶点都已经被访问过。

⑧ 此时，虽然所有顶点都被访问过，但由于队列未空，所以程序依然在执行，但因为每循环一次，队列中从队头删除一个元素，且没有从队尾中添加元素，所以，经过几次循环后，队列为空，BFS 结束。

为了更清楚地分析基于队列实现 BFS 遍历的过程，表 7.2 给出了程序执行过程中队列数据的变化情况。

**表 7.2　BFS 遍历邻接矩阵时队列数据及顶点访问情况**

| 队列数据（从头至尾的顺序） | 矩阵行数 | 访问的顶点 | 入队顶点 | 出队顶点 |
|---|---|---|---|---|
| 以顶点 A 为入口 | | | A | |
| A | 3 | A | C，F，D | A |
| C，F，D | 2 | C | B，（A 已被访问），D | C |
| F，D，B，D | 6 | F | （A 已被访问），G | F |
| D，B，D，G | 7 | D | （C，A 已被访问） | D |
| B，D，G | 1 | B | （C 已被访问） | B |
| D，G | 7 | （D 已被访问） | （C，A 已被访问） | D |
| G | 5 | G | E，F | G |
| E,F | 4 | E | （G 已被访问） | E |
| F | 6 | （F 已被访问） | （A，G 已被访问） | F |
| 队空，程序结束 | | | | |

### 2. 以邻接表存储的广度优先遍历算法

类似于基于邻接矩阵进行的广度优先遍历，基于邻接表的广度优先遍历也需要借助队列来实现。函数 bfsByLinked 包含三个参数，其中，adjgraph 表示邻接表存储的图，数组 visited[ ] 标志顶点是否被访问过，v 是开始遍历的顶点，实现代码如下。

```
void bfsByLinked（adjgraph *g, int visited[  ], int v）{
    Queue queue;                          // 创建队列
    inQueue（&queue,v）;
    int t;
    while（!isEmpty（&queue）{            // 判断队列是否为空
      t=outQueue（&queue）;
      vertexnode *p = g-> adjlist[v];
      printf（"% c ---->",p-> vertex）;     // 打印遍历标志
      visited[v]=1;                        // 设置标志位
      while（p!=NULL）{
     // visited[p-> vertex]==0 未被遍历；把与之相邻的顶点且未遍历过的入队；
        if（visited[p-> vertex]==0）
          inQueue（&queue，p->vertex）;
```

```
            p=p->next;
        }
    }
}
```

以图 7.16 所示图 $G_5$ 的邻接表为例，假设从顶点 A 出发，则基于邻接表得到的 BFS 遍历结果是：A，C，F，D，B，G，E。具体如何遍历，希望同学们在理解算法的基础上，依照前面的解析过程，自己进行分析。

3. 广度优先遍历在两种存储格式上的效率分析

对于具有 $n$ 个顶点和 $e$ 条边的连通图而言，在邻接矩阵保存的情况下，因为每个顶点均入队一次，所以算法 BFS 的外循环次数为 $n$，而对一个刚被访问过的顶点来说，要找到它的邻接点，其内循环也需要进行 $n$ 次，故在邻接矩阵上，算法 BFS 的时间复杂度为 $O$（$n^2$）。对邻接表而言，算法 BFS 的内循环次数取决于各顶点的边表结点个数，内循环执行的总次数是边表结点的总个数的 $2e$ 倍，故算法 BFS 在邻接表存储格式下，其时间复杂度是 $O$（$n+e$）。在两种不同的存储格式下，算法 BFS 的辅助空间是队列和标志数组，故它们的空间复杂度皆为 $O$（$n$）。

## 7.3.3 非连通图的遍历

若一个无向图是非连通图，则从图中任意一个顶点出发进行深度优先遍历或广度优先遍历都不能访问到图中所有顶点，而只能访问到初始出发点所在的连通分量中的所有顶点。若从每个连通分量中都选一个顶点作为出发点进行搜索，便可访问到整个非连通图所有的顶点。因此非连通图的遍历必须多次调用深度优先遍历或广度优先遍历算法。

本节以调用 DFS 为例给出非连通图的深度优先遍历算法描述，假设图的每个顶点都对应于一个整型变量（类似于邻接表或邻接矩阵的顺序表）。

```
void GraphTravers（）{//遍历非连通图 G
  int i;
  for（i=0;i<n;i++）
  visited[i]=FALSE;      // 标志数组初始化，所有顶点都未遍历
  for（i=0;i<n;i++）{
    if（!visited[i]）
    DFS（i）;
// 从顶点 v_{i+1} 出发遍历一个连通分量，每次调用 DFS 就会生成一个连通分量
  }
}
```

在此算法中，若将 DFS 换成 BFS，改变后的算法就是广度优先遍历非连通图的算法。

若算法 GraphTravers 只调用了一次 DFS（或 BFS），则表示图是连通的，否则，调用了几次就代表图中有几个连通分量，因为一旦调用了 DFS（i）之后，顶点 $v_{i+1}$ 即被标上访问标记，所以，对每个顶点 $v_j$，DFS（j−1）最多只能调用一次。因此从算法 TRAVER 中调用 DFS 及 DFS 内部递归可知，总的次数仍是 $n$，因此算法 TRAVER 的时间复杂度是 $O$（$n^2$）。

以上讨论的各种遍历算法虽然是以无向图为例，但算法本身对有向图也是适用的。

# 7.4　生成树和最小生成树

在图论中，常常将树定义为一个无回路的连通图。

连通图 G 的一个子图如果是一棵包含 G 的所有顶点的树，则称该子图为 G 的**生成树**。由于 $n$ 个顶点的连通图至少有 $n-1$ 条边，而所包含 $n-1$ 条边及 $n$ 个顶点的连通图都是无回路的树，所以生成树是连通图的极小连通子图。所谓极小是指边数最少，若在生成树中去掉任何一条边，都会使之变为非连通图，若在生成树上任意添加一条边，就必定会出现回路。生成树：一个极小连通子图，它含有图中全部顶点，但只有 $n-1$ 条边。

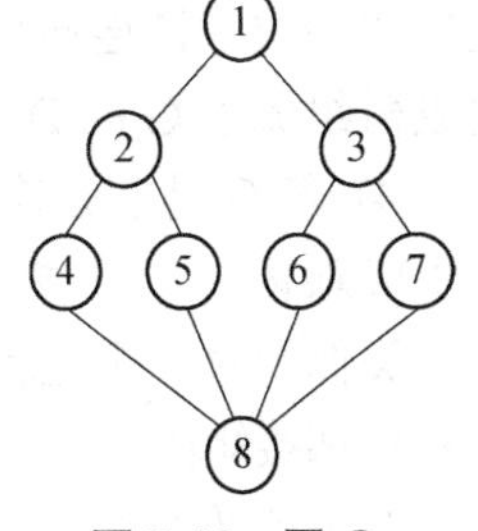

**图 7.18　图 $G_6$**

由图构建一个生成树主要有以下两种方法。

- DFS 生成树，由深度优先搜索遍历得到的生成树，称为**深度优先生成树**。
- BFS 生成树，由广度优先搜索遍历得到的生成树，称为**广度优先生成树**。

如图 7.18 所示的图 $G_6$ 的广度和深度优先生成树，如图 7.19 所示。

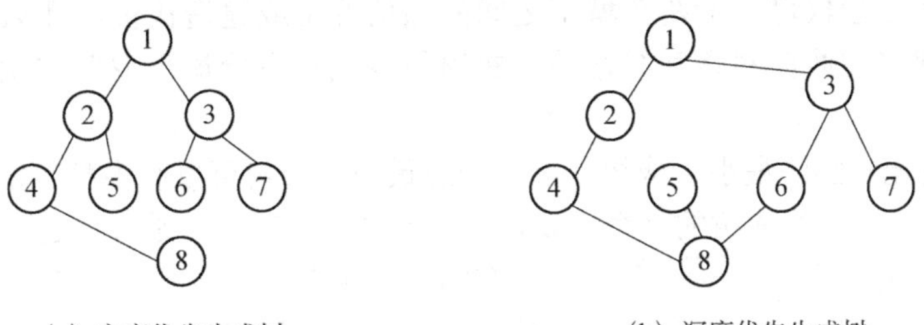

**图 7.19　图 $G_6$ 的广度和深度优先生成树**

图 7.19 中，依据所采用的不同遍历方法生成两个不同的树。设图 G=（$V$，$E$）是一个具有 $n$ 个顶点的连通图，则从 G 的任一顶点出发，做一次深度优先搜索或广度优先搜索，就可将 G 中的所有的 $n$ 个顶点都访问到。显然，在这两种搜索方法中，从一个已访问过的顶点 $v_i$ 搜索到一个未曾访问过的邻接点 $v_j$，必定要经过 G 中的一条边（$v_i$，$v_j$），而两种方法对图中的 $n$ 个顶点都仅访问过一次，因此，除初始出发点外，对其余 $n-1$ 个顶点的访问一共要经过 G 中的 $n-1$ 条边，这 $n-1$ 条边将 G 中的 $n$ 个顶点连接成 G 的极小连通子图，所以，它是 G 的一棵生成树。

回顾一下算法 DFS 可知，当 DFS（i−1）直接调用 DFS（j−1）时，$v_i$ 是已访问过的顶点，$v_j$ 是邻接于 $v_i$ 的未曾访问过且待访问的顶点，因此，只要在 DFS 算法的 if 语句中，在递归调用语句 DFS 之前插入适当的语句，将边（$v_i$，$v_j$）打印或保存起来，即可得到求生成树的算法。类似的，在算法 BFS 中，若当前出队的元素是 $v_i$，待入队的元素是 $v_j$，则 $v_i$ 是已访问过的顶点，$v_j$ 是待访问而未曾访问的且邻接于 $v_i$ 的顶点。因而只要在 BFS 算法的 if 语句中输入适当语句，即可得到求 BFS 生成树的算法。

上面给出的生成树定义，是从连通图的角度针对无向图而言的，但对有向图或非连通图同样适用。由此，可以归纳出基于遍历的方式构建生成树或森林的过程。

① 若 G 是强连通的有向图，则从其中任一顶点 v 出发，都可以访问遍 G 中的所有顶点，

从而得到以v为根的生成树。

② 若G是有根的有向图，设根为v，则从根v出发可以完成对G的遍历，得到G的以v为根的生成树。

③ 若G是非连通的无向图，则要若干次从外部调用DFS（或BFS）算法，才能完成对G的遍历。每一次外部调用，只能访问到G的一个连通分量的顶点集，这些顶点和遍历时所经过的边构成了该连通分量的一棵DFS（或BFS）生成树。G的各个连通分量的DFS（或BFS）生成树组成了G的DFS（或BFS）生成森林。

④ 若G是非强连通的有向图，且源点又不是有向图的根，则遍历时也只能得到该有向图的生成森林。

类似于对一个逻辑图的遍历结果不唯一，图的生成树也不唯一，即使针对已保存的图（邻接表或邻接矩阵）从不同的顶点出发进行遍历，也可以得到不同的生成树。

对于连通网络G=（$V$，$E$），边是带权的，因而G的生成树的各边也是带权的。我们把生成树各边的权值总和称为生成树的权，并把权值最小的生成树称为图G的**最小生成树**。

生成树和最小生成树有很多重要的应用。假设图G的顶点表示城市，边表示连接两个城市之间的通信线路。$n$个城市之间最多可设立的线路有$n$（$n$−1）/2条，把$n$个城市连接起来至少要有$n$−1条线路，则图G的生成树表示建立通信网络的可行方案。如果给图中的边都赋予权，而这些权可表示两个城市之间的通信费用或建造代价，那么，如何选择$n$−1条线路，使得建立的通信网络其线路的总费用最少或总造价最小呢？这就要构造该图的一棵最小生成树。

以下只讨论无向图的最小生成树问题。构造最小生成树可以有多种算法，其中大多数构造算法都是利用了最小生成树的一个重要性质：设G=（$V$，$E$）是一个连通网络，$U$是顶点集$V$的一个真子集。若（u，v）是G中所有的一个端点在$U$（即$u \in U$）里，另一个端点不在$U$（即$v \in V-U$）里的边的集合，那么所有（u，v）中具有最小权值的一条边，一定被包含在$G$的一棵最小生成树中。这个性质称为MST性质。

如何利用MST性质来构造最小生成树呢？本节介绍两种经典的构建算法：普里姆（Prim）算法和克鲁斯卡尔（Kruskar）算法。

## 7.4.1 普里姆算法

假设G=（$V$，$E$）是连通网络，为简单起见，用序号1~$n$来表示顶点的集合，即$V$={1，2，…，$n$}。设所求的最小生成树$T$=（$U$，TE），其中$U$是$T$的顶点集，TE是$T$的边集，并且将G中边上的权看作长度。

**普里姆算法**的基本思想：首先，从$V$中取一个顶点$u_0$，将生成树$T$置为仅有一个结点$u_0$的树，即置U={$u_0$}；然后，只要$U$是$V$的真子集，在$u_0$的边中，找一条最小边（即权最小）（u，v）且v一定不是$T$中的顶点，且新选的边不能和$T$构成回路，并把该条边（u，v）并入边集TE，顶点v并入顶点集$U$。如此进行下去，直到所有顶点都进入生成树$T$为止。此时，一定有$V$=$U$，TE中有$n$−1条边。MST性质保证上述所求得的树是最小生成树。

下面演示普里姆算法构造最小生成树的过程。设有网络$G_7$如图7.20所示，则构建该网络的最小生成树过程如图7.21至图7.27所示。

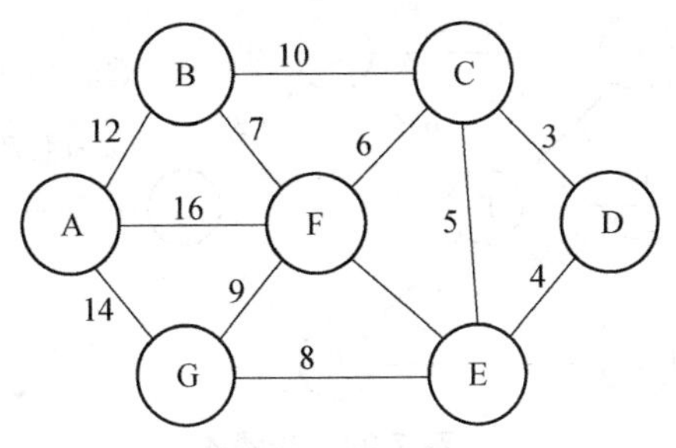


图 7.20　网络 $G_7$

步骤 1：选取 A 点作为起点。

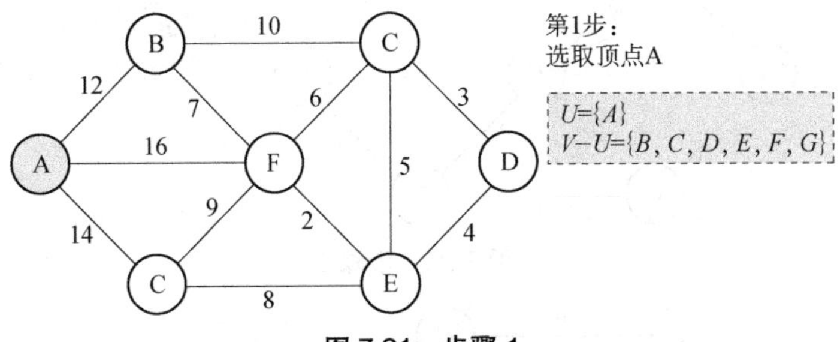


图 7.21　步骤 1

步骤 2：从与 A 相邻的结点的边，选取最短边。

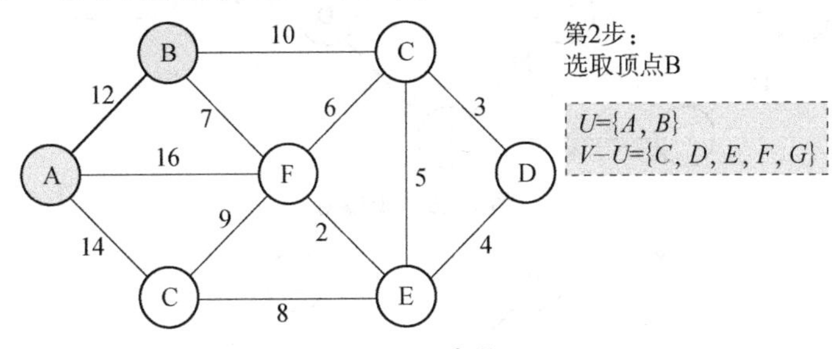


图 7.22　步骤 2

步骤 3：　继续选取最小边。

步骤 4：　继续选取最小边。

步骤 5：　继续选取最小边。

步骤 6：继续选取最小边。

最终生成的最小生成树如图 7.27 所示。

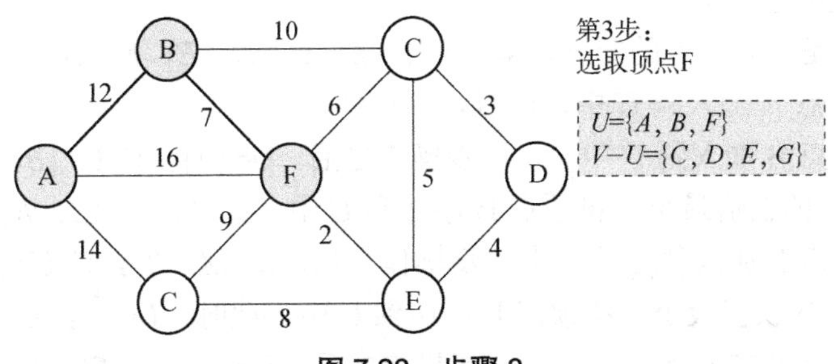


图 7.23　步骤 3

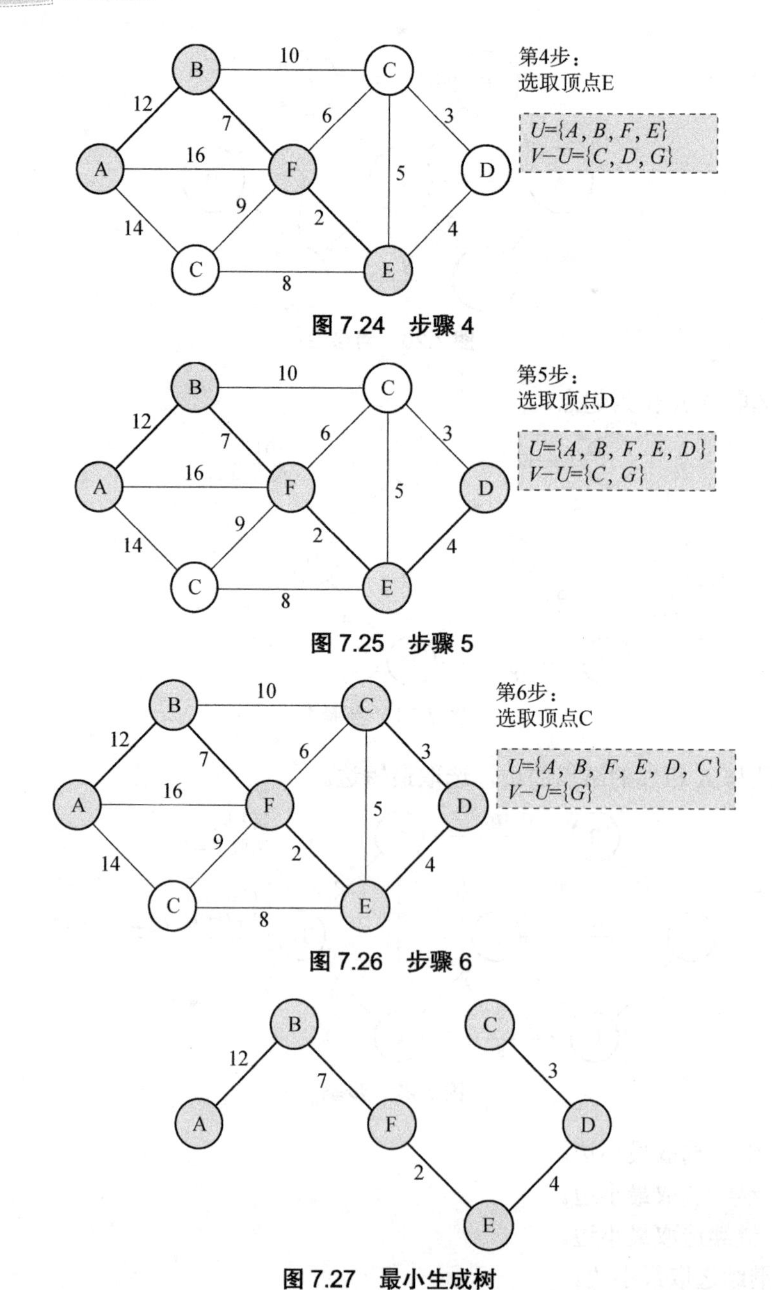


图 7.24　步骤 4

图 7.25　步骤 5

图 7.26　步骤 6

图 7.27　最小生成树

整个选择过程描述如下。

初始状态：$V$ 是所有顶点的集合，即 $V$={$A$，$B$，$C$，$D$，$E$，$F$，$G$}；$U$ 和 $T$ 都为空。

第 1 步：将顶点 A 加入到 $U$ 中，此时，$U$={$A$}。

第 2 步：将顶点 B 加入到 $U$ 中。上一步操作之后，$U$={$A$}，$V-U$={$B$，$C$，$D$，$E$，$F$，$G$}；因此，边（A，B）的权值最小。将顶点 B 添加到 $U$ 中，此时，$U$={$A$，$B$}。

第 3 步：将顶点 F 加入到 $U$ 中。上一步操作之后，$U$={$A$，$B$}，$V-U$={$C$，$D$，$E$，$F$，$G$}，因此，边（B，F）的权值最小。将顶点 F 添加到 $U$ 中，此时，$U$={$A$，$B$，$F$}。

第 4 步：将顶点 E 加入到 $U$ 中。上一步操作之后，$U$={$A$，$B$，$F$}，$V-U$={$C$，$D$，$E$，$G$}，因此，边（F，E）的权值最小。将顶点 E 添加到 $U$ 中，此时，$U$={$A$，$B$，$F$，$E$}。

第5步：将顶点D加入到$U$中。上一步操作之后，$U$={$A$，$B$，$F$，E}，$V$−$U$={$C$，$D$，$G$}，因此，边（E，D）的权值最小。将顶点D添加到$U$中，此时，$U$={$A$，$B$，$F$，$E$，$D$}。

第6步：将顶点C加入到$U$中。上一步操作之后，$U$={$A$，$B$，$F$，$E$，$D$}，$V$−$U$={$C$，$G$}；因此，边（D，C）的权值最小。将顶点C添加到$U$中，此时，$U$={$A$，$B$，$F$，$E$，$D$，C}。

第7步：将顶点G加入到$U$中。上一步操作之后，$U$={$A$，$B$，$F$，$E$，$D$，$C$}，$V$−$U$={$G$}，因此，边（F，G）的权值最小。将顶点G添加到$U$中，此时，$U$=$V$。

此时，最小生成树构造完成，它包括的顶点依次是：A，B，F，E，D，C，G。

为了便于输出最小生成树，本节定义一个记录边的结构体，结构体如下。

```
typedef struct edgedata{/* 用于保存最小生成树的边类型定义
  int begin,end;          /*begin,end 分别为顶点代号
  int weight;             /*边的权重
}edge;
```

图的存储结构采用链接矩阵的方式，其中，SIZE为图的顶点数，其结构体为：

```
typedef char    vertextype;
typedef double edgetype;
typedef struct{
  vertextype vexs[SIZE];               /*顶点信息域*/
  edgetype edges[SIZE][SIZE];          /*邻接矩阵*/
  int n,e;                             /*图中顶点总数与边数*/
} mgraph;                              /*邻接矩阵表示的图类型*/
```

下面给出普里姆算法的代码实现。其中函数中参数Mgraph代表邻接矩阵，Tree[ ]数组存储最小生成树的各个边，注意依据上面的定义，每一个该数组元素有三个域、两个顶点及权值。

```
/*----prim 算法构造最小生成树------*/
void prim（mgraph g, edge tree[  ]）{
edge min;
int   num;                    // 存储已加入二叉树的顶点数
int i,j;
int vex[SIZE]={0}             //  1 表示已加入生成树,0 表示未加入
num=0; vex[0]=1;              // 表示从顶点 0 开始生成最小生成树
while（num<SIZE）{
  min.weight=999;             // 设定一个最大值
    for（ i=0;i<SIZE;i++）{
      if（vex[i]==1） {  //  从已进入生成树中的顶点出发，选择下个权值最小的顶点
          for（ j=0;j<SIZE;j++）{
                              // 权值最下，且边的两个顶点未被加入生成树
        if（vex[j]!=1&&min.weight>g.edges[i][j]）
        { min.begin=i; min.end=j; min.weight=g.edges[i][j];}
      }
    }
    }
    tree[num++]=min;
                              // 找到一个权值最小边，该边（i,j），顶点i 已加入生成树，顶点j 新加入顶点
vex[j]=1;                    // 标记该顶点加入生成树
}
}
```

## 7.4.2 克鲁斯卡尔算法

构造最小生成树的另一个算法是由克鲁斯卡尔提出的。基本思想：设无向连通网为 G=（$V$，$E$），令 G 的最小生成树为 $T$=（$U$，TE），其初态为 $U$=$V$，TE={}，然后，按照边的权值由小到大的顺序，考察 G 的边集 $E$ 中的各条边。若被考察的边的两个顶点属于 $T$ 的两个不同的连通分量，则将此边作为最小生成树的边加入到 $T$ 中，同时把两个连通分量连接为一个连通分量，若被考察的边的两个顶点属于同一个连通分量，则舍去此边，以免造成回路，如此下去，当 $T$ 中的连通分量个数为 1 时，此连通分量便为 G 的一棵最小生成树。

**克鲁斯卡尔算法**步骤如下。

① 将图中的所有边都去掉。

② 将边按权值按从小到大的顺序添加到图中，注意，保证添加的过程中不会形成环。

③ 重复上一步直到连接所有顶点，此时就生成了最小生成树。这种算法是一种贪心策略（关于贪心算法的详细介绍，将在本书的第 10 章给出）。

下面以图 7.28 和表 7.3 给出克鲁斯卡尔算法具体实现过程：首先，依据网络的所有边的权值进行排序，得到表 7.3；然后，删掉所有边得到多个非连通图（如图 7.29 所示）；最后，依据表 7.3 依次加上 $n$−1 条边，过程如图 7.29~7.35 所示构建出最小生成树。注意，加边的过程不能与前面已形成的图构建形成回路。

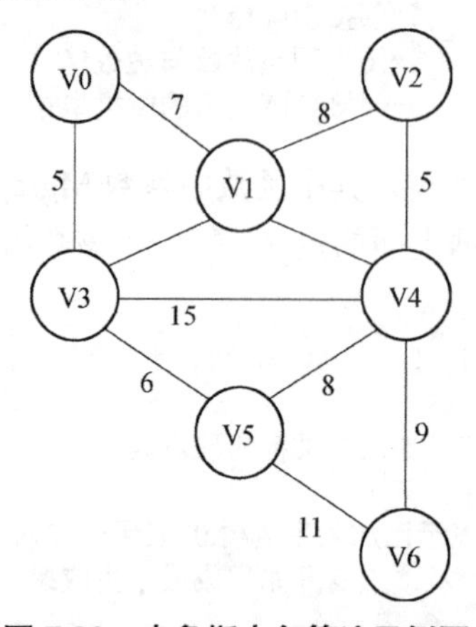


**图 7.28 克鲁斯卡尔算法示例图**

**表 7.3 边集数组按权值顺序排列**

| 边集 | begin | end | weight |
|---|---|---|---|
| edges[0] | V0 | V3 | 5 |
| edges[1] | V2 | V4 | 5 |
| edges[2] | V3 | V5 | 6 |
| edges[3] | V0 | V1 | 7 |
| edges[4] | V1 | V4 | 7 |
| edges[5] | V1 | V2 | 8 |
| edges[6] | V4 | V5 | 8 |
| edges[7] | V4 | V6 | 9 |
| edges[8] | V1 | V3 | 9 |
| edges[9] | V5 | V6 | 11 |
| edges[10] | V3 | V4 | 15 |

步骤 1：去掉所有边的多个连通图，如图 7.29 所示。

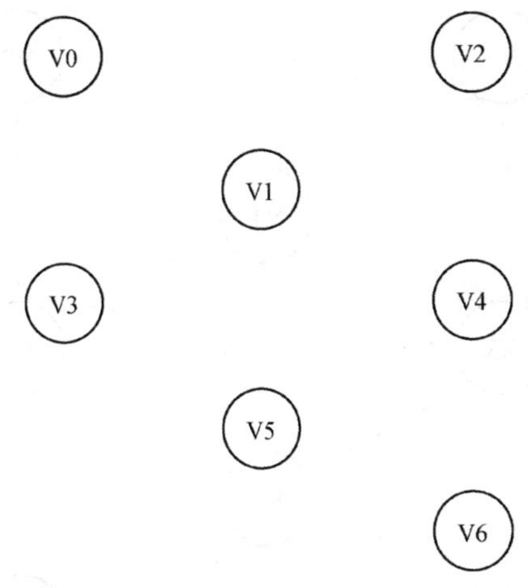


**图 7.29　克鲁斯卡尔示例图的非连通图**

步骤 2：选取一条最小边（V0，V3），权值为 5，如图 7.30 所示。

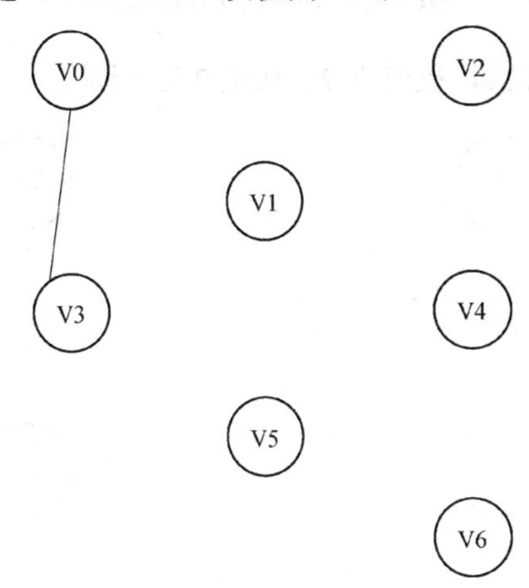


**图 7.30　加入边（V0，V3）**

步骤 3：再选取次小权值边（V2，V4），权值为 5，如图 7.31 所示。

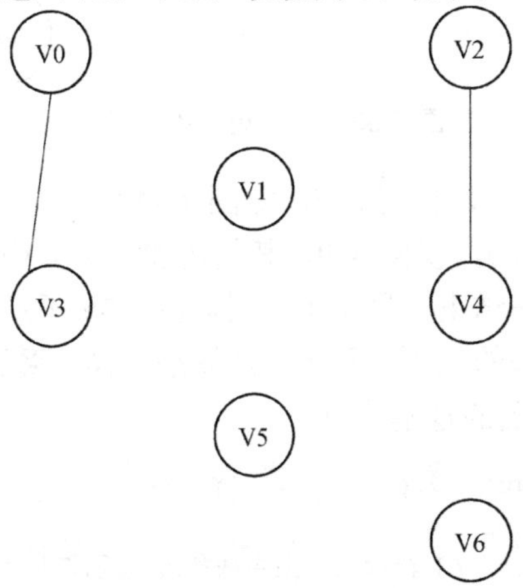


**图 7.31　加入边（V2，V4）**

步骤 4： 根据同样规则，选取边（V3，V5），权值为 6，如图 7.32 所示。

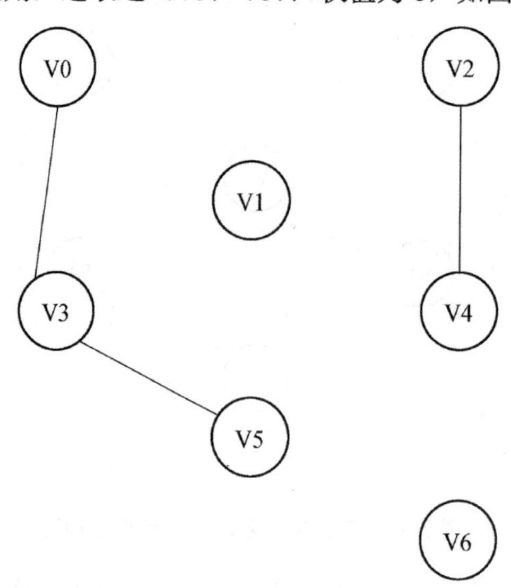


图 7.32 加入边（V3，V5）

步骤 5：选取边（V0，V1），权值为 7，如图 7.33 所示。

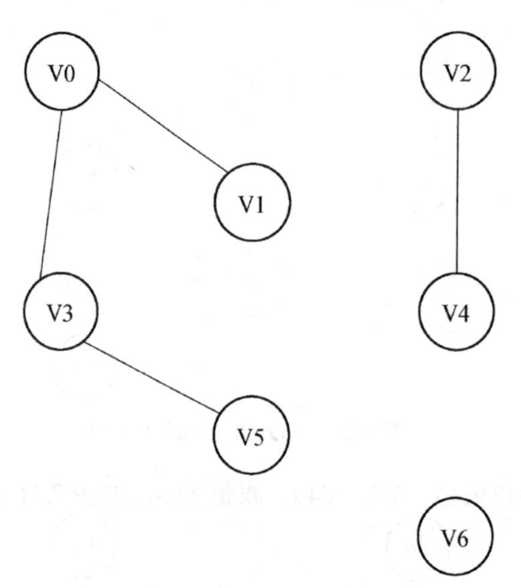


图 7.33 加入边（V0，V1）

步骤 6：选取边（V1，V4），权值为 7，如图 7.34 所示。

步骤 7：选取边（V4，V6），权值为 9，其他边加进去会构成环路，舍弃；由于此时所有顶点都已进入生成树，故算法结束。最小生成树如图 7.35 所示。

下面给出克鲁斯卡尔算法的代码：同普里姆算法一样，采用 edge 结构体来保存生成树的边，mgraph 邻接矩阵来存储图的基本信息。

```
void kruskal（mgraph g ,edge tree[  ）{
  int num=0;
  int vex[SIZE]={0};                //1 表示已加入生成树,0 表示未加入
  edge min;
```

```
    int i,j;

    while（num<g.n-1）{              // n 个顶点，仅需要 n-1 条边
        min.weight=999               // 假定待加入的边的权值取最大值
        for（i=0;i<SIZE;i++）
        for（ j=i+1;j<SIZE;j++）{ // 假定是无向图，需要搜索半边矩阵
          if（(vex[i]!=1||vex[j]!=1）&&min.weight>g.edges[i][j]）
              {min.begin=i; min.end=j; min.weight=g.edges[i][j];}
    }
     tree[num++]=min;                // 找到最小的边
     vex[i]=1;vex[j]=1;              // 把边的顶点加入标记
    }
}
```

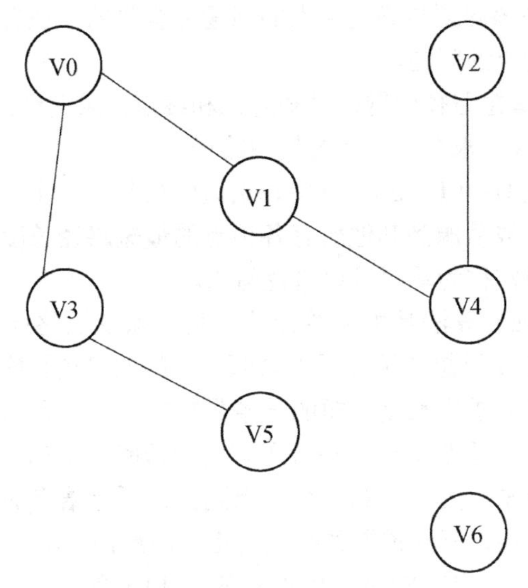


图 7.34　加入边（V1，V4）

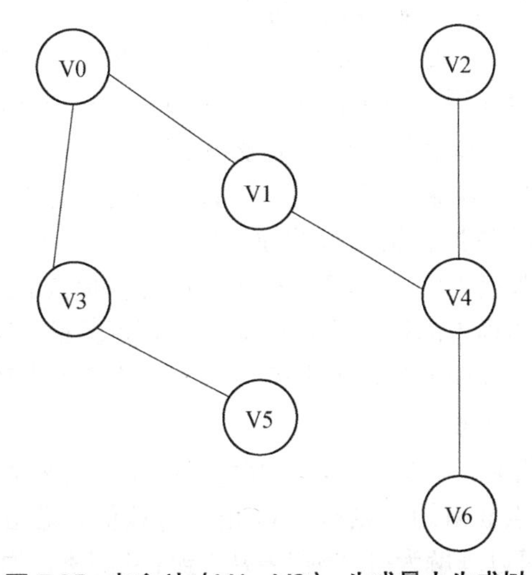


图 7.35　加入边（V4，V6），生成最小生成树

## 7.5 最短路径

不考虑飞机、高铁等直达交通，仅依据公路交通，在面对交通图时，如果把交通图上每一个城市看作一个点，从一个城市去另一个城市的公路看作一条线，那么从南京去北京的问题就变成怎样从起点经过多条不同的线路抵达终点的问题。那么在一张公路交叉复杂的地图上，应该如何寻求两点之间的最短路线呢？

最短路径问题是图论研究中的一个经典算法问题，旨在寻找图（由结点路径组成的）中两结点之间的最短路径，包括以下几种。

① 确定起点的最短路径问题：已知起始结点，求最短路径的问题。

② 确定终点的最短路径问题：与确定起点的问题相反，该问题是已知终结结点，求最短路径的问题。在无向图中该问题与确定起点的问题完全等同，在有向图中该问题等同于将所有路径方向取反的确定起点的问题。

③ 确定起点终点的最短路径问题：已知起点和终点，求两结点之间的最短路径。

④ 全局最短路径问题：求图中所有的最短路径。

给定一个带权有向图 G=（*V*，*E*），其中每条边的权是一个实数。另外，给定 *V* 中的一个顶点，称为源。现在要计算从源到其他所有各顶点的最短路径长度。这里的长度就是指路上各边权之和。这个问题通常称为单源最短路径问题。

迪杰斯特拉（Dijkstra）算法是由荷兰计算机科学家艾兹格·迪杰斯特拉（Edsger Wybe Dijkstra）首次提出的。主要思想是按各顶点与源点 v 间的路径长度的递增次序，生成到各顶点的最短路径的算法。即先求出长度最短的一条最短路径，再参照它求出长度次短的一条最短路径，依次类推，直到从源点 v 到其他各顶点的最短路径全部求出为止。迪杰斯特拉算法是典型的单源最短路径算法，用于计算一个结点到其他所有结点的最短路径。主要特点是以起始点为中心向外层层扩展，直到扩展到终点为止。注意该算法要求图中不存在负权边。

问题描述：在无向图 G=（*V*，*E*）中，假设每条边 E[i] 的长度为 *w*[i]，找到由顶点 V0 到其余各点的最短路径——称为“单源最短路径”。

算法描述：设 G=（*V*，*E*）是一个带权有向图，把图中顶点集合 *V* 分成两组，第一组为已求出最短路径的顶点集合（用 *S* 表示，初始时 *S* 中只有一个源点，这个点就是起点，起点到本身的最短距离必定为 0，以后每求得一条最短路径，就将其顶点加入到集合 *S* 中，直到全部顶点都加入到 *S* 中，算法结束）。第二组为其余未确定最短路径的顶点集合（用 *U* 表示），按最短路径长度的递增次序依次把第二组的顶点加入 *S*。在加入的过程中，总保持从源点 v 到 *S* 中各顶点的最短路径长度不大于从源点 v 到 *U* 中任何顶点的最短路径长度。此外，每个顶点对应一个距离，*S* 中的顶点的距离就是从 v 到此顶点的最短路径长度，*U* 中的顶点的距离，是从 v 到此顶点只包括 *S* 中的顶点为中间顶点的当前最短路径长度。

上述算法可以分为 4 个步骤。

① 初始时，*S* 只包含源点，即 *S*＝{*v*}，v 的距离为 0。*U* 包含除 v 外的其他顶点，即 *U*={其余顶点}，若 v 与 *U* 中顶点 u 有边，则<u，v>正常有权值，若 u 不是 v 的出边邻接点，则<u，v>权值为∞（这句话可以理解为<i，j>代表从 i 到 j 的距离，如果有边连接就是边的长度，没有就设置为一个非常大的数）。

② 从 *U* 中选取一个距离 v 最小的顶点 k，把 k 加入 *S* 中（该选定的距离就是 v 到 k 的最短路径长度）。

③ 以 k 为新考虑的中间点，修改 U 中各顶点的距离；若从源点 v 到顶点 u 的距离（经过顶点 k）比原来距离（不经过顶点 k）短，则修改顶点 u 的距离值，修改后 v 到顶点 u 的距离的值为 *v* 到顶点 k 加上 k 到顶点两条路径权值之和。

④ 重复步骤②和③，直到所有顶点都包含在 *S* 中。算法结束。

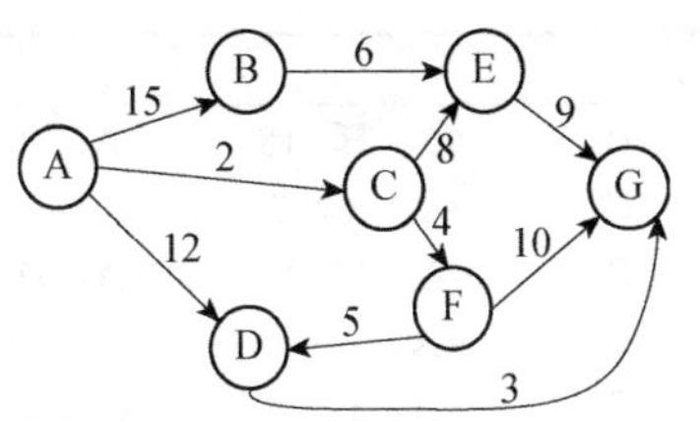


**图 7.36　有向带权图**

下面给出迪杰斯特拉求单源最短路径的具体过程，如图 7.36 所示。

以 A 为起点的详细实现过程见表 7.4。

**表 7.4　迪杰斯特拉求单源最短路径过程**

| 步骤 | *S* 集合 | *U* 集合 |
|---|---|---|
| 1 | 选入 A，此时 *S*={*A*}<br>此时最短路径<A，A>=0<br>以 A 为中间点，从 A 开始找 | *U*={*B*，*C*，*D*，*E*，*F*，*G*}<br><A，B>=15，<A，C>=2，<A，D>=12<br>A 到 *U* 中的其他顶点=∞<br>发现<A，C>=2，权值为最短 |
| 2 | 选入 C，此时 *S*={*A*，*C*}<br>此时最短路径<A，A>=0，<A，C>=2<br>C 可以作为中间点，寻找 A 到其他顶点的最短路径 | *U*={*B*，*D*，*E*，*F*，*G*}<br><A，B>=15，<A，C，E>=10，<A，C，F>=6，<A，D>=12<br>A 到 *U* 中的其他顶点=∞<br>发现<A，C，F>=6 的权值为最短 |
| 3 | 选入 F，此时 *S*={*A*，*C*，*F*}<br><A，A>=0，<A，C>=2，<A，F>=6<br>C，F 可以作为中间点，寻找 A 到其他顶点的最短路径 | *U*={*B*，*D*，*E*，*G*}<br><A，B>=15，<A，C，E>=10，<A，C，F，D>=11，<A，C，F，G>=16<br>注意，由于<A，C，F，D>=11 比<A，D>=12 小，所以取前者<br>发现<A，C，E>=10 的权值为最短 |
| 4 | 选入 E，此时 *S*={*A*，*C*，*F*，*E*}<br><A，A>=0，<A，C>=2，<A，F>=6，<A，E>=10<br>C，F，E 可以作为中间点，寻找 A 到其他顶点的最短路径 | *U*={*B*，*D*，*G*}<br><A，B>=15，<A，C，F，D>=11，<A，C，F，G>=16<br>发现<A，C，F，D>=11 的权值为最短 |
| 5 | 选入 D，此时 *S*={*A*，*C*，*F*，*E*，*D*}<br><A，A>=0，<A，C>=2，<A，F>=6，<A，E>=10，<A，D>=11<br>C，F，E，D 可以作为中间点，寻找 A 到其他顶点的最短路径 | *U*={*B*，*G*}<br><A，B>=15，<A，C，F，G>=14<br>发现<A，C，F，G>=14 的权值为最短 |
| 6 | 选入 G，此时 *S*={*A*，*C*，*F*，*E*，*D*，*G*}<br><A，A>=0，<A，C>=2，<A，F>=6，<A，E>=10，<A，D>=11，<A，G>=14<br>C，F，E，D，G 可以作为中间点，寻找 A 到其他顶点的最短路径 | <A，B>=15，唯一一个，选取 |
| 7 | 选入 B，此时 *S*={*A*，*C*，*F*，*E*，*D*，*G*，*B*}<br><A，A>=0，<A，C>=2，<A，F>=6，<A，E>=10，<A，D>=11，<A，G>=14，<A，B>=15 | *U* 集合已空，查找完毕 |

上述思想可以进一步简化为表 7.5。注意表中的符号规范。

表 7.5　迪杰斯特拉求单源最短路径

| 顶点 A 到其他各顶点的最短路径 | | | | | | |
|---|---|---|---|---|---|---|
| B | <A，B> 15 | <A，B> 15 | <A，B> 15 | <A，B> 15 | <A，B> 15 | <A，B> 15 |
| C | <A，C> 2 | — | — | — | — | — |
| D | <A，D> 12 | <A，D> 12 | <A，F，D> 11 | <A，F，D> 11 | — | — |
| E | <A，E> ∞ | <A，C，E> 10 | <A，C，E> 10 | — | — | — |
| F | <A，F> ∞ | <A，C，F> 6 | — | — | — | — |
| G | <A，G> ∞ | <A，G> ∞ | <A，F，G> 16 | <A，F，G> 16 | <A，D，G> 14 | — |
| 结果 | <A，C> 2 | <A，F> 6 | <A，E> 10 | <A，D> 11 | <A，G> 14 | <A，B> 15 |

下面代码给出具体实现过程（图的存储方式为邻接矩阵），其中，dijkstraByMatrix 函数为求解单源点到各顶点的最短路径长度，参数 g 是以邻接表存储的图，v0 是源点（起始点），d[ ]表示起始点到各个顶点的距离，函数结束后结果保存在此数组中，path[ ]表示记录起始点到各个顶点的中间结点，通过路径打印函数可输出路径经过的顶点。

```
// 采用 Dijkstra 算法进行求解单源最短路径算法
// FINITY 表示无穷大
// SIZE 表示顶点数
void dijkstraByMatrix（mgraph g,int v0,int path[ ],int d[ ]）{
// visited 表示当前元素是否已求出，最短路径 0 表示未求解，1 表示已求解
  int visited[SIZE]={0}
  int i,k,j,v,min,x;
  // 算法开始初始化集合 S 与距离向量 d */
  for（v=0;v<g.n;v++）{
     visited[i]=0;                // 初始化
     d[v]=g.edges[v0][v];
     if（d[v]<FINITY ） path[v]=v0;// v0——>v  可到达
     else  path[v]=-1;          // v0——>v  不可到达
     }
     visited[v0]=1; d[v0]=0;  //初始时 S 中只有 v0 一个结点
   //进入主循环进行求解依次找出 n-1 个结点加入 S 中
     for（i=1;i<g.n;i++）{
     min=FINITY;
     // 本 for 循环，从 V-S 的集合中找出最小边入结点
     for（k=0;k<g.n;++k）
     if（!visited[k] && d[k]<min） {v=k;min=d[k];}
     if（min==FINITY）  return; //说明已无最小边，退出
     visited[v]=TRUE;  // 表示把 v 加入 S 集合
     // 通过中间顶点 v，更新起始点到其他结点的距离
     // 修改 S 与 V-S 中各结点的距离*/
     for（k=0;k<g.n;++k）

     if（!visited[k] && （min+g.edges[v][k]< d[k]））{
        d[k]=min+g.edges[v][k];
        path[k]=v; // 表示 v 是路径的中间结点
        }
  }    //end for  主循环
}
```

为了能更好地理解上面算法，结合图7.36，它的邻接矩阵如图7.37所示，设从A顶点开始，对算法进行具体演算。

| | | | | | | | |
|---|---|---|---|---|---|---|---|
| A | ∞ | 15 | 2 | 12 | ∞ | ∞ | ∞ |
| B | ∞ | ∞ | ∞ | ∞ | 6 | ∞ | ∞ |
| C | ∞ | ∞ | ∞ | ∞ | 8 | 4 | ∞ |
| D | ∞ | ∞ | ∞ | ∞ | ∞ | ∞ | 3 |
| E | ∞ | ∞ | ∞ | ∞ | ∞ | ∞ | 9 |
| F | ∞ | ∞ | ∞ | 5 | ∞ | ∞ | 10 |
| G | ∞ | ∞ | ∞ | ∞ | ∞ | ∞ | ∞ |

**图7.37　图7.36的邻接矩阵**

① 初始状态：三个数组visited，path，d的值分别如下。

visitd[i]=1：表示该结点加入了S集合。

path[i]非值（−1）表示，路径中要经过该点。

| | A | B | C | D | E | F | G |
|---|---|---|---|---|---|---|---|
| vistited | 1 | 0 | 0 | 0 | 0 | 0 | 0 |
| path | −1 | 0 | 0 | 0 | −1 | −1 | −1 |
| d | ∞ | 15 | 2 | 12 | ∞ | ∞ | ∞ |

② 进入主循环，从U集合中找出最小距离。d[2] 是最小的，2表示顶点C的位置，把C纳入S集合，visited[2]=1；在顶点C所在的第三行，只需要考虑第5，6列，其他都是无穷大。d[4] > d[2]+g.edege[2][4]，更新d[4]=2+8=10。A→E点，经过C点，更新path[4]= 2，d[5] > d[2]+g.edges[2][5]，更新d[5]= 2+4=6；A→F点，经过C点，更新path[5]=2。此时，三个数组的值更新如下：

| | A | B | C | D | E | F | G |
|---|---|---|---|---|---|---|---|
| vistited | 1 | 0 | 0 | 0 | 0 | 0 | 0 |
| path | −1 | 0 | 0 | 0 | 2 | −2 | −1 |
| d | ∞ | 15 | 2 | 12 | 10 | 6 | ∞ |

继续选取d[5]=6最小，5表示顶点F的位置，把F纳入S集合 visited[5]=1；在顶点F所在的第六行，只需要考虑第4，7列，其他都是无穷大，则有：(d[3] =12)>(d[5]+g.edege[5][3])，更新d[3]=5+6=11，path[3]=5；d[6] > d[5]+g.edges[5][6]，更新 d[6]= 6+10=16（A→G点，经过F点，更新path[6]= 5。三个数组的值更新如下：

| | A | B | C | D | E | F | G |
|---|---|---|---|---|---|---|---|
| vistited | 1 | 0 | 1 | 0 | 0 | 1 | 0 |
| path | −1 | 0 | 0 | 0 | 2 | −2 | −1 |
| d | ∞ | 15 | 2 | 12 | 10 | 6 | ∞ |

继续选取d[4]=10为最小距离，把E纳入S集合，visited[4]=1。4表示顶点E的位置；在

顶点 E 所在的第五行，只需要考虑第 7 列，其他都是无穷大（(d[6]=16) < d[4]+g.edges[4][6]），不更新，如下：

| | A | B | C | D | E | F | G |
|---|---|---|---|---|---|---|---|
| vistited | 1 | 0 | 1 | 0 | 0 | 0 | 0 |
| path | −1 | 0 | 0 | 5 | 2 | −2 | −1 |
| d | ∞ | 15 | 2 | 11 | 10 | 6 | 16 |

选取 d[3]=12 为最小，把 D 纳入 S 集合，visited[3]=1；3 表示顶点 D 的位置；在顶点 D 所在的第四行，只需要考虑第 7 列，其他都是无穷大（(d[6]=16) > d[3]+g.edges[3][6]=14），更新 d[6]=14。(A→G 点，经过 D 点，更新 path[6]= 3)。三个数组的值更新如下：

| | A | B | C | D | E | F | G |
|---|---|---|---|---|---|---|---|
| vistited | 1 | 0 | 1 | 1 | 1 | 1 | 1 |
| path | −1 | 0 | 0 | 5 | 2 | −2 | −1 |
| d | ∞ | 15 | 2 | 11 | 10 | 6 | 14 |

选取 d[6]=14 为最小，把 G 纳入 S 集合 visited[6]=1；6 表示顶点 G 的位置。在顶点 G 所在的第七行，都是无穷大，不更新，如下：

| | A | B | C | D | E | F | G |
|---|---|---|---|---|---|---|---|
| vistited | 1 | 0 | 1 | 1 | 1 | 1 | −1 |

选取 d[1]=15 为最小，把 B 纳入 S 集合 visited[1]=1；1 表示顶点 B 的位置；在顶点 B 所在的第二行，只有第 5 列，考虑 d[5]=6 < d[1]+g.edges[2][5]，不更新。

③ 由于所有的顶点都被搜索过，因此 dijkstraByMatrix 函数结束。

此时 A 顶点到其他各顶点的最短距离计算结果保存在 d 数组中；为了能够获取整个路径，算法把经过的中间结点信息保存在 path 数组中。

| | | | | | | | |
|---|---|---|---|---|---|---|---|
| path | −1 | 0 | 0 | 5 | 2 | −2 | −1 |
| d | ∞ | 15 | 2 | 12 | 10 | 6 | 14 |

函数 printPath 打印出完整的最短路径，其中相关参数与求解最短路径的函数一样。

```
void printPath（mgraph g,int path[  ],int d[  ]）{
                    // 打印各条路径
  int stack[SIZE],i,pre,top=-1;
                    // 进入循环打印
  for（i=0;i<g.n;i++）{
    printf（"\n 路径的长度: %8d , path:" ,d[i]）;
    stack[++top]=i;
    pre=path[i];
    while（pre!=-1）{  /*从第 i 个顶点开始向前搜索最短路径上的顶点*/
    stack[++top]=pre;
    pre=path[pre];
  }
  while（top>0）
```

```
    printf ("---->%3c",g.vexs (stack[top--])) ;
}
```

现以路径 A→D 为例，简述该函数的运行过程（如图 7.38 所示）。

由于 D 顶点在顺序表的位置为 3，d[3]=11，3 入栈，pre=path[3]；进入 while 循环，判断 pre!=−1，pre=5，5 入栈，pre=path[5]；

pre=2，2 入栈，pre=path[2]；

pre=0，0 入栈，pre=path[0]。

此时 pre=−1，循环结束。

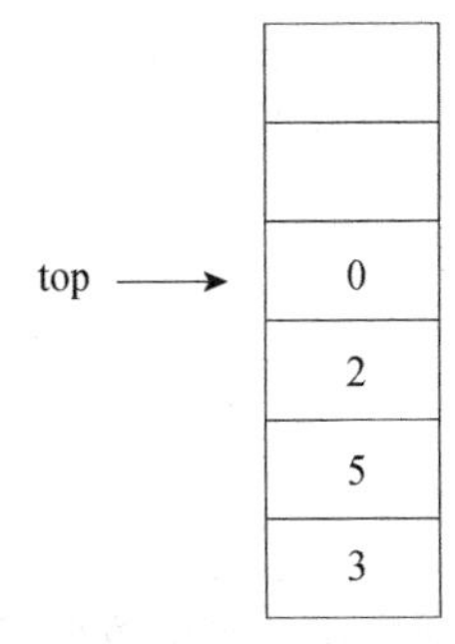

图 7.38 栈的内容

从以上的分析可以看出，迪杰斯特拉算法的主要执行过程是：首先初始化数组变量，其时间复杂度是 $O(n)$。其次，求最短路径的二重循环，其时间复杂度是 $O(n^2)$，因此，整个算法的时间复杂度是 $O(n^2)$。

## 7.6 拓扑排序

一个较大的工程往往被划分成许多子工程，我们把这些子工程称作活动。在整个工程中，有些子工程（活动）必须在其他有关子工程完成之后才能开始，也就是说，一个子工程的开始是以它的所有前序子工程的结束为先决条件的，但有些子工程没有先决条件，可以安排在任何时间开始。为了形象地反映出整个工程中各个子工程（活动）之间的先后关系，可用一个有向图表示，图中的顶点代表活动（子工程），图中的有向边代表活动的先后关系，即有向边的起点活动是终点活动的前序活动，只有当起点活动完成之后，其终点活动才能进行。通常，把这种顶点表示活动、边表示活动间先后关系的有向图称作**顶点活动网**（Activity On Vertex network），简称 **AOV 网**。

表 7.6 表示一个计算机专业培养计划的一部分。

**表 7.6 计算机专业培养计划**

| 课程代号 | 课程名称 | 先修课程 |
|---|---|---|
| C1 | 高等数学 | 无 |
| C2 | 程序设计基础 | 无 |
| C3 | 离散数学 | C1，C2 |
| C4 | 数据结构 | C3，C5 |
| C5 | 算法导论 | C2 |
| C6 | 编译原理 | C4，C5 |
| C7 | 操作系统 | C4，C9 |
| C8 | 大学物理 | C1 |
| C9 | 计算机原理 | C8 |

表 7.6 中，课程代表活动，学习一门课程就表示进行一项活动，学习每门课程的先决条件是学完它的全部先修课程。如学习“数据结构”课程就必须安排在学完它的两门先修课程“离散数学”和“算法导论”之后。学习“高等数学”课程则可以随时安排，因为它是基础课

程，没有先修课。若用 AOV 网来表示这种课程安排的先后关系，图中的每个顶点代表一门课程，每条有向边代表分别对应两门课程的先后关系，则从图中可以清楚地看出该专业教学计划里各课程之间的先修和后续的关系（如图 7.39 所示）。

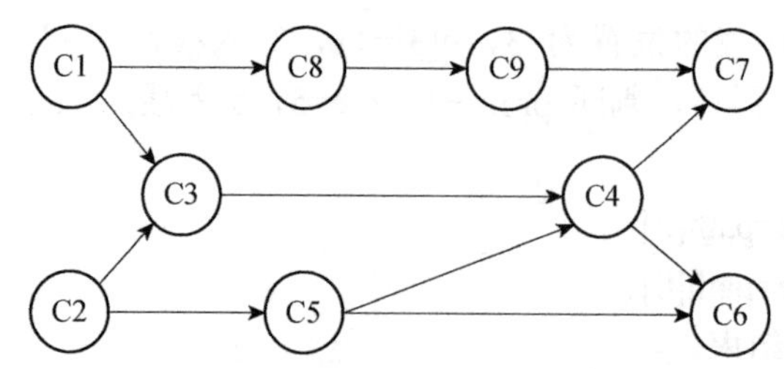


**图 7.39 表示课程之间先后关系的有向图**

现实中，可能常常需要将 AOV 网表示的活动排成一个线性关系，且不违反原先 AOV 网中各活动的先后次序，这个序列称为该 AOV 网的拓扑序列（Topological Order），上述计算机专业培养计划的一个拓扑序列为：C1，C8，C2，C3，C5，C9，C4，C7，C6，依据 AOV 网构建拓扑序列的过程称为**拓扑排序**。

可以进行拓扑排序的 AOV 网必须是一个有向无环图，即不应该有回路，因为若有回路，就表示某项活动开始的前提条件是完成该项活动（不一定是直接前驱活动），这一要求显然有违常理。一般情况下，某一 AOV 网拓扑排序得到的拓扑序列并不唯一。

由 AOV 网构造拓扑序列的拓扑排序算法主要循环执行以下步骤，直到不存在入度为 0 的顶点为止。

① 在 AOV 网中选择一个没有前驱的顶点且输出。

② 在 AOV 网中删除该顶点，以及从该顶点出发的（以该顶点为尾的弧）所有有向弧（边）。

③ 重复①②两步，直到图中全部顶点都已输出，拓扑排序完成。

以下代码基于以邻接链表作为 AOV 网的存储结构，进行有向图的拓扑排序。

首先给出邻接表的数据描述：

```
#define SIZE 20
typedef char vertextype;
typedef struct node{          /*边结点类型定义*/
   int adjvex;
   struct node *next;
  }edgenode;
typedef struct de{             /*带顶点入度的头结点定义*/
   edgenode* firstedge;
   vertextype vertex;
   int id;                     /*顶点的入度域*/
}vertexnode;
typedef struct{                /*AOV 网络的邻接表结构*/
   vertexnode adjlist[SIZE];
   int n,e;
   }aovgraph;
```

createAovGraph 函数功能是通过键盘输入构建一个 AOV 网。

```
void  createAovGraph（aovgraph *g）{          /*建立 AOV 网络的存储结构*/
   int j,i,k;
```

```
    edgenode    *s;
    printf ("please input N and E\n") ;
    scanf ("%d%d",&g->n,&g->e) ;                    /*输入图中的顶点数与边数*/
    getchar () ;
    printf ("please   input %d vertex data\n",g->n) ;
    for (i=0;i<g->n;i++) {                          /*输入顶点值*/
    g->adjlist[i].vertex=getchar () ;
    g->adjlist[i].firstedge=NULL;
    g->adjlist[i].id=0;                             /*入度初始化为 0*/
    }
    printf ("\n please input %d edges\n ",g->e) ;   /*输入边信息*/
    for (k=0;k<g->e;k++) {
      scanf ("%d%d",&i,&j) ;
      s= (edgenode*) malloc (sizeof (edgenode)) ;
      s->adjvex=j;
      g->adjlist[j].id++;                           /*顶点 j 的入度加 1*/
      s->next=g->adjlist[i].firstedge;
      g->adjlist[i].firstedge=s;
      }
}
```

函数 top2AovGraph 的功能是输出给定 AOV 网的拓扑排序。

```
void top2AovGraph (aovgraph g) {                    //输出拓扑排序序列
   int k=0,i,temp,v;
   Int visted[SIZE]={0};                            /*访问标记初始化,0 未访问，1 已访问 */
   int queue[SIZE];                                 // 用一个数组来模拟一个队列
   int h=0,t=0;
   edgenode* p;
   // 初始化工作，先将所有入度为 0 的结点进队
   for (i=0;i<g.n;i++)
   if (g.adjlist[i].id==0 && visted[i]==0) {
     queue[++t]=i;visted[i]=1;
     }
// 后续通过不断判别队列是否为空，进行拓扑
  while (h<t) {                                     /*当队列不空时*/
    v=queue[++h];                                   /*队首元出队*/
    printf ("%c----->",g.adjlist[v].vertex) ;       // 输出该顶点
    k++;  /*计数器加 1*/
    p=g.adjlist[v].firstedge;
    while (p) {                                     /*将所有与 v 邻接的顶点的入度减 1*/
        temp=p->adjvex;
        g.adjlist[j].id= g.adjlist[j].id-1;//入度减 1
        if (g.adjlist[j].id ==0 && visited[j]==0) {   /*若入度为 0 则将进队*/
        queue[++t]=j;
        visted[j]=1;                                // 标记可以拓扑输出
        }
      p=p->next;
    }
  }
 if (g.n > k )   printf (" 存在环路，不可以进行拓扑排序!");
}
```

拓扑排序常用来确定多个相关事件发生的顺序。例如，在日常工作中，某个项目可能由很多小项目组成，小项目之间存在先后次序关系，但又不是线性的，为了给各个小项目进行排序，可对这个关系集进行拓扑排序，得出一个线性的序列，则排在前面的小项目就是需要先完成的任务，这样就能保证整个项目的顺利完成。

## 7.7 关键路径

从项目的角度来看，关键路径是比拓扑排序更为量化的工作。因为拓扑排序仅仅给出各个活动的先后次序（仅需给出一种），而关键路径不仅给出活动的先后次序，而且计算出各活动间隔的时长，从而能够求出完成整个任务所需的最短时间。从实际来看，关键路径的求解更具有现实意义。

我们以一个具体工程项目来讲解关键路径问题。

问题：市政工程常常进行路面改造，修路过程中给周围居民及行人带来诸多不便，快速、完善地修好一条路显然是很重要的。而当前的路面、路下包含很多内容，路面有绿化、路灯，路下更为复杂，各种水管、电缆等，不同的工作先后关联，一项任务的开始可能需要其他任务的完工作为先决条件，显然这并非一项简单的工作。

表7.7给出具体的活动名称、项目名称及项目所占工期。需要注意的是，项目需要工期，而活动不占用时间。

**表7.7 市政路段改造项目活动表**

| 事件名 | 事件代码 | 项目 | 项目代码 | 项目工期 | 项目前期事件 | 项目结束事件 |
|---|---|---|---|---|---|---|
| 项目开工，路面挖开 | V1 | 铺水管 | A1 | 6 | V1 | V2 |
| 水管铺设成功 | V2 | 铺电缆 | A2 | 4 | V1 | V3 |
| 电缆敷设成功 | V3 | 铺通信线 | A3 | 5 | V1 | V4 |
| 通信线敷设成功 | V4 | 密封水管 | A4 | 1 | V2 | V5 |
| 水管、强电敷设成功 | V5 | 绝缘强电 | A5 | 1 | V3 | V5 |
| 通信电缆敷设成功 | V6 | 绝缘通信电缆 | A6 | 2 | V4 | V6 |
| 水管、强电测试通过 | V7 | 强电、水管测试 | A7 | 9 | V5 | V7 |
| 路面铺好，通信设置成功 | V8 | 铺路面 | A8 | 7 | V5 | V8 |
| 项目完工 | V9 | 配置通信电路 | A9 | 4 | V6 | V8 |
|  |  | 装路灯 | A10 | 2 | V7 | V9 |
|  |  | 绿化 | A11 | 3 | V8 | V9 |

通过表7.7对问题的描述，可以给出带权有向图（如图7.40所示）。顶点表示事件，弧表

示活动，弧上的权值表示活动持续时间，此有向图称为 **AOE**（Activity On Edge network）网，在建筑学中也称为**关键路线**。AOE 网常用于估算工程完成时间。

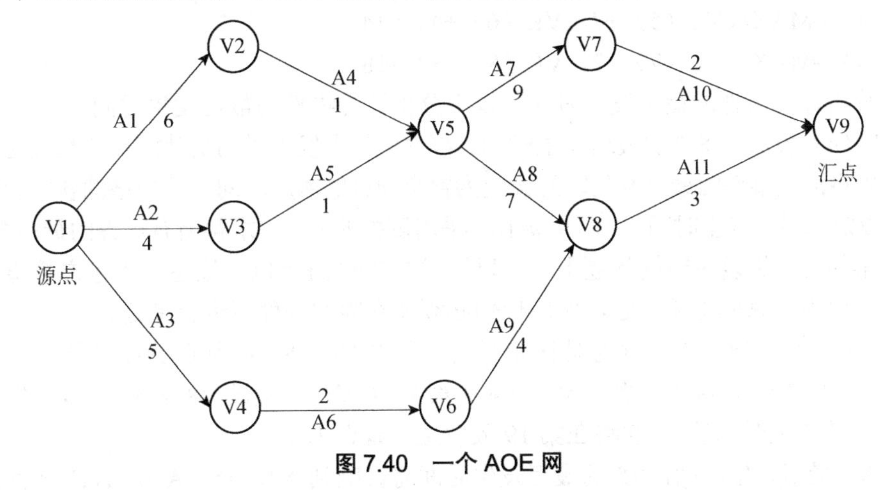


**图 7.40 一个 AOE 网**

表示实际项目的 AOE 网，应该是没有回路的，并且网中只有一个入度为 0 的顶点，称为**源点**，只有一个出度为 0 的顶点，称为**汇点**。

由于在 AOE 网中有些项目是可以同时进行的，所以完成整个工程的最短时间是从源点到汇点的最长路径，所谓最长是指从源点至汇点各个路径上的权值相加后和最大的一条路径，该路径称为关键路径。有了关键路径，则可以回答该工程完工最快需要多少时间，哪些项目是不能出现拖延的等诸多问题。

为求解关键路径，需要先求解以下问题：

每个事件的最早发生时间；

每个事件的最迟发生时间；

每个项目的最早开始时间；

每个项目的最迟开始时间。

求某事件的**最早发生时间**，可以针对图 7.40 进行以下设想：本着尽快完成任务的目标，迫切地希望每个事件尽早发生，因为一旦汇点事件发生，说明整个工程就完工了。

假设源点 V1 的最早发生事件设为 0，用 Vl（1）表示，由于 V2 必须等待项目 A1 完成之后才能发生，所以则 Vl（2）=6。关注一下 V5 的最早发生时间，由于 V5 事件发生前，A1，A2，A4，A5 都必须完成，且 A4 完成前 V2 必须发生，而 V2 发生前，A1 必须完成，即从 V1，V2，V5 这条路径上，V5 早发生时间应为 6+1=7；另一方面，从 V1，V3，V5 这条路径来看，V5 最早发生时间应为 4+1=5，究竟选择 5 还是 7？进一步分析可知，项目 A1，A2，A4，A5 是事件 V5 发生的前提，因此 Vl（5）=7。还可以从另一个角度来证明 Vl（5）=7，如果选择 Vl（5）=5，则 V5 事件发生时，项目 A1 尚未完工，更不要说项目 A4 了。

如果将项目所耗时间简记为项目自身符号，针对图 7.40 的 AOE 网，有以下结论：

VE（1）=0

VE（2）=VE（1）+A1=6

VE（3）=VE（1）+A2=4

VE（4）=VE（1）+A3=5

VE（5）=VE（1）+MAX（A1+A4，A2+A5）=7

VE（6）=VE（4）+A6=7

VE（7）=VE（5）+A7=16

VE（8）=MAX（VE（5）+7，VE（6）+4）=14

VE（9）=MAX（VE（7）+2，VE（8）+3）=18

上面分析计算事件的最早发生时间，以下分析计算事件的最迟发生时间。

以 VL（*n*）表示某事件的最迟发生时间。事件的最迟发生时间是从汇点的最迟时间开始计算的，可以将汇点事件的最早发生时间设定为整个项目的所用时间，从严格的科学管理角度分析，将其设定为最迟发生时间，Vl（9）=18，采用倒推的方式，求得所有事件的最迟发生时间。

在求事件的**最迟发生时间**问题上，可以针对图 7.40 进行以下设想：承包方希望尽可能地拖延工期，但因为总体工期一定，所以他们必须在有限的条件下进行拖延。

现在 VL（9）=18 就是一个总体限定时间，所以 VL（8）必须在 A11 所耗时间前完工，即 VL（8）=18−3=15，这要求事件 V8 必须在第 15 天发生，假设 V8 拖至第 16 天发生，则经过项目 A11 的 3 天时间后，V9 将在第 19 天发生，延误工期。

再看 V5 最迟发生时间，V5 的最迟发生时间将影响到 A7，A8，A10，A11 项目的开始时间，用倒推的方式，由于 VL（9）=18，则 VL（8）=15，VL（7）=16，那么 VL（5）从 V5，V7，V9 这条路径来看，VL（5）=16−9=7，而从 V5，V8，V9 这条路径来看，VL（5）=15−7=8，究竟应该选 7 择还是 8，可以进行以下假设：如果选 8，则从 V5，V7，V9 这条路径到达 V9 事件时，V9 的发生时间将是 8+9+2=19，延误工期。

因此，关于事件的最迟发生时间，有以下结论：

VL（9）=18

VL（8）=18−A11=15

VL（7）=18−A10=16

VL（6）=VL（8）−A9=11

VL（5）=MIN（VL（7）−A7，VL（8）−A8）=MIN（8，7）=7

VL（4）=VL（6）−A6=9

VL（3）=VL（5）−A5=6

VL（2）=VL（5）−A4=6

VL（1）=MIN（VL（4）−A3，VL（3）−A2，VL（2）−A1）=MIN（4，2，0）=0

最后求项目的最早最迟发生时间。项目的最早时间是该项目依附事件的最早时间，而项目的最迟时间是该项目在图上的弧所指事件的最迟时间减去该项目的耗时，如果分别用 AE（*i*）和 AL（*i*）表示项目 A*i* 的最早、最迟时间，则可以得到表 7.8。

**表 7.8 各项目的最早、最迟时间及其冗余**

| 项目 | A1 | A2 | A3 | A4 | A5 | A6 | A7 | A8 | A9 | A10 | A11 |
|---|---|---|---|---|---|---|---|---|---|---|---|
| E | 0 | 0 | 0 | 6 | 4 | 5 | 7 | 7 | 7 | 16 | 14 |
| L | 0 | 2 | 4 | 6 | 6 | 9 | 7 | 8 | 11 | 16 | 15 |
| L−E | 0 | 2 | 4 | 0 | 2 | 4 | 0 | 1 | 4 | 0 | 1 |

所有 L−E 值为 0 的项目构成的路径为关键路径，如图 7.41 所示。

下面的代码是基于邻接表存储的 AOE 网求解关键路径的具体实现代码。

AOE 图的存储结构定义和 AOV 结构体类似，先给出邻接表的数据类型如下。

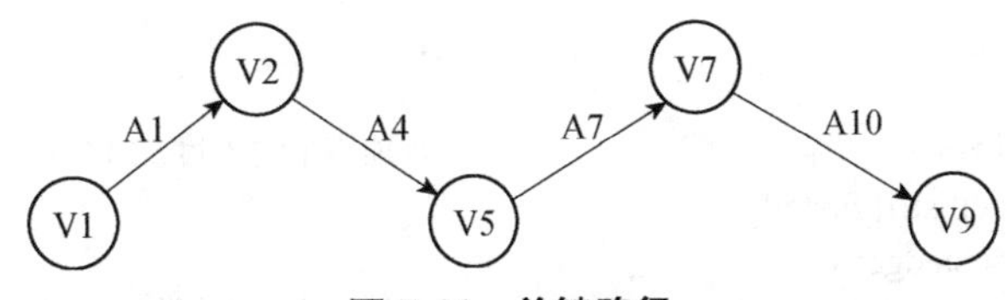


**图 7.41　关键路径**

```
#define SIZE 20
typedef char vertextype;
typedef struct node{          /*边结点类型定义*/
   int adjvex;
   int len;                   /*边的权值*/
   struct node *next;
}edgenode;
typedef struct de{            /*带顶点入度的头结点定义*/
   edgenode* firstedge;
   vertextype vertex;
   int id;                    /*顶点的入度域*/
}vertexnode;

typedef struct{               /*AOE 网络的邻接表结构*/
   vertexnode adjlist[SIZE];
   int n,e;
}aoegraph;
```

CreateAOEGraph（　）函数是创建一张存储 AOE 的图，为了便于后续推算，图以入度和出度分别存储。

```
void  CreateAOEGraph（aoegraph *gin,aoegraph *gout）{
/*建立 AOE 网络的入出边表存储结构*/
   int j,i,k,w,n,e;
   vertextype ch;
   edgenode  *s;
   printf（"please input N and E\n"）;                  /*输入 AOE 网中总结点个数与总边数*/
   scanf（"%d%d",&n,&e）;
   gout->n=gin->n=n;
   gout->e=gin->e=e;
   getchar（）;
   printf（"please  input %d vertex data\n",n）;
   for（i=0;i<n;i++）{                                 /*输入 n 个顶点值*/
     ch=getchar（）;
     gin->adjlist[i].vertex=ch;                       /*入边表初始化*/
     gin->adjlist[i].firstedge=NULL;
     gin->adjlist[i].id=0;
     gout->adjlist[i].vertex=ch;                      /*出边表初始化*/
     gout->adjlist[i].firstedge=NULL;
     gout->adjlist[i].id=0;
     }
   printf（"\n please input %d edges\n ",e）;           /*输入边信息*/
   for（k=0;k<e;k++）{
     scanf（"%d%d%d",&i,&j,&w）;
     s=（edgenode*）malloc（sizeof（edgenode））;     /*在出边表中增加一个边结点*/
```

```
        s->adjvex=j;
        s->len=w;
        gout->adjlist[j].id++;                          /*顶点 j 的入度加 1*/
        s->next=gout->adjlist[i].firstedge;
        gout->adjlist[i].firstedge=s;
        s=（edgenode*）malloc（sizeof（edgenode））;    /*在入边表中增加一个边结点*/
        s->adjvex=i;
        s->len=w;
        gin->adjlist[j].id++;                           /*顶点 j 的入度加 1*/
        s->next=gin->adjlist[j].firstedge;
        gin->adjlist[j].firstedge=s;
        }
}
```

firstEventTime（ ）函数的功能为通过出度的邻接表计算事件的最早发生时间，其中参数 aoegraph 为图的邻接表（出度），ve[ ]数组计算各顶点的最早开始时间，seq[ ]存储待计算的拓扑序列，便于后续计算使用。函数返回值为-1 时，表示存在回路，无法进行 AOE 关键路径计算；为 0 时，可以正常计算。

```
// 函数 firstEventTime（ ）,求 AOE 网各事件的最早发生时间
int  firstEventTime（aoegraph gout,int ve[ ],int seq[ ]）{
   int count=0,i,j,v;
   int queue[m];  // 用一个数组模拟队列操作
   int h=0,t=0;
   int visited[SIZE]={0}// 设置标记位
   edgenode* p;
/*初始化每个顶点的最早开始时间 ve[i]为 0*/
for（i=0;i<gout.n;i++）        ve[i]=0;
// 初始化工作，把入度为 0 的加入到队列中去
 for（i=0;i<gout.n;i++）
    if（ gout.adjlist[i].id==0 && visited[i]==0）{
    queue[++t]=i;visited[i]=1;
   }
// 按照拓扑排序机制，计算各个事件的最早开工时间
 while（h<t）{     /*当队列不空时*/
  v=queue[++h];  /*队首元出队*/
  seq[count]=v;     /*记录拓扑排序当前元素*/
  count++;  /*计数器加 1*/
  p=gout.adjlist[v].firstedge;
  while（p）{        /*将所有与 v 邻接的顶点的入度减 1*/
   j=p->adjvex;
   gout.adjlist[j].id= gout.adjlist[j].id-1 ;
   /*若入度为 0 则将进队*/
   if（gout.adjlist[j].id==0 && visited[j]==0）{
    queue[++t]=j; visited[j]=1;
   }
   /*ve[j]的值是从源点到顶点 j 的最长距离*/
   if（ve[v]+p->len>ve[j]）    ve[j]=ve[v]+p->len;
   p=p->next;
   }
```

```
    }
    return g.n == count;
}
```

LastedEventTime 函数计算事件最迟时间。参数：aoegraph 表示以逆邻接表存储的 AOE 网，ve[ ]表示最早开工事件，vl[ ]待存储事件的最晚开工时间，seq[ ]表示进行最早开工时间得到的拓扑序列，在计算最晚开工时间时可以直接采用，不再进行拓扑排序。

```
//函数 LastedEventTime（ ）,求 AOE 网各事件允许的最晚开始时间；
void LastedEventTime（aoegraph gin,int ve[ ],int vl[ ],int seq[ ]）{
    int k=gin.n-1,i,j,v ;
    edgenode* p;
    /*初始化 AOE 网中每个顶点允许的最迟开始时间为关键路径长度*/
    for（i=0;i<gin.n;i++）
    vl[i]=ve[seq[gin.n-1]];
    while（k>-1）{     /*按照拓扑逆序求各事件的最晚允许开始时间*/
        v=seq[k];
        p=gin.adjlist[v].firstedge;
        while（p）{
            j=p->adjvex;
            if（vl[v]-p->len < vl[j]）   vl[j]=vl[v]-p->len;
        p=p->next;
      }
      k--;
    }
}
```

算法分析：设 AOE 网有 $n$ 个事件，$e$ 个项目，则上述算法的主要执行过程如下所述。

① 求每个事件的 ve 值和 vl 值，函数 firstEventTime（ ）和 LastedEventTime（ ），其时间复杂度是 $O(n+e)$。

② 根据 ve 值和 vl 值找关键活动，其时间复杂度是 $O(n+e)$。

因此，整个算法的时间复杂度是 $O(n+e)$。

下面对关键路径及其求解过程的工程意义进行进一步分析。

① 通过上面的示例可知，关键路径的长度表示整个工程完工所需时长，由于整个工程完工就表示该工程所包含的所有项目都完成，而从源点到汇点有多条路径，所以关键路径应该是所有源点到汇点中最长的一条路径。

② 为什么 L−E 值为 0 的项目构成关键路径。从示例计算过程可知，如果某项目的最迟发生时间与最早发生时间之差大于 0，假设为 1，那么即使经过该项目路径的其他项目的最迟发生时间与最早发生时间之差都为 0，那么，这条路径长度也比最长路径长度小 1，因此，不是关键路径。

③ L−E 值的工程意义。某项目的最迟发生时间与最早发生时间之差大于 0，则说明该项目可以拖延一段时间完工而不影响整个项目工期，只要拖延的时长不超过该项目最迟发生时间与最早发生时间之差。但是如果两个项目同在一条路径上，且最迟发生时间与最早发生时间之差都大于 0，假设分别为 C1，C2，则二者拖延的时间总和不能大于 C1，C2 中的较大数值，才能保证项目的按时完工；而同一条路径上更多项目出现 L−E>0 的情况，依次类推。

④ 关键路径是可以改变的，如果某项目原来不是关键路径上的一条边，假设其最迟发生时间与最早发生时间之差为 C，则一旦该项目拖延工期超过 C，则经过该项目的路径变成关键路径，同一非关键路径上有多条边，则所有该路径上项目延期之和大于该路径上 L–E 中的最大者，该条路径成为关键路径。此时，整个工期将延长。

⑤ 关键路径并非仅有一条，事实上，只要某路径长度最大，就是关键路径。本例中，如果将 A11 设为 4，可以试算一下，将有两条关键路径。

⑥ 从工程管理意义上来讲，在知道关键路径之后，分配任务时，可以将有经验的施工小组安排在构成关键路径的相关项目上，而将没有项目经验、尚在锻炼的施工队伍安排在非关键路径的项目中，以保证项目的顺利完工。

## 本章小结

图是本书中最为复杂的一种数据结构，图在实际应用中也非常广泛，本章所介绍的最短路径、关键路径等具有很大的现实意义。

相对而言，本章内容较难，因为图本身结构的复杂性，导致图的存储不可能像线性结构一样，在存储结构中依然保存很好的逻辑特征。和二叉树相比，图的存储也显得更为复杂，因为无论是邻接矩阵或邻接表存储，都没有原先图逻辑特征的影子，而是为了便于存储，将图的数据结构进行转换之后的格式。而二叉树的顺序存储或二叉链表存储，依然在物理结构中可以看出其原先的逻辑特征，因此利用图来求解问题时，需要更抽象的思维能力。

本章对图的遍历问题进行了多角度的讲解，除了希望同学们完全掌握外，也是对前面章节讲解的栈、队列的一次回顾，同时，也希望大家对递归有一个更为深刻的理解。

二叉树较多地应用在本课程范围内，但图常常被真实地应用在工程实践中，通过问题的分析，可以利用图的相关知识对现实中的问题进行抽象建模，再用具体的开发工具进行设计实现，从而可以为用户提供高质量的应用。

## 本章习题

### 一、选择题

1. 在一个无向图中，所有顶点的度数之和等于图的边数的（　　）倍。

A. 1/2　　B. 1　　C. 2　　D. 4

2. 在一个有向图中，所有顶点的入度之和等于所有顶点的出度之和的（　　）倍。

A. 1/2　　B. 1　　C. 2　　D. 4

3. 有 8 个结点的无向图最多有（　　）条边。

A. 14　　B. 28　　C. 56　　D. 112

4. 有 8 个结点的无向连通图最少有（　　）条边。

A. 5　　B. 6　　C. 7　　D. 8

5. 有8个结点的有向完全图有（　　）条边。

A. 14　　B. 28　　C. 56　　D. 112

6. 用邻接表表示图进行广度优先遍历时，通常采用（　　）来实现算法。

A. 栈　　B. 队列　　C. 树　　D. 图

7. 用邻接表表示图进行深度优先遍历时，通常采用（　　）来实现算法。

A. 栈　　B. 队列　　C. 树　　D. 图

8. 已知图的邻接矩阵如下，其顶点信息是由 0~6 七个数字组成的，且其顺序表保存的次序也恰好是0~6，请根据算法思想，给出从顶点0出发按深度优先遍历的结点序列是(　　)。

$$\begin{bmatrix} 0 & 1 & 1 & 1 & 1 & 0 & 1 \\ 1 & 0 & 0 & 1 & 0 & 0 & 1 \\ 1 & 0 & 0 & 0 & 1 & 0 & 0 \\ 1 & 1 & 0 & 0 & 1 & 1 & 0 \\ 1 & 0 & 1 & 1 & 0 & 1 & 0 \\ 0 & 0 & 0 & 1 & 1 & 0 & 1 \\ 1 & 1 & 0 & 0 & 0 & 1 & 0 \end{bmatrix}$$

A. 0 2 4 3 1 5 6　　B. 0 1 3 5 6 4 2

C. 0 4 2 3 1 6 56　　D. 0 1 3 4 2 5 6

9. 已知图的邻接矩阵同上题8，根据算法，从顶点0出发，按广度优先遍历的结点序列是（　　）。

A. 0 2 4 3 6 5 1　　B. 0 1 3 6 4 2 5

C. 0 4 2 3 1 5 6　　D. 0 1 3 4 2 5 6

10. 已知图的邻接表如下所示，根据算法，则从顶点V0出发按深度优先遍历的结点序列是（　　）。

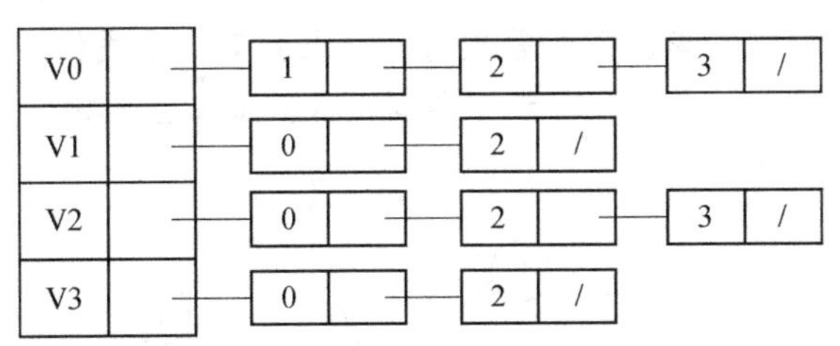


A. V0 V1 V3 V2　　B. V0 V2 V3 V1

C. V0 V3 V2 V1　　D. V0 V1 V2 V3

11. 已知图的邻接表如下所示，根据算法，则从顶点V0出发按广度优先遍历的结点序列是（　　）。

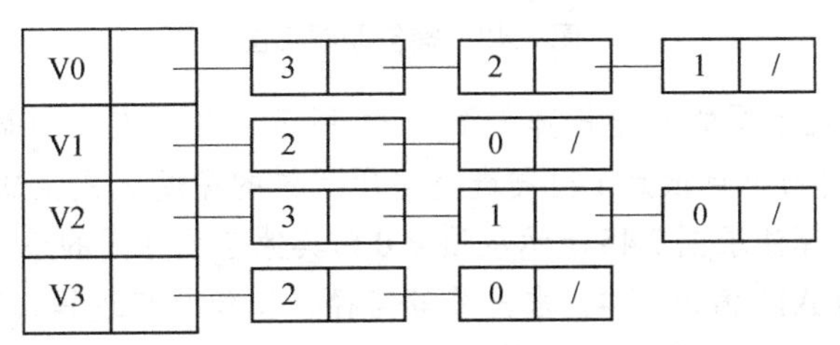


A. V0 V3 V2 V1　　B. V0 V1 V2 V3

C. V0 V1 V3 V2　　　　D. V0 V3 V1 V2

## 二、填空题

1. 图有____、____等存储结构，遍历图有____、____等方法。
2. 有向图 G 用邻接表矩阵存储，其第 *i* 行的所有元素之和等于顶点 i 的____。
3. 如果 *n* 个顶点的图是一个环，则它有____棵生成树。
4. *n* 个顶点 *e* 条边的图，若采用邻接矩阵存储，则空间复杂度为____。
5. *n* 个顶点 *e* 条边的图，若采用邻接表存储，则空间复杂度为____。
6. 设有一稀疏图 G，则 G 采用____存储较省空间。
7. 设有一稠密图 G，则 G 采用____存储较省空间。
8. 图的逆邻接表存储结构只适用于____图。
9. 已知一个图的邻接矩阵表示，删除所有从第 *i* 个顶点出发的方法是____。
10. 对于一个逻辑图而言，它的深度优先遍历序列____唯一的。
11. 用普里姆(Prim)算法求具有 *n* 个顶点 *e* 条边的图的最小生成树的时间复杂度为____；用克鲁斯卡尔（Kruskal）算法的时间复杂度是____。
12. 拓扑排序算法是通过重复选择具有____个前驱顶点的过程来完成的。

## 三、简答题

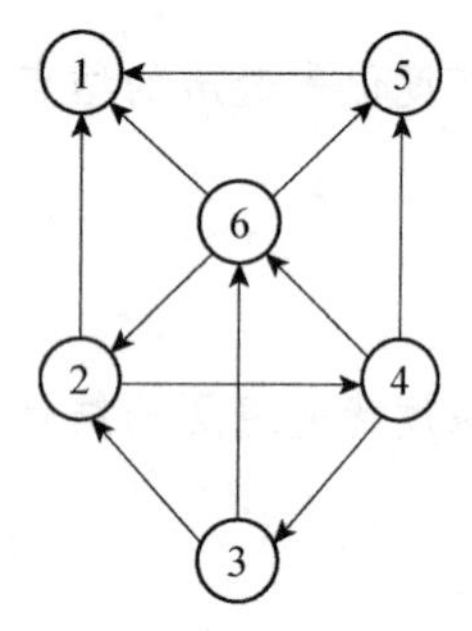


图 7.42　简答题题 1 图

1. 如图 7.42 所示的有向图，请求解：（1）每个顶点的入/出度；（2）邻接矩阵；（3）邻接表；（4）逆邻接表。

| 顶点 | | | | | | |
|---|---|---|---|---|---|---|
| 入度 | | | | | | |
| 出度 | | | | | | |

2. 请对如图 7.43 所示的无向带权图：（1）写出它的邻接矩阵，并按普里姆算法求其最小生成树；（2）写出它的邻接表，并按克鲁斯卡尔算法求其最小生成树。

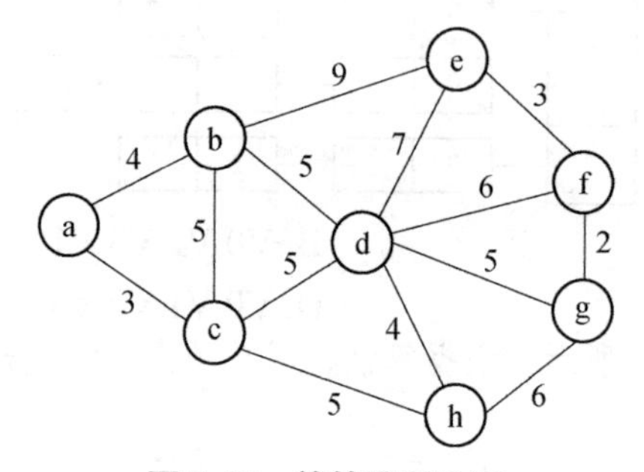


图 7.43　简答题题 2 图

3. 已知二维数组表示图的邻接矩阵如图 7.44 所示，其顶点分别是 1~10，顺序表也是依据 1~10 保存的。试分别画出自顶点 1 出发进行遍历所得的深度优先生成树和广度优先生成树。

4. 试利用 Dijkstra 算法求图 7.45 所示从顶点 0 到其他各顶点间的最短路径，参照前面表 7.5。

5. 将图 7.40 中的 A11 值改为 4，求出关键路径，包含所有过程，即所有事件的最早最迟时间，项目的最早最迟时间，即 L−E，并最终确定关键路径。

| | 1 | 2 | 3 | 4 | 5 | 6 | 7 | 8 | 9 | 10 |
|---|---|---|---|---|---|---|---|---|---|---|
| 1 | 0 | 0 | 0 | 0 | 0 | 0 | 1 | 0 | 1 | 0 |
| 2 | 0 | 0 | 1 | 0 | 0 | 0 | 1 | 0 | 0 | 0 |
| 3 | 0 | 0 | 0 | 1 | 0 | 0 | 0 | 1 | 0 | 0 |
| 4 | 0 | 0 | 0 | 0 | 1 | 0 | 0 | 0 | 1 | 0 |
| 5 | 0 | 0 | 0 | 0 | 0 | 0 | 0 | 0 | 0 | 1 |
| 6 | 1 | 1 | 0 | 0 | 0 | 0 | 0 | 0 | 0 | 0 |
| 7 | 0 | 0 | 1 | 0 | 0 | 0 | 0 | 0 | 0 | 1 |
| 8 | 1 | 0 | 0 | 1 | 0 | 0 | 0 | 0 | 1 | 0 |
| 9 | 0 | 0 | 0 | 0 | 1 | 0 | 1 | 0 | 0 | 1 |
| 10 | 1 | 0 | 0 | 0 | 0 | 1 | 0 | 0 | 0 | 0 |

**图 7.44 简答题题 3 图**

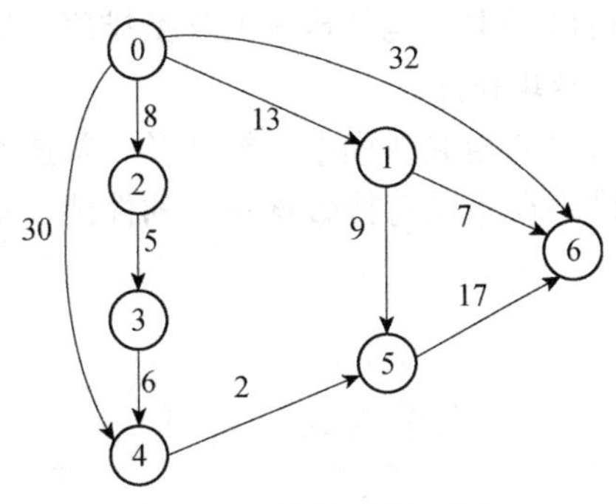


**图 7.45 简答题题 4 图**

6. 依据图 7.16 的邻接表，给出如表 7.1 所示的 DFS 遍历时的递归调用情况。

7. 依据图 7.16 的邻接表，给出如表 7.2 所示的 BFS 遍历时队列数据及顶点访问情况。

## 四、算法设计题

1. 编写算法，由依次输入的顶点数目、弧的数目、各顶点的信息和各条弧的信息建立有向图的邻接表。

2. 试在邻接矩阵存储结构上实现图的基本操作：DeleteArc（G，v，w），即删除一条边的操作。

3. 试基于图的深度优先搜索策略设计算法，判别以邻接表方式存储的有向图中是否存在由顶点 vi 到顶点 vj 的路径（i≠j）。

# 第 8 章　排序

本章将讲解常用的几种数据排序方法，包括插入排序、交换排序、选择排序及归并排序，其中前三种每一类有多个不同的算法，在插入排序中，主要包括传统的插入（直接插入）、折半插入、希尔排序；在交换排序中，包括传统的交换排序（冒泡排序）和快速排序；选择排序包括传统的选择排序，以及堆排序。

本章一些知识点可能在以往的相关课程中已经涉及。掌握不同排序的算法思想，以及对存储格式的要求，了解各种排序在不同待排数据集上的性能、最优最差及其平均表现是本章的重点。

## 8.1　基本概念

排序是数据处理中经常使用的一种重要运算。如何进行排序，特别是高效率地进行排序是计算机应用中的重要课题之一。

正如前文所介绍的，数据元素由若干个数据项组成，其中有一项可用来标志一个元素，称为**关键项**，该数据项的值称为**关键字**。关键字常常用来作为排序运算的依据，它可以是数字类型，字符类型或其他类型。但排序并非一定选择关键字作为依据，选取元素中的哪一项作为排序依据，需要根据问题的要求而定。例如，在高考成绩统计中，将每个考生作为一个元素，包含准考证号，姓名，语文、外语、数学、物理、化学的分数和总分数等项内容，若要唯一地标志一个考生的元素，则必须用“准考证号”作为关键字。若要按照考生的总分数排名次，则需用“总分数”作为关键字。

所谓**排序**，就是要整理待排数据集，使它按排序项递增（或递减）的顺序排列。也就是说，若给定的数据集含有 $n$ 个元素 $R_1, R_2, \cdots, R_n$，选取它们的排序项 $K_1, K_2, \cdots, K_n$，我们要把这 $n$ 个数据元素重新排列为 $R_{i1}, R_{i2}, \cdots, R_{in}$，使得 $K_{i1} \leqslant K_{i2} \leqslant \cdots \leqslant K_{in}$（或 $K_{i1} \geqslant K_{i2} \geqslant \cdots \geqslant K_{in}$）。

显然，当待排数据集的排序项均不相同时，则排序的结果是唯一的，否则排序的结果不唯一。例如，高考成绩统计排序，以准考证号作为排序项，因为准考证号是唯一标志，每个考生均不相同，则排序的结果是唯一的。而以总成绩作为排序项，则存在着很大的重复可能，所以排序的结果并不唯一。

各种排序方法可以按照不同的原则分类。在排序过程中，若整个待排数据集都是放在内存中处理，排序时不涉及数据的内、外存交换，则称为**内部排序**，简称内排序；反之，若排序过程中要进行数据的内、外存交换，则称为**外部排序**，简称外排序。内排序适用于元素个数不是很多的小数据文件，外排序则适用于元素个数多，不能一次将全部元素放入内存的大数据文件。按所用的策略不同，内部排序方法可以分为五类：插入排序、选择排序、交换排序、归并排序和分配排序。本书只介绍前四种，读者对分配排序感兴趣的话可以课外查阅资料和相关文档。另外，由于计算机硬件的快速发展，冗余内存现象越来越普遍，因此，本章仅讲授内部排序。

每一种内部排序方法均有可能在不同的存储结构上实现。通常有下列三种存储结构。

① 以一维数组作为存储结构，以及顺序保存的数据，排序过程是对元素本身进行物理重排，即通过比较和判断，把元素移到合适的位置。

② 以链表（动态链表或静态链表）作为存储结构，排序过程中无须移动元素，仅需修改对应的指针即可，通常把这类排序称为表排序。

③ 有的排序方法难以在链表上实现，此时，若仍需要避免排序过程中元素的移动，可以为待排数据集建立一个辅助表（例如，包括关键字和指向元素的指针组成的索引表），这样排序过程中只需对这个辅助表的目录进行物理重排，即只移动辅助表的目录内容，而不移动元素本身。

上述三种，使用频繁的是前两种存储形式。

要在众多的排序算法中，简单地判断哪一种算法最佳是困难的。评价排序算法优劣的标准主要是三条：第一条是算法执行所需要的时间；第二条是执行算法所需要的附加空间；第三条是排序算法是否稳定。所谓稳定与否，是指若待排序列中有两个及两个以上的相同数据，在排序后，这些相同数据的前后关系依然保持，则说明该算法是稳定的；反之，则为不稳定。另外，一个排序算法本身的复杂程度也是需要考量的因素。

总体而言，因为排序算法所需的附加空间一般都不大，矛盾并不突出，而排序是经常执行的一种运算，往往属于系统的核心部分，因此，排序的时间开销是算法优劣的最重要标志。排序的时间开销主要是指执行算法中关键字的比较次数和元素移动的次数这两个部分，因此，在下面讨论各种内部排序算法时，将给出各算法的比较次数及移动次数。

在本章中，若无特别声明，均按递增顺序讨论排序，并且利用数组存储结构。为简单起见，假设排序项是整数，则数据类型说明如下。

```
typedef int datatype;
typedef struct{            //定义数据集为结构类
    int  key;              //排序项域
    datatype  other;       //数据元素的其他域
}Node;
Node  data[n];
```

n 表示数组的长度，本章其他默认。

上述数据类型在排序过程中，仅需要对排序项 key 比较大小，即仅比较 data［ ］. key 值，而在交换数据过程中，需要对 data［ ］元素排序。

为简单起见，本章以下内容以整型数组或字符表示问题，即待排数据集的每个元素仅有一个数据项，且是整数或字符。这与上述定义的 data［ ］并不矛盾。

## 8.2 插入排序

**插入排序**的基本思想：每次将一个待排序的元素，按其值大小插入到前面已经排好序的数据集的适当位置，直到元素插入完成为止。本节介绍直接插入排序、折半插入排序和希尔排序。

### 8.2.1 直接插入排序

假设待排序的数组 data[n]，在排序过程的某一中间时刻，data 数组被划分成两个子区间（data[0]，data[i−1]）和（data[i]，data[n−1]），其中，前一个子区间是已经排好序的有序区，后一个子区间则是当前未排序的部分，不妨称为无序区。**直接插入排序**的基本操作是将无序区的第一个元素 data[i]插入到有序区的适当位置，使得 data[0]到 data[i]变为新的有序区。

初始时，令 i=0，因为一个元素自然是有序的，所以 data[0]自成一个有序区，无序区则是从 data[1]到 data[n−1]，然后依次将 data[1]，data[2]，…，插入到当前的有序区中，直至 i=n−1，data[n−1]插入到有序区时，完成排序。

现在的问题是，如何将一个元素 data[i](i=1，2，3，…，n−1)插入到当前的有序区，使得插入后保证该区内元素是有序的。显然，最简单的办法是：首先，在当前的有序区 data[0]到 data[i−1]中查找 data[i]的正确插入位置 k（0≤k≤i−1），然后，将 data[k]到 data[i−1]中的元素均后移一个位置，腾出 k 位置上的空间并插入 data[i]。当然，若 data[i]大于 data[0]到 data[i−1]中所有值，则 data[i]就插入原位置。

上述过程实际上是查找比较操作和元素移动操作交替进行，具体做法是将待插入元素 data[i]依次与有序区中元素 data[j](j=i−1，i−2，…，0)进行比较，若 data[j]大于 data[i]，则将 data[j]后移一个位置；若 data[j]小于或等于 data[i]，则查找结束，此时，j＋1 的位置即为 data[i]的插入位置。因为比 data[i]大的元素均已后移，所以 j＋1 的位置已经空出，只需将 data[i]直接插入此位置即可。

直接插入排序是插入排序的基本形式，所以也称为**传统插入排序或基本的插入排序**。下面给出直接插入排序的算法具体实现代码。

```
//对数组 data［ ］按递增顺序进行插入排序
void insertSort(int data［ ］, int n){
    int i,j;
    for(i=1;i<n;i++){                    //从 data[1]到 data[n-1]开始逐个与有序区比较
    int temp=data[i];                    //将无序区的第一个元素赋给临时变量
                                         // 查找插入位置
    for(j=0;j<i;j++)                     //查找此时无序元素在有序区中的位置
    if(data[j]>temp) break;              //找到了插入位置为 j
                                         //移位
    for(int k=i;k>j;k--)   data[k]=data[k-1];//  移位
                                         // 插入
    data[j]=temp;                        //无序元素找到在有序区元素，并插入
    }
}
```

直接插入排序的核心思想就是将无序区间的元素一个个插入到有序区。根据这个思想，用一个例子来说明直接插入排序的过程。假设待排序数组有 8 个元素，其值分别为 3，5，2，5*，12，24，13，31。为了区别两个相同整数，我们在第二个 5 的右上角加了上标以示区别，目的是验证直接插入排序是否稳定。

从直接插入排序算法思想可知，直接插入排序由两组循环构成，对于由 n 个数组组成的待排序列，外层循环要进行 n−1 次，内层循环则是将元素插入到有序区，然后再构成有序序列。对一个待排序列 data[n]，data[0]是一个元素，它本身有序，所以从 data[1]开始。当 i=1 时，将 data[1]的值赋给临时变量 temp，然后进入内层循环，此时 j=0，因为 3＜5(data[0]＜temp)，所以内层循环不进行赋值行为，内层循环结束，因此又把 temp 再赋给 data[1]。接着进行第二次外层循环。当 i=2 时，将 data[2]的值赋给临时变量 temp，然后进入内层循环，此时 j=1，因为 2＜5(temp＜data[1])，那么将 data[1]的值赋给 data[2]；再次进行内层循环，此时 j=0，由于 2＜3(temp＜data[0])，那么将 data[0]的值赋给 data[1]；再进行内层循环，此时 j=−1，不满足循环条件，结束内层循环，将 temp 赋给 data[0]……依次下去，将数组元素从 data[1]到 data[n−1]全部有序排列。

图 8.1 描述直接插入排序时数据的变化情况，其中“［］”内的数据是指已经有序的。

| 初始关键字 | data[0] | data[1] | data[2] | data[3] | data[4] | data[5] | data[6] | data[7] |
|---|---|---|---|---|---|---|---|---|
| i=1 | [ 3 | 5 ] | 2 | 5* | 12 | 24 | 13 | 31 |
| i=2 | [ 2 | 3 | 5 ] | 5* | 12 | 24 | 13 | 31 |
| i=3 | [ 2 | 3 | 5 | 5* ] | 12 | 24 | 13 | 31 |
| i=4 | [ 2 | 3 | 5 | 5* | 12 ] | 24 | 13 | 31 |
| i=5 | [ 2 | 3 | 5 | 5* | 12 | 24 ] | 13 | 31 |
| i=6 | [ 2 | 3 | 5 | 5* | 12 | 13 | 24 ] | 31 |
| i=7 | [ 2 | 3 | 5 | 5* | 12 | 13 | 24 | 31 ] |

**图 8.1　直接插入排序**

针对不同的待排数据集，直接插入排序所耗费的时间是有很大差异的。最好的情况是待排数据序列是递增序列，从实现代码中可以看出，此时对 $n$ 个数据而言，比较的次数是 $n-1$ 次，而所有数据仅和 temp 进行一次交换后回到原先位置，所以数据移动的次数是 $2n$，因此，整个算法的时间效率是 $O(n)$。

直接插入排序在最坏的情况是待排序列为递减序列，由于第一个元素直接作为有序集不用比较，而第二个元素和有序集（此时，只有一个）的最后一个元素比较一次，第三个元素需比较两次（此时，有序集只有两个），依次类推，因此总的比较次数为

$$1+2+3+\cdots+(n-1)=[n(n-1)]/2$$

而从移动的次数来看，第一个元素需移动两次，第二个元素需移动三次，第 $n$ 个元素需移动 $n+1$ 次，所以总的移动次数是

$$\frac{n(n+1)}{2}-1$$

此时算法的时间复杂度为 $O(n^2)$。

一般而言，待排序数据中出现各种可能排列的概率相同，则可取上述最好情况和最坏情况的平均情况。在平均情况下数据的比较次数和移动次数约为$n^2/4$。因此，直接插入排序的时间复杂度为$O(n^2)$。

直接插入排序仅需要一个临时存储空间。

直接插入排序是一种稳定的排序方法。

上述代码是在数组上（即在顺序表上）实现的，但可以想象，如果采用的是链表存储的待排数据集，则仅需要将头指针指向有序集的最后一个数据即可实现上述算法，且插入过程不需要交换数据，仅需改变指针，因此效率应有所提高，但比较次数未减少，因此总体时间效率依然是$O(n^2)$。

## 8.2.2 折半插入排序

传统的直接插入排序，主要有三个步骤：查找插入位置、移位、插入。其中，在对有序的数据查找过程中，可以改进原先的顺序查找为**折半查找**，从而提高算法的时间效率。

具体的做法是，原先比较查找插入位置时，采用从有序集的最后一个元素开始逐渐往前进行比较，不失一般性，对于一个长度为$n$的有序集，比较的平均次数为$\frac{n}{2}$。但如果采用折半比较查找，即一开始将待插入元素$x$与有序集的中间数据进行比较，如果比中间的大，则与有序集后半部分的中间元素比较；反之，与有序集的前半部分的中间元素比较，以此方法，直到找到正确的插入位置。

下面来讨论一下折半插入的比较次数：

1 次比较就查找成功的元素有 1 个，即中间值；

2 次比较就查找成功的元素有 2 个，即 1/4 处（或 3/4）处；

3 次比较就查找成功的元素有 4 个，即 1/8 处（或 3/8）处；

4 次比较就查找成功的元素有 8 个，即 1/16 处（或 3/16）处；

…

则第$m$次比较时查找成功的元素会有$2^{m-1}$个。

为方便起见，假设数组中全部$n$个元素恰好是$2^{m-1}$个（此时可以将第$m$次比较后剩余的元素忽略不计）。则全部比较总次数为

$$\sum_{0}^{m} 2^i \approx n\log_2 n$$

因此折半插入的比较次数将比传统的插入比较次数少一个量级。

下面给出折半插入排序算法代码，首先通过折半查找函数 halfSearch（ ），找出插入位置。

```
/* 该函数采用折半查找方式，找到插入位置
/*参数 data[  ] 为待查序列； low,high 分别为其待排序区间；
key 为待插入的关键字，返回值为其插入的位置；*/
int halfSearch(int data[  ], int low, int high, int key){
   int  mid;
   while(low<=high){
      mid=(low+high)/2;                      // 取序列中间数
      if( data[mid]> key) high=mid-1;        // 大于关键字，到左半区间找
```

```
        else if(data[mid]<key) low = mid+1;      //小于关键字，到右半区间找
        else   return   mid;                     //  存在相同关键字，插入它的后面即可
        }
    return mid;                                  // 返回插入位置
}
```

以下代码实现折半插入：

```
//对数组 data[   ]按递增顺序进行插入排序
void insertSortTwo(int data[],int n){
    int i,j;
    for(i=1;i<n;i++){                            //从 data[1]到 data[n-1]开始逐个与有序区比较
    int key=data[i];                             //将无序区的第一个元素赋给临时变量
    j=halfSearch(data,0,i-1,key);                // 调用上述折半查找函数
    for (int k=i;k>j;k--)   data[k]=data[k-1];   //  移位
    data[j]=key;                                 //位置空出后插入
    }
}
```

为了更好理解，下面以例子来比较折半插入与传统插入的区别。

假定在有序序列 2，5，7，8，9，12，14，17，19，21，23，24，27，38，67，89 中，把 key=25 插入到这个序列中，使其依然有序。

按照传统的直接插入排序，则需要比较 5 次，而采用折半则仅仅需要 4 次。折半查找操作如图 8.2 所示。

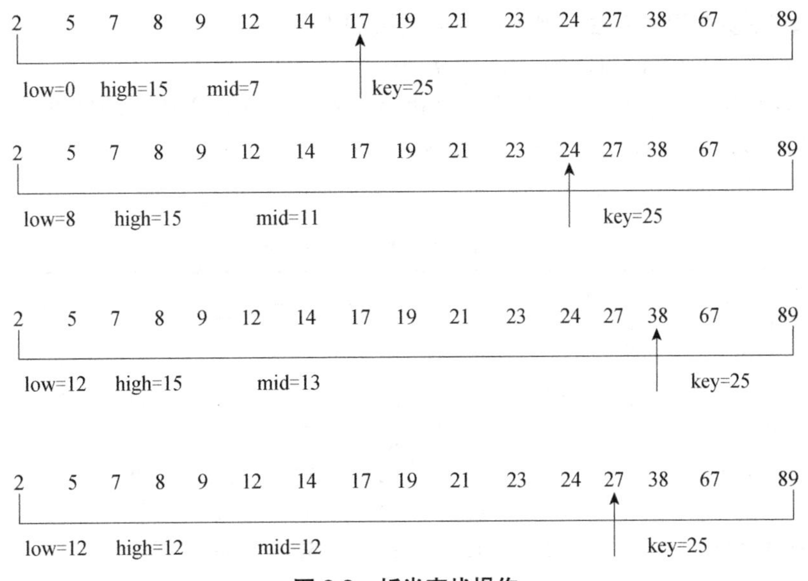


**图 8.2 折半查找操作**

需要注意的是，折半插入由于频繁进行位置折半，所以只能在顺序表上实现，因为对链表的每一次定位，其时间效率都是 $O(n)$。另外，上例中折半比较与顺序比较似乎仅少了一次，效率改进不大。但是，当数据集很大时，折半的比较次数将大大少于顺序比较次数，类似于 $n$ 与 $2^n$，在 $n$ 较小时，二者差别不大，但当 $n$ 较大时，差别将非常明显。

另外，折半插入虽然提高了数据比较的效率，但并没有减少数据插入过程时后移数据的

次数，所以折半插入的时间效率依然是 $O(n^2)$。

折半插入只需一个辅助存储空间，折半插入是稳定的。

折半比较的进一步知识，将在本书第 9 章的折半查找中讲解。

### 8.2.3 希尔排序

**希尔排序**又称缩小增量排序，是由 D.L.Shell 在 1959 年提出来的。希尔排序思想：首先，取一个小于 $n$ 的整数 $d_1$ 作为第一个增量，把所需的所有数据分成 $d_1$ 个组，所有元素位置的距离为 $d_1$ 的倍数放在同一组中，在各组内进行直接插入排序；然后，取第二个增量 $d_2 < d_1$，重复上述分组和排序，直至所取的增量 $d_t$=1，即把所有文件放在同一组中进行直接插入排序为止。

先从一个具体例子分析希尔排序过程。假设待排序数据有 10 个，分别是：12，89，57，32，96，37，54，5，79，57*。增量序列取值依次为：5，3，2，1。

第一趟排序时，$d_1$=5，整个文件被分成 5 组：（12，37），（89，54），（57，5），（32，79），（96，57*），各组中第 1 个元素自成有序区，依次将各组的第 2 个元素 37，54，5，79，57*分别插入到各组有序区中，使每组有序。

此时待排序列为：12，54，5，32，57*，37，89，57，79，96。

第二趟排序时，$d_2$=3，整个文件分成三组，依次独立地对每一组进行直接插入排序，即得到第二趟排序结果。

此时待排序列为：12，54，5，32，57*，37，89，57，79，96。

同理，第三趟排序时 $d_3$=2，则排序后的结果如下：

5，32，12，37，57*，54，79，57，89，96

最后一趟排序时，$d_4$=1，即对整个文件做直接插入排序，完成后的结果为有序数据，结果为：5，12，32，37，54，57*，57，79，89，96。

其具体排序过程见表 8.1。

**表 8.1 希尔排序过程**

| 序号 | | 1 | 2 | 3 | 4 | 5 | 6 | 7 | 8 | 9 | 10 |
|---|---|---|---|---|---|---|---|---|---|---|---|
| 原始数据 | | 12 | 89 | 57 | 32 | 96 | 37 | 54 | 5 | 79 | 57 |
| $d_1$=5 | 组别 | ① | ② | ③ | ④ | ⑤ | ① | ② | ③ | ④ | ⑤ |
| | 排序结果 | 12 | 54 | 5 | 32 | 57 | 37 | 89 | 57 | 79 | 96 |
| $d_2$=3 | 组别 | ① | ② | ③ | ① | ② | ③ | ① | ② | ③ | ① |
| | 排序结果 | 12 | 54 | 5 | 32 | 57 | 37 | 89 | 57 | 79 | 96 |
| $d_3$=2 | 组别 | ① | ② | ① | ② | ① | ② | ① | ② | ① | ② |
| | 排序结果 | 5 | 32 | 12 | 37 | 57 | 54 | 79 | 57 | 89 | 96 |
| $d_4$=1 | 组别 | ① | ① | ① | ① | ① | ① | ① | ① | ① | ① |
| | 排序结果 | 5 | 12 | 32 | 37 | 54 | 57 | 57 | 79 | 89 | 96 |

可能看出，当增量为 1 时，希尔排序和直接插入排序一致。

下列代码采用的是开始分组从数据集总数的一半递减直至 $d_t$=1 的希尔排序。

```
void shellSort(int a[ ],int n) {
    int temp,i;
```

```
        for(i=n/2;i>=1;i--)        {//增量序列 i 由 n/2 依次递减直至 i=1
        for(int j=0;j<n-i;j++)  //数据各组进行交换
        if(a[j]>a[j+i]){
          temp=a[j];
          a[j]=a[j+i];
          a[j+i]=temp;
        }
      }
  }
```

从算法分析角度，似乎并不能看出希尔排序的优势，但从大量实践结果来看，希尔排序的时间效率高于直接插入排序。

为什么希尔排序的时间性能优于直接插入排序呢？我们知道，直接插入排序在待排序列初态为正序时所需时间最少，实际上，当待排序列初态基本有序时直接插入排序所需的比较和移动次数均较少。另外，当 $n$ 的值较小时，$n$ 和 $n^2$ 的差别也较小，即直接插入排序的最好时间复杂度 $O(n)$和最坏的时间复杂度 $O(n^2)$差别不大。所以希尔排序开始时增量较大，分组较多，每组的元素数目少，故各组内直接插入较快，后来增量 $d_i$ 逐渐缩小，分组数逐渐减少，而各组的元素数目逐渐增多，但由于已经按 $d_{i-1}$ 作为距离排过序，使文件较接近于有序状态，所以新的一趟排序也较快。因此希尔排序在效率上比直接插入排序有较大的改进，且最好最坏情况下表现差别不大。

相关研究认为希尔排序的平均比较次数和平均移动次数都是 $O(n^{1.3})$左右，一些实验结果证实其时间效率约为 $O(n^{1.5})$。无论如何，希尔排序的时间效率尚未得到严格的论证，但由于其算法简捷，容易实现，且希尔算法在最坏的情况下和平均情况下执行效率相差不是很多，因此，希尔排序在数据量中等规模的情况下得到了广泛应用。

从希尔排序的算法特征可以看出，由于 $d_i$ 的反复分组定位要求，所以希尔排序只能在顺序表上实现。

希尔排序是不稳定的，因为某一次分组可能使得相同的两个（或多个）数据不在同一组中，因此一趟直接插入后，其初始的先后关系可能被打乱。

希尔排序仅占用一个临时存储空间。

## 8.3　交换排序

**交换排序**的基本思想：两两比较待排序数据，发现两个元素的次序相反时即进行交换，直到没有反序的数据为止。本节介绍两种交换排序方法，冒泡排序和快速排序。

### 8.3.1　冒泡排序

设想被排序的数组 data[0]到 data[n−1]竖直排列，将第 i 个元素看作重量为 data[i]的数据气泡。根据轻气泡不能在重气泡之下的原则，从下往上扫描数组 data[　]，凡扫描到违反本原则的轻气泡，就使其向上“漂浮”，如此反复进行，直到最后任何两个气泡都是轻者在上，重者在下为止，这就是“**冒泡排序**”或“**起泡排序**”的来历。

初始时，data[0]到 data[n−1]为无序区，第一趟扫描从该区底部即 data[n−1]向上依次比较相邻两个气泡的重量，若发现轻者在下，重者在上，则交换两者的位置。本趟扫描完成后，“最轻”的气泡飘浮到最顶部，即数值最小的数据被放在最高位置 data[0]上；第二趟扫描时，只需扫描 data[1]到 data[n−1]，扫描完毕时，“次轻”的气泡漂浮到 data[1]的位置上；一般地，第 i 趟扫描时，data[0]到 data[i−1]是当前的有序区，而 data[i]到 data[n−1]为当前的无序区，扫描仍是从无序区底部到无序区顶部，扫描完毕后，将无序区中最轻的气泡漂浮到无序区顶部 data[i]的位置上，结果是 data[0]到 data[i]变为新的有序区。图 8.3 是冒泡排序过程示例，第 1 列为初始数组，第 2 列及以后依次为各趟排序（即各趟扫描）结果，图中用方括号划分了有序区和待排序。可以根据图例更好地理解冒泡排序。

| | 初始关键字 | 第一趟 | 第二趟 | 第三趟 | 第四趟 | 第五趟 | 第六趟 | 第七趟 |
|---|---|---|---|---|---|---|---|---|
| data[0] | 49 | 13 | 13 | 13 | 13 | 13 | 13 | 13 |
| data[1] | 38 | 49 | 27 | 27 | 27 | 27 | 27 | 27 |
| data[2] | 65 | 38 | 49 | 38 | 38 | 38 | 38 | 38 |
| data[3] | 97 | 65 | 38 | 49 | 49 | 49 | 49 | 49 |
| data[4] | 76 | 97 | 65 | 49' | 49' | 49' | 49' | 49' |
| data[5] | 13 | 76 | 97 | 65 | 65 | 65 | 65 | 65 |
| data[6] | 27 | 27 | 76 | 97 | 76 | 76 | 76 | 76 |
| data[7] | 49' | 49' | 49' | 76 | 97 | 97 | 97 | 97 |

**图 8.3 冒泡排序过程示例**

因为每一趟排序都使有序区增加了一个气泡，在经过 n-1 趟排序之后，有序区就有了 n−1 个气泡，而无序区中气泡的重量总是大于等于有序区气泡的重量。所以，整个冒泡排序过程最多需要进行 n−1 趟排序。但是，若在某一趟排序中未发现气泡位置的交换，则说明待排序的无序区中所有气泡均满足轻者在上重者在下的原则。因此，整个冒泡排序过程可在此趟排序后终止。在图 8.3 的示例中，在第四趟排序过程中没有气泡交换位置，此时整个数组已达到有序状态。

每一趟起泡过程中，也同时理顺了相邻两个数据的次序。

冒泡排序的思想是直接交换排序的基本形式，也称为**经典的交换排序**或**传统交换排序**。

下列代码基于顺序存储的整数集实现“冒泡排序”。

```
//对 data[  ]进行递增起泡排序
void bubbleSort(int data[  ],int n){
   int temp=0, i, j;
   for(i=0;i<n-1; i++){    //最多做 n-1 趟排序
     for(j=0; j<n-i-1; j++)
                              //n-i-1 表示完成一趟排序后，最后一个位置不需要再进行比较
       if(data[j]>data[j+1]){//交换元素
```

```
            temp=data[j];
            data[j]=data[j+1];
            data[j+1]=temp;
        }
    }
}
```

依据冒泡排序的原理，显然该算法在链表上也是可行的，且在链表实现过程中，不需要交换数据的位置，仅需要改变指针即可。

上述冒泡排序算法还可以进行改进：在每趟扫描中，记住最后一次交换发生的位置 k，因为该位置之前的相邻元素都已排好序，所以，下一趟扫描可以终止于此位置 k，而不必进行到预定的上界 i，这将对算法的执行速度有所提高，当然，其时间效率依然是 $O(n^2)$。

容易看出，若待排序集的初始状态是正序的，则一趟扫描就可完成排序，比较次数为 n−1，且没有元素移动。也就是说，冒泡排序在最好的情况下，时间复杂度为 $O(n)$。若数据初始状态是反序的，则需要进行 n−1 趟排序，每趟排序要进行 n−1 次关键字比较(0≤i≤n−2)，且每次比较都必须移动三次数据来达到交换元素位置。在这种情况下，比较和移动次数均达到最大值。

关于冒泡排序，再做一些更详细的讨论。

上面曾提到待排序集的初态为正序时只需做一趟扫描，而为反序时需要做 n−1 次扫描。实际上，如果只有最轻的气泡位于 data[n−1]的位置，其余气泡均已排好序，那么也只需做一趟扫描就可结束。例如，对初始关键字序列 12，13，24，44，45，67，94，10 就仅需一趟扫描。而当最轻的气泡位于 data[0]的位置，其余的气泡均已排好序时，则仍需做 n−1 趟扫描才能完成排序。例如，对初始关键字序列 10，12，13，24，45，67，94 就需要 7 趟扫描。造成这种不对称的原因是，每趟扫描仅能使最重气泡“下沉”一个位置，因此，要使位于顶端的最重气泡下沉到底部时，需做 n−1 趟扫描。如果改变扫描方向，使每趟排序均从上到下扫描，则情况正好相反，即每趟从上到下扫描，都能使当前无序区中最重的气泡沉到该区的最底部，而最轻气泡均能“上浮”一个位置。因此，对于序列 12，13，24，44，45，67，94 就必须从上到下扫描 7 次才能完成排序，而对序列 10，12，13，24，45，67 只需从上到下扫描一趟就可完成排序。为了改变上述两种情况的不对称性，我们可以在排序过程中交替改变扫描方向。算法的设计与具体实现，有兴趣的同学可以尝试一下。

冒泡排序最坏的情况下，需要比较的次数为

$$\sum_{i=0}^{n-1}(n-i)=n(n-1)/2=O(n^2)$$

而需要移动数据的次数为

$$M_{\max}=\sum_{i=0}^{n-1}3(n-i)=3n(n-1)/2=O(n^2)$$

在最好的情况下，冒泡排序算法仅需比较 $n$−1 次，没有数据移动。平均情况下，冒泡排序的时间复杂度为 $O(n^2)$。

冒泡排序是稳定的排序，冒泡排序只需要一个临时存储单位用于相邻元素的交换。冒泡排序在链表上也可以实现。

## 8.3.2 快速排序

**快速排序**又称划分交换排序。其基本思想：从一组待排的序列中，选一个“标兵”（或称为“哨兵”“参考点”），把所有小于标兵的放在它的前面，大于标兵的放在它的后面。

通过这样一次划分，就把原来的序列划分成两个序列，然后再对左、右两边的序列做同样的快速排序，直至划分后的序列只有一个元素，整个排序结束。

从快速排序的思想可以知道，快速排序核心的步骤是如何把一组待排的序列进行划分。这个功能完成了，利用递归可以逐渐缩小待排序列直至成为一个元素，完成快速排序。

从无序区 data[low]到 data[high]中任取一个元素作为比较的“基准”（不妨记为 temp），用此基准将当前无序区划分为左、右两个较小的无序区：data[low]到 data[i−1]和 data[i＋1]到 data[high]（此时基准 temp=data[i]），此时左边的无序子区中元素的值均小于等于基准 temp 的值，右边的无序子区中元素的值均大于等于基准 temp 的值，而基准 temp 则位于最终排序的位置上，即

data[low]到 data[i−1]的值≤temp≤data[i＋1]到 data[high]的值

当 data[low]到 data[i−1]和 data[i＋1]到 data[high]均非空时，分别对他们进行上述划分，直至所有无序子区中数据均排好序为止。

要完成对当前无序区 data[low]到 data[high]的划分，一种做法是设置两个指针 low 和 high。不妨取基准为无序区的第 1 个元素 data[low]，并将它保存在变量 temp 中。首先，自 high 起向左扫描，直到找到第 1 个小于 temp 的元素 data[high]，将 data[high]移至 low 所指的位置上（这相当于交换 data[high]和基准 data[low]，但是 temp 已经保存 data[low]值，使小于基准的元素移到基准的左边）；然后，自 low＋1 起向右扫描，直至找到第 1 个大于 temp 的元素 data[low]，将 data[low]移至 high 所指的位置上（这相当于交换 data[low]和基准 data[high]，但这个时候，原先 data[high]的值已存放在 data[low−1]位置，使大于基准的元素移到的基准的右边）；接着，再自 high 起向左扫描，找到 data[high]值大于 temp，继续交换，再自 low 起向右扫描……如此交替改变扫描方向，从两端各自往中间靠拢，直至 low=high 时，low 便是基准 temp 的最终位置，将 temp 的值赋给 data[low]就完成了一次划分。

这种从两头向中间逼近的方式是一种经典的算法，实现代码如下。

```
//快速排序的一次划分，返回划分后被定位的基准元素的位置
int quickOne(int data[   ],int low,int high){
int temp=data[low];  //  默认第一个为标兵,存到一个临时空间
while(low<high){     /*从 high 向左扫描，找到第一个小于标兵的数*/
    while(low<=high && data[high]>temp) high--;
    data[low]=data[high];
                        //  把它存入 low 所指的位置；data[high]位置空间空余//
    while(low<high&& data[low]  <temp ) low++;
                        //从 low 向右扫描，找出第一个大于标兵的元素
    data[high]=data[low];
                        //  把它存入 high 所指的位置；data[low]位置空间空余//
  }
  data[low]=temp;      /基准 temp 已被最后定位，此时 low=high
  return low;
}
```

为了更清晰地理解快速排序，下面举一个示例来分析一次划分的具体经过。设有待排数据集为：59，32，81，26，88，35，71，21，90。

根据一次划分算法，此时 temp=59，low=0，high=8，然后从 high 开始向左扫描，当 data[7]=21

时，出现 21 小于 59，则将 21 赋给 data[low]（即 data[0]），此时 high=7，文件为 21，32，81，26，88，35，71，21，90；然后再开始从 data[low+1]（即 data[1]）开始向右扫描，当 data[low]=81 时，将 81 赋给 data[high]（即 data[7]），此时 low=2，文件为 21，32，81，26，88，35，71，81，90；然后再从 high 向左扫描时，如此重复，直到 high==low 时，扫描结束，并将 temp 值赋给 data[low]。此时，待排数据集为

21，32，35，26，59，88，71，81，90

如图 8.4 所示为一趟快速排序过程。

采用递归的方式可实现完整的快速排序。

```
quicksort(int data[    ],int low,int high){
    int i;
    if(low<high){                          //只有一个元素或无元素，排序结束
      i=quickone(int data[    ],low,high); //对 data[    ]从 low 到 high 划分
      quickOne(data[    ],low,i-1);        //递归处理左边数据
      quickOne(data[    ],i+1, high);      //递归处理右边数据
    }
}
```

下面分析快速排序的特征。

快速排序一趟划分的时空效率。从上面代码可以看出，虽然 quickOne 函数体有两个嵌套的 while 循环，但是内部循环是在外部循环的重复基础上附加更为苛刻的条件，因此时间效率实际上是 $O(n)$。一次划分仅需一个额外存储空间。

现在对完整的快速排序的性能做具体分析。首先依据给定待排序列分成两种极端情况进行。

最坏情况是每次划分选取的基准都是当前无序区中最小（或最大）的数据，划分的结果是基准左边的无序子区为空（或右边的无序子区为空），而划分所得的另一个非空的无序子区中元素数目，仅仅比划分前的无序区中的元素个数少一个。因此，快速排序必须做 $n-1$ 趟，每一趟需进行 $n-i$ 次比较，故总的比数次数达到最大值：

$$\sum_{i=0}^{n-1}(n-i)=n(n-1)/2=O(n^2)$$

显然，如果按上面给出的划分算法，每次取当前无序区的第 1 个元素为基准，那么当待排序集已经按递增顺序（或递减顺序）有序时，每次划分所取的基准就是当前无序区中最小（或最大）的元素，则快速排序所需的次数反而最多。

在最好的情况下，每次划分所取的基准都是当前无序区的“中值”元素，划分的结果是基准的左、右两个无序子区的长度大致相等。设 $C(n)$表示对长度为 $n$ 的元素进行快速排序所需的比较次数，显然，它应该等于对长度为 $n$ 的无序区进行划分所需的比较次数减 1，加上递归操作对划分所得的左、右两个无序子区（长度$\leqslant n/2$）进行快速排序所需的比较次数。假设待排数组长度 $n=2^k$，那么总的比较次数为

$$\begin{aligned}C(n)&\leqslant n+2C(n/2)\\&\leqslant n+2[n/2+2C(n/4)]=2n+4C(n/4)\\&\leqslant 2n+4[n/4+2C(n/8)]=3n+8C(n/8)\\&\leqslant\cdots\\&\leqslant kn+2^k C(n/2^k)=n\log_2 n+nC(1)=O(n\log_2 n)\end{aligned}$$

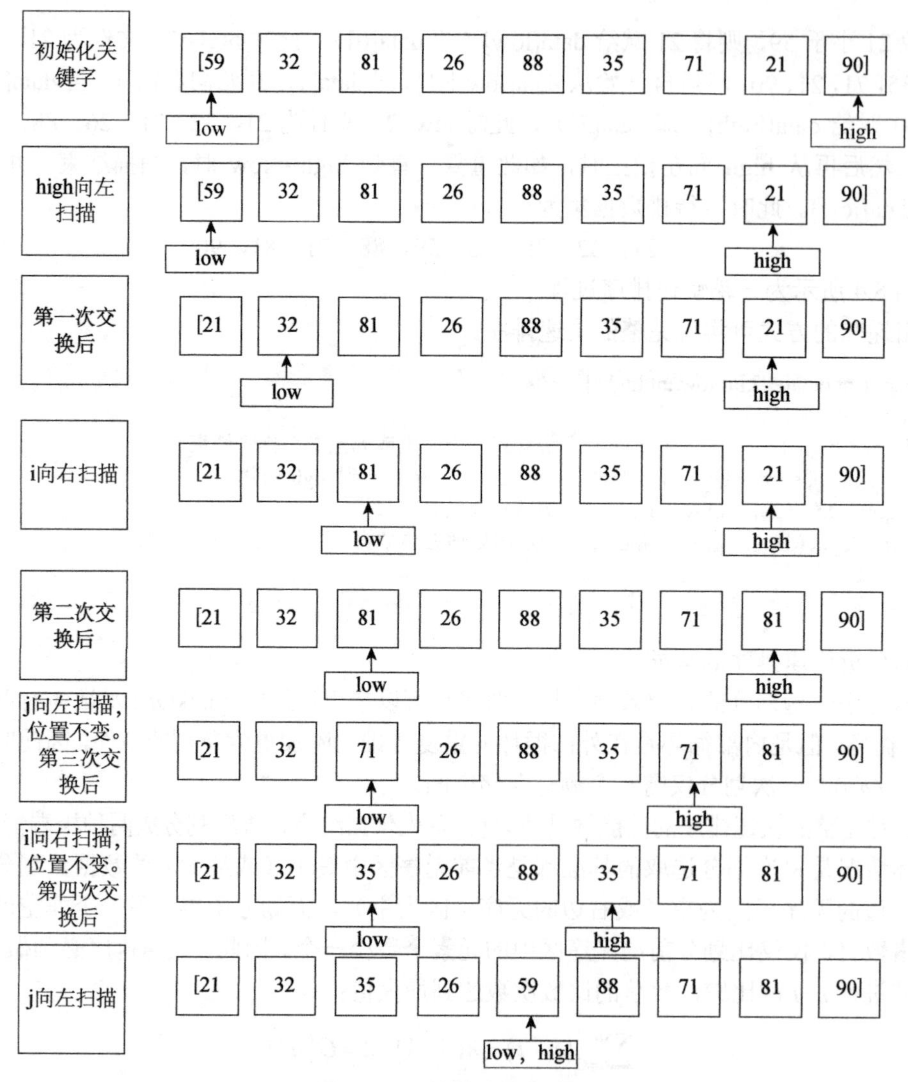


**图 8.4　一趟快速排序过程**

因为快速排序的元素移动次数不大于比较的次数，所以，快速排序的最坏时间复杂度为 $O(n^2)$，最好的时间复杂度为 $O(n\log_2 n)$。为了改善最坏情况下的时间性能，可采用“三者取中”的原则，即在每一趟划分开始前，首先比较 data[low]，data[high]和 data[(high−low)/2]的大小，取三者的中间值为 temp。

可以证明：快速排序的平均时间复杂度也是 $O(n\log_2 n)$，它是目前基于比较的内部排序方法中速度最快的，快速排序也因此而得名。

快速排序需要一个栈空间来实现递归，如每次划分均能将数据集大概均匀地分为两个部分，则栈的最大深度为 $\lfloor \log_2 n \rfloor + 1$，则所需栈空间为 $O(\log_2 n)$。最坏情况下，递归深度为 $n$，所需栈空间也为 $O(n)$。

由于在递归调用过程中，待排序列的标兵数据不停地变化，因此数据交换过程中，比较的基准不可能一致，所以，快速排序是不稳定的。

由于快速排序需要不停地定位，因此只能在顺序表上实现。

下面利用二叉树的思想来解释快速排序的排序过程。

如果将快速排序一趟划分子表过程中的标兵看作一个二叉树的根，则该标兵左、右两个待排序列理解成该根的左、右子树，由于采用递归实现，因此左、右两个待排序列也将类似整个待排序列，其快速排序过程中的标兵将成为整个二叉树根的左、右孩子，依次类推，排序结束后，整个标兵出现的过程就是二叉树按层扫描出现的序列顺序，图 8.5 是图 8.4 示例数据的二叉树形态，每层即为一次快速排序后确定的标兵。

在最坏情况下，每一次标兵总是最大或最小，该二叉树将成为一个单支二叉树，准确地说，如果每一次标兵总是最大，则为单支左子树，否则，则为单支右子树。而最好的情况下，就是每一次标兵总是均匀地分割左、右数据集，此时，该二叉树将比较“匀称”；具体来说，剪掉该二叉树的最后一层，将是一个满二叉树，但这棵二叉树又不是一个完全二叉树，可命名为“**类完全二叉树**”。

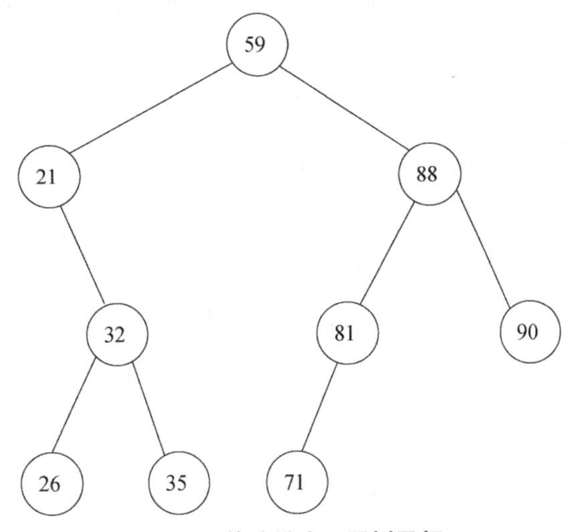


**图 8.5 快速排序二叉树思想**

称为类完全二叉树，是因为在相同结点情况下，它与完全二叉树有相同的深度，除了最后一层外，它与完全二叉树结构一样。

利用二叉树的思想在分析快速排序的时间效率时，可以这样理解：快速排序过程就是构建二叉树的过程，而构建出二叉树的一层需要对整个数据集进行一趟扫描（即使分段，其长度之和也是整个数据集长度 $n$），而完整排序结束就是构建出整个二叉树。

由于类完全二叉树的深度与满二叉树的深度一致：$\lfloor \log_2 n \rfloor + 1$。所以，快速排序最好情况下的时间效率为 $O(n\log_2 n)$；最坏情况下，二叉树的深度为 $n$，此时，该算法的时间效率为 $O(n^2)$。对应的空间效率在最好最坏情况下如同前面的分析，分别为 $O(\log_2 n)$ 和 $O(n)$。

## 8.4 选择排序

**选择排序**的基本方法：每次从待排序的元素中选出最小的元素，有序存放在已排好序的子序列的最后，直到全部元素排序完毕。本节介绍两种选择排序方法：直接选择排序和堆排序。

## 8.4.1 直接选择排序

**直接选择排序**也称为**传统的选择排序**，基本思想：第一趟排序是在无序区 data[0]到 data[n−1]中选出最小的元素，将它与 data[0]交换；第二趟排序是在无序区 data[1]到 data[n−1]中选出最小的元素，将它与 data[1]交换；而第 i 趟排序时 data[0]到 data[i−2]已是有序区，在当前的无序区 data[i−1]到 data[n−1]中选出最小的元素 data[k]，将它与无序区中第 1 个元素 data[i−1]交换，使 data[0]到 data[i−1]变为新的有序区。因为每趟排序都使有序区中增加一个元素，且有序区中的元素均不大于无序区中的元素，所以，进行 n−1 趟排序后，整个数据集就是递增有序的。直接选择排序的过程如图 8.6 所示，图中方括号表示有序区。

| | data[0] | data[1] | data[2] | data[3] | data[5] | data[4] | data[6] | data[7] |
|---|---|---|---|---|---|---|---|---|
| 初始关键字 | 49 | 38 | 65 | 97 | 76 | 13 | 27 | 49' |
| 第一趟排序后 | [13] | 38 | 65 | 97 | 76 | 49 | 27 | 49' |
| 第二趟排序后 | [13 | 27] | 65 | 97 | 76 | 49 | 38 | 49' |
| 第三趟排序后 | [13 | 27 | 38] | 97 | 76 | 49 | 65 | 49' |
| 第四趟排序后 | [13 | 27 | 38 | 49] | 76 | 97 | 65 | 49' |
| 第五趟排序后 | [13 | 27 | 38 | 49 | 49'] | 97 | 65 | 76 |
| 第六趟排序后 | [13 | 27 | 38 | 49 | 49' | 65] | 97 | 76 |
| 第七趟排序后 | [13 | 27 | 38 | 49 | 49' | 65 | 76 | 97] |
| 最后排序结果 | [13 | 27 | 38 | 49 | 49' | 65 | 76 | 97] |

**图 8.6　直接选择排序过程**

直接选择排序的具体算法如下：

```
void directSelectionSort(int data[    ],int n){
  int i,j;
  for(i=0;i<n;i++){          //做 n 趟选择排序
    int k=i;                 // 假定 i 位置是最小的
    for(j=i+1;j<n;j++){ //在当前无序区选择关键字最小的元素
      if(data[j]<data[k])    k=j;
      if(k!=i){              //当无序区中最小值的下标不是无序区第一个下标时，交换
        int temp=data[i];
        data[i]=data[k];
        data[k]=temp;
      }
    }
}
```

显然，无论文件初始状态如何，在第 i 趟排序中选出最小关键字的元素，需做 n−i 次比较，

因此，总的比较次数为

$$\sum_{i=0}^{n-1}(n-i)=n(n-1)/2=O(n^2)$$

至于元素移动次数，当初始文件为正序时，移动次数为 0；文件初态为反序时，每趟排序均要执行交换操作，所以，总的移动次数取最大值 $3(n-1)$。直接选择排序的平均时间复杂度为 $O(n^2)$。

直接选择排序是不稳定的。

直接选择排序既可以在顺序表上实现，也可以在链表上实现，且在链表上不需要交换数据，仅需改变指针，同学们可以自己尝试写出对应的实现代码。

## 8.4.2　堆排序

直接选择排序，为从 data[0]到 data[n−1]中选出最小的元素，必须进行 n−1 次比较，然后在 data[1]到 data[n−1]中选出最小的元素，又需要做 n−2 次比较，事实上，后面这 n−2 次比较中，有许多比较可能在前面的 n−1 次比较中比较过，但由于前一趟排序时未保留这些比较的结果，所以，后一趟排序时又重复执行了这些比较的操作。本节介绍的堆排序可以克服这一缺点。

**堆排序**可以将其理解为一树形选择排序，它的特点是，在排序过程中，将 data[0]到 data[n−1]看成一棵完全二叉树的顺序存储结构，利用完全二叉树中双亲结点和孩子结点之间的内在关系来选择关键字最小的元素。

先引进堆的定义：一维数组有 $n$ 个元素，$k_1$，$k_2\cdots$，$k_n$，称为**小根堆**，且该序列满足特性 $k_i \leqslant k_{2i}$ 且 $k_i \leqslant k_{2i+1}$（$1\leqslant i\leqslant\left\lfloor\frac{n}{2}\right\rfloor$）；反之，若有 $k_i \geqslant k_{2i}$ 且 $k_i \geqslant k_{2i+1}$（$1\leqslant i\leqslant\left\lfloor\frac{n}{2}\right\rfloor$），则称为**大根堆**。

从小根堆的定义可以看出，**小根堆**实质上是满足如下性质的完全二叉树：树中任一非叶子结点均小于等于它的孩子结点。例如，关键字序列 10，15，56，30，70 就是一个堆，它所对应的完全二叉树如图 8.7 所示。显然，该二叉树的根结点（称为堆顶）的值最小，因此称为小根堆；反之，若完全二叉树中任一非叶子结点均大于等于其孩子结点，则称为大根堆，大根堆的堆顶值最大。显然，在堆中任一棵子树也是**堆**。

小根堆、大根堆如图 8.7 和图 8.8 所示。

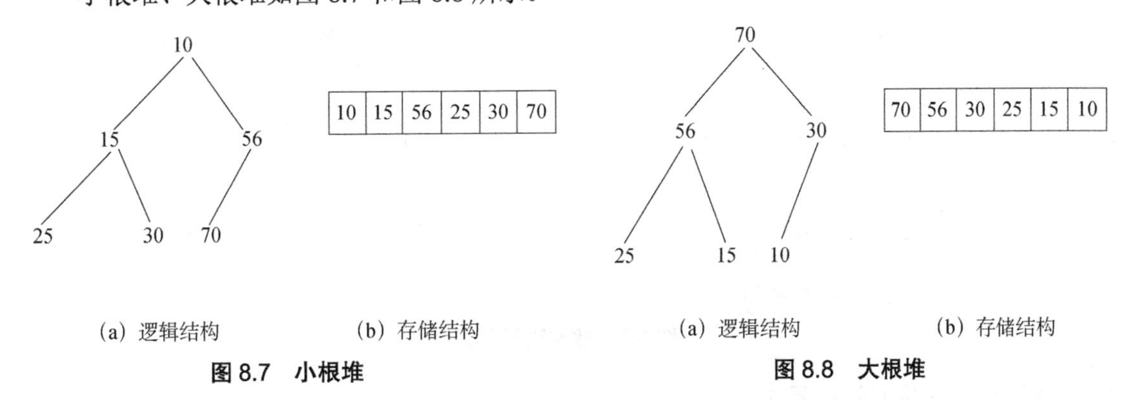


(a) 逻辑结构　(b) 存储结构

**图 8.7　小根堆**

(a) 逻辑结构　(b) 存储结构

**图 8.8　大根堆**

堆排序正是利用小根堆（或大根堆）来选取当前无序区中值最小（或最大）的元素实现

排序的。以大根堆为例，每一趟排序的基本操作是：将当前无序区调整为一个大根堆，选取值最大的堆顶元素，将它和无序区中的最后一个元素交换。这样，正好和直接选择排序相反，有序区在原元素区的尾部形成并逐步向前扩大到整个元素区。

堆排序首先需要"建堆"，即把整个数组data[0]到data[n−1]调整为一个大根堆，所以，必须把完全二叉树中以每一结点为根的子树都调整为堆，具体步骤如下。

① 因为在完全二叉树中，所有序号 $i>\left\lfloor\frac{n}{2}\right\rfloor$ 的结点都是叶子，因此，以这些结点为根的子树都是堆，即序号在 $\left\lfloor\frac{n}{2}\right\rfloor$ 至 $[n-1]$ 之间的元素是不需要调整的。

② 只需依次将序号为 $\left\lfloor\frac{n}{2}\right\rfloor$，$\left\lfloor\frac{n}{2}\right\rfloor-1$，…，1，0 的结点作为根的子树调整为堆即可。

③ 若已知结点 data[i]的左、右子树是堆，将以 data[i]为根的完全二叉树调整为堆，解决这一问题可采用"**筛选法**"。筛选法的基本思想：因为 data[i]的左、右子树已是堆，则这两棵子树的根分别是各自子树所有结点中值最大结点，所以，必须在 data[i]和它的左、右孩子这三个数据中选取最大的结点放在 data[i]的位置。若 data[i]的值已是三者中的最大者，则无须做任何调整，以data[i]为根的子树已构成堆；否则，必须将data[i]和具有最大值的左孩子data[2i]或右孩子 data[2i＋1]进行交换。不妨设 data[2i]最大，将 data[i]和 data[2i]交换位置，交换之后又可能导致以 data[2i]为根的子树不再是堆，但由于 data[2i]的左、右子树仍然是堆，于是可重复上述过程，将以 data[2i]为根的子树调整为堆……如此递推下去，有可能一直调整到树叶。这一过程就像过筛子一样，把较小的元素筛下去，选择最大值。

图 8.9 表示无序序列 44，13，24，103，23，16，12，99，在建堆过程中完全二叉树形态结构的变化情况，其中 n=8，故从第 4 个结点起进行调整。

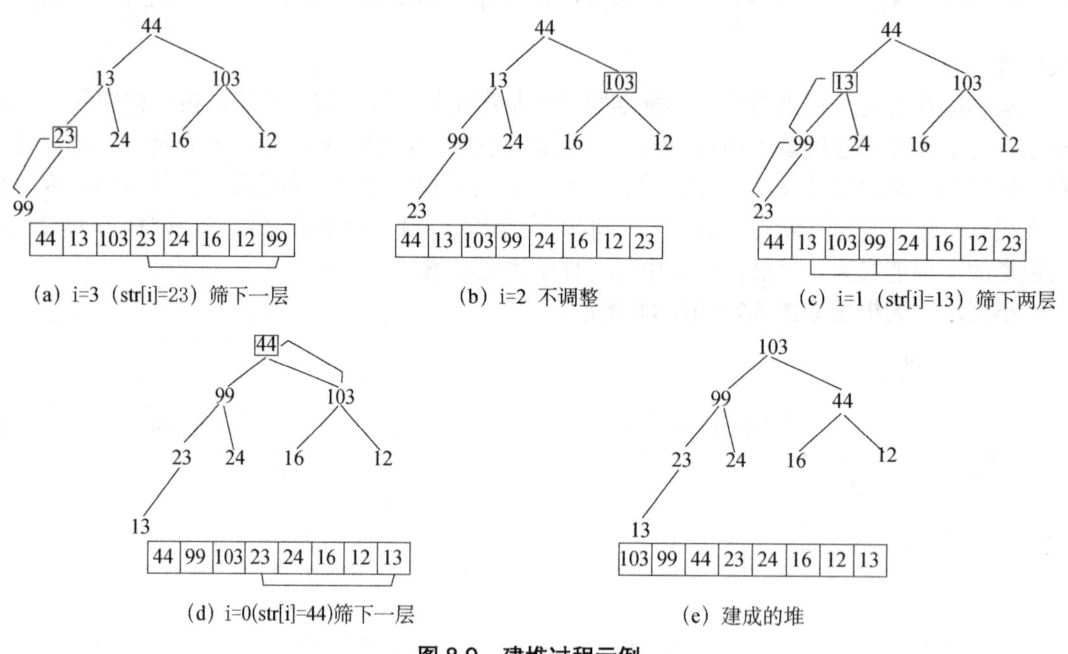


**图 8.9 建堆过程示例**

下面给出建堆的筛选算法。

```
void setHeap(int data[   ],int i,int n){              //在数组 data[i]到 data[n-1]中调整
  int temp=data[i];
  int j=2*i+1;
  while(j<n){                                          //j<n，data[2*i+1]是 data[i]的左孩子
    if(j<n-1&&data[j]<data[j+1])                        //j 指向 data[i]的右孩子
      j++;
      if(temp<data[j]){                                //孩子结点较大，调整
        data[(j-1)/2]=data[j];                         //将 data[j]换到双亲位置上
        j=2*j+1;                                       //修改当前被调整结点
      }
      else
      break;                                           //调整完毕，退出循环
  }
  data[(j-1)/2]=temp;                                  //最初被调整结点放入正确位置
}
```

在完全二叉树中，若一个结点没有左孩子，则该结点必是叶子，因此，筛选算法中循环条件 j<n 不成立时，则表示当前调整结点 data[i]已是叶子，故筛选过程可以结束。在筛选过程中，若当前被调整结点 data[i]和它的左、右孩子相比，某一孩子 data[j]值最大（是指根和它的两个孩子，共三个元素），则需交换 data[i]和 data[j]的位置，将 data[i]筛至下一层。但由于 data[i]还有可能会被继续逐层筛下去，为了减少元素移动次数，故算法在筛选开始前将最初被调整的根结点 data[i]保存在 temp 中，当发生交换时，仅需将 data[j]放入其双亲结点 data[i]的位置，而 data[i]并未直接放入 data[j]的位置，只有当整个筛选过程结束时，才将保存在 temp 中的元素放到最终位置。

由于建堆的结果是把 data[0]到 data[n−1]中最大的元素放入堆顶 data[0]的位置，排序后这个最大的元素应该是元素区 data[0]到 data[n−1]中的最后一个数据，因此，将 data[0]和 data[n−1]交换后便得到了第一趟排序的结果。

第二趟排序的操作首先是将当前无序区 data[0]到 data[n−2]调整为堆。因为第一趟排序后，data[0]到 data[n−1]中只有 data[0]的值发生了变化，它的左、右子树仍然是堆，所以，可以调用 setHeap(data，0，n−2)，将 data[0]到 data[n−2]调整为大根堆，即选出 data[0]到 data[n−2]中最大数据放入堆顶；然后，将堆顶元素 data[0]和当前无序区的最后一个元素 data[n−2]相交换，其结果是 data[0]到 data[n−3]变为新的无序区，data[n−2]到 data[n−1]变为有序区，且有序区中的元素都大于等于无序区中元素。如此重复至多 n−1 趟排序后，就使有序区扩充到整个数组 data[0]到 data[n−1]。

完整的堆排序算法如下。

```
void heapSort(int data[],int n){   //对 data[0]到 data[n−1]进行堆排序
  int temp=0,i;
  for(i=n/2;i>0;i--)               //建初始堆
  setHeap(data,i-1,n);
  for(i=n-2;i>=0;i--){             //进行 n−1 趟堆排序
    temp=data[i+1];                //当前堆顶元素和最后一个元素交换
    data[i+1]=data[0];
    data[0]=temp;
    setHeap(data,0,i+1);           //data[0]到 data[i+1]重建成堆
  }
}
```

堆排序的时间，主要由建立初始堆和不断重建堆这两部分的时间开销构成。建立初始堆共调用了 setHeap 过程$\left\lfloor \frac{n}{2} \right\rfloor$次，每次均是将 data[i]为根（$\left\lfloor \frac{n}{2} \right\rfloor \geqslant i \geqslant 1$）的子树调整为堆。显然，具有 $n$ 个结点的完全二叉树深度是 $h=\lfloor \log_2 n \rfloor+1$，故结点 data[i]（$\left\lfloor \frac{n}{2} \right\rfloor \geqslant i \geqslant 1$）所在的层数只可能是 $h-1$，$h-2$，…，1。由于第 $i$ 层上的结点个数至多为 $2^{i-1}$，故以它们为根的子树深度为 $h-i+1$. 而 setHeap 算法对深度为 $k$ 的完全二叉树所进行的比较次数，至多为 $2(k-1)$次，因此，建初始堆调用 setHeap 算法所进行的比较总次数设为 $C_1(n)$，则它满足：

$$
\begin{aligned}
C_1(n) &= \sum_{i=h-1}^{1} 2^{i-1} \times 2\,(h-1) = \sum_{i=h-1}^{1} 2^{i} \times (h-1) \\
&= 2^{h-1} + 2^{h-2} \times 2 + 2^{h-3} \times 3 + \cdots + 2 \times (h-1) \\
&= 2^{h}\,(1/2 + 2/2^2 + 3/2^3 + \cdots + (h+1)/2^{h-1}) \\
&\leqslant 2^{h} \times 2 \leqslant 4 \times 2\log_2 n = 4n = O(n)
\end{aligned}
$$

第 $j$ 次重建堆时，堆中有 $n-j$ 个结点，完全二叉树深度为$\lfloor \log_2(n-j) \rfloor+1$，调用 setHeap 重建堆所需的比较次数至多为 $2\times\lfloor \log_2(n-j) \rfloor$。因此，$n-1$ 趟排序过程中重建堆的比较总次数不超过 $C_1(n)$，且

$$
\begin{aligned}
C_2(n) &= 2\times(\lfloor \log_2(n-1) \rfloor + \lfloor \log_2(n-2) \rfloor + \cdots + \lfloor \log_2 2 \rfloor) \\
&< 2n\lfloor \lfloor \log_2 n \rfloor \rfloor = O(n\log_2 n)
\end{aligned}
$$

在 setHeap 算法中，元素移动次数不会超过比较次数，因此，堆排序的时间复杂度是

$$O(n+n\log_2 n) = O(n\log_2 n)$$

由于建初始堆所需的比较次数较多，所以，堆排序不适宜于元素数较少的数据集，原因是 $n$ 越大，$n$ 与 $\log_2 n$ 的差别越大，越能体现优势。

综合以上讨论，有如下结论。

① 堆排序的时间复杂度是 $O(n\log_2 n)$，而且堆排序在最好、最坏的情况下，时间复杂度都是 $O(n\log_2 n)$，堆排序需要一个辅助存储空间用于交换元素。

② 由于不停地进行基于位置的数据访问，因此，堆排序只能在顺序表上进行。

③ 在建堆过程中，一个结点需要与左、右子树进行比较调整，所以堆排序是不稳定的。

关于堆排序，在此再做一些总结，以加强理解。

① 堆排序是在顺序表上进行的，利用完全二叉树仅为助于形成抽象思维。

② 堆排序主要分为两大步：建堆过程和排序过程。

③ 建堆过程从顺序表的 data($\left\lfloor \frac{n}{2} \right\rfloor$)处向左进行，直至 data[0]时，形成一个完整的堆。从完全二叉树的角度来看，是从二叉树最后一个非叶子结点处开始，渐次向根。一共需要循环 $n-\left\lfloor \frac{n}{2} \right\rfloor$次建成一个堆，而每一次最多需要比较的次数不会超过 $n$ 个结点构建的完全二叉树的深度，即 $\log_2 n$，所以建堆过程的时间效率为 $O(n\log_2 n)$。

④ 排序过程。在输出堆顶元素之后（即堆顶与完全二叉树最后一个元素交换位置），需要再次对当前的无序序列构建堆，此时是从无序序列的第一个元素向右进行。从二叉树的角度，是从根往下调整元素，而调整次数不会超过完全二叉树的深度，该二叉树最深时不会超

过$\lfloor \log_2 n \rfloor+1$，共有 $n$ 个元素，因此排序过程的时间效率为 $O(n\log_2 n)$。

综合得到，整个堆排序的时间效率为 $O(n\log_2 n)$，无论初始序列如何，上述操作都需要执行，因此堆排序没有最好或最坏情况。

以下为一个基于小根堆的排序示例，其过程更加符合堆排序的实际执行情况。为方便说明，用符号“->”表示调至某位置，“（　）”里的两个数据表示互相交换位置，斜体表示被调换过，“[　]”内的整数表示已有序。

原序：29，16，33，56，26，11，85，31，66，19，44

建堆过程：

```
1  2  3  4  5  6  7  8  9  10 11       //* 顺序表的位置，为便于理解，下标从 1 开始
S1: 29,16,33,56,19,11,85,31,66,26,44    //* ⌊n/2⌋=5   (26, 19)
S2：29,16,33,31,19,11,85,56,66,26,44    //*(56,31)
S3: 29,16,11,31,19,33,85,56,66,26,44    //*(33,11)
S4: 29,16,11,31,19,33,85,56,66,26,44    //*(    )

S5：11,16,29,31,19,33,85,56,66,26,44    //*(29,11)
输出过程:
1  2  3  4  5  6  7  8  9  10 11       //* 顺序表的位置值
S1: 16 19 20 31 26 33 85 56 66 44 [11]   //*44->1,(44,16),(44,19),(44,26)
S2: 19 26 29 31 44 33 85 56 66 [11 16]   //*44->1，(44,19),(44,26)
S3: 26 31 29 56 44 33 85 66 [19 16 11]   //*66->1,(66,26),(66,31),(66,56)
S4: 29 31 33 56 44 66 85 [26 19 16 11]   //*66->1,(66,29),(66,33)
S5: 31 44 33 56 85 66 [29 26 19 16 11]   //*85->1,(85,31),(85,44)
S6: 33 44 66 56 85 [31 29 26 19 16 11]   //*66->1,(66,33)
S7: 44 56 66 85 [33 31 29 26 19 16 11]   //*85->1,(85,44,85,56)
S8: 56 85 66 [44 33 31 29 26 19 16 11]   //*85->1,(85,56)
S9: 66 85 [56 44 33 31 29 26 19 16 11]   //*66->1,(  )
S10:85 [66 56 44 33 31 29 26 19 16 11]   //*85->1,(  )
S11:[88 66 56 44 33 31 29 26 19 16 11]   //完成排序
```

## 8.5 归并排序

**归并排序**是利用“归并”技术进行排序，所谓归并是指将若干个已排序的数组合并成一个有序的数组。归并排序有两种实现方法：自底向上和自顶向下。

### 8.5.1 自底向上的方法

**自底向上**的基本思想：将待排序数组 data[0]到 data[n−1]看成 n 个长度为 1 的有序子数组，把这些子数组两两归并，便得到$\left\lfloor \frac{n}{2} \right\rfloor$个有序的数组，且每个数组有两个元素（当 n 为奇数时，归并后仍有 1 个长度为 1 的子文件）；然后，再把这$\left\lfloor \frac{n}{2} \right\rfloor$个有序的数组两两归并，如此反复，直到最后得到 1 个长度为 n 的有序数组为止。

上述的每次归并操作，都是将两个数组合并成一个数组，这种方法称为“**二路归并排序**”。

类似地也可以有“三路归并排序”或“多路归并排序”。本节只针对二路归并排序进行分析。二路归并排序的全过程，如图 8.10 所示。

在给出二路归并排序算法之前，必须先解决一趟归并问题。虽然理论上没有规定两个序列一定是相邻的，但是为了能够简化归并算法，本节在完成一趟归并（两个区间合并为一个区间）中规定两个区间是相邻的。在归并中，需要知道两个数组的长度，因此设置三个 int 型的变量，分别为 low，middle 和 high。 它们表示在同一个数组中的两个区间[low，middle]和[middle＋1，high]，此时两个数组的范围即为 data[low]到 data[middle]和 data[middle＋1]到 data[high]。

一趟归并排序采用直接插入排序方法将后一个数组中的每一个元素依次插入到第一个数组中，实现两个有序数组的归并。

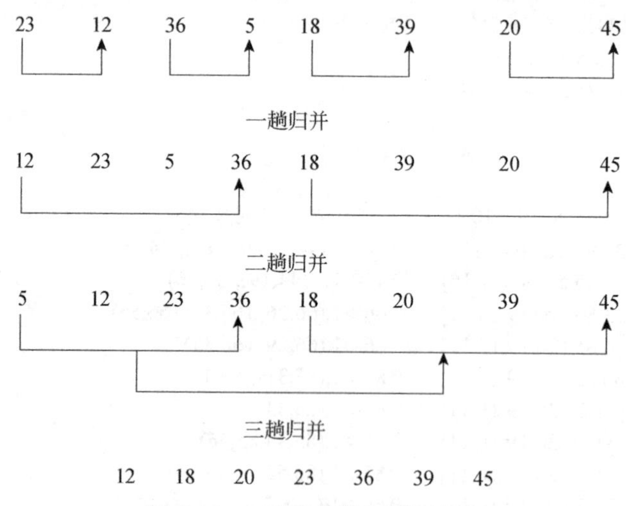


**图 8.10 二路归并排序算法演示**

以下代码是一趟归并算法。

```
//一趟归并排序算法
void mergeOne(int data[   ],int low,int middle,int high){
  int temp=0,i,j;
  for(i=middle＋1;i<=high;i＋＋){ /*将两个数组合并成一个有序数组*/
      //将第二个数组的元素从 middle 到 high 依次与第一个数组数据进行比较排序
      for(j=i;j>low;j--)
      if(data[j]<data[j-1]){
         temp=data[j];
         data[j]=data[j-1];
         data[j-1]=temp;
   }else break;
  }
}
```

二路归并算法的完整实现可以借助一个队列，把要合并的区间全部加入到队列中，然后从队列里每次取出两个区间，进行合并，合并后再入队，直到队列中只有一个区间为止。

在数组中，只需记下区间的起始下标和终止下标，把它们看成一个区间对，其数据格式描述如下。

LinkQueue 是一个结构体，属性包含 int 类型的 low，high，以及指向自身的指针 next。其 C 语言描述如下：

```
typedef struct node{
    int low;
    int high;
    struct node * next;
}Node;
队列的数据结构描述如下：
typedef struct {
    Node *head;// head 是链表的头指针
    Node *tail;// tail 是尾指针
}LinkQueue;
```

每次入队是一个区间对（low，high），基于该结构体完成队列的入队出队操作（inQueue，outQueue）。以下代码是采用队列完成基于一趟归并函数实现的完整二路归并算法。

```
//用队列实现的二路归并排序算法
void mergeSort(int data[  ],int n){
    LinkQueue queue;
    Node node1=null,node2=null,temp;
    int i;
    for(i=0;i<n;i++)//将数组中的每个元素的范围入队
    inQueue(&queue,i,i);   //入队
     //head 是队头,rear 是队尾，head.next!=rear 表示队列至少剩下两个
    while(head!=tail){
            node1=outQueue(&queue);//获取当前队列第一个区间
            node2=outQueue(&queue);//获取当前队列第二个区间
            //判断此时是否先出队 high==n 的队列并且后出队 low==0 的队列
            if(node1.high+1!=node2.low){
            inQueue(&queue,node1.low,node1.high);
            node1=node2;
            node2= outQueue(&queue);
        }
        mergeOne(data,node1.low,node1.high,node2.high);
        inQueue(&queue,node1.low,node2.high);//将归并好的数组范围入队
    }
}
```

下面举例进行二路归并排序算法的分析，假设有示例数组为 13，12，21，23，96，排序过程见表 8.2。

**表 8.2 归并排序过程**

| 初始队列 | （0，0），（1，1），（2，2），（3，3），（4，4） |
|---|---|
| 第一次合并(0，0)，(1，1)，入队（0，1） | （2，2），（3，3），（4，4）（0，1） |
| 第二次合并(2，2)，(3，3)，入队（2，3） | （4，4）（0，1），（2，3） |
| 由于（4，4），（0，1）不连续，（4，4）重新入队 | （0，1），（2,3），（4，4） |
| 第四次合并（0，1），（2，3），入队（0，3） | （4，4），（0，3） |
| 由于（4，4），（0，3）不连续，（4，4）重新入队 | （0，3）（4，4） |
| 第五次合并（0，3），（4，4），入队（0，4） | （0，4） |
| 归并到一个区间，结束 | （0，4） |

步骤如下。

步骤1：初始时，每个数作为一个单独区间，分别为(0，0)，(1，1)，(2，2)，(3，3)，(4，4)，把它们依次入队。

步骤2：当队列中超过两个区间，就要进行归并。取出队列中前两个元素(0，0)，(1，1)，将其一趟归并，得到排序结果（12，13），并将合并后的区间（0，1）入队，此时队列数据为(2，2)，(3，3)，(4，4)，(0，1)。

步骤3：再取出两个区间（2，2），（3，3），将其一趟归并，得到排序结果为（21，23），合并后（2，3）入队，得到队列(4，4)，(0，1)，(2，3)。

步骤 4：再取两个区间（4，4）和（0，1），由于这两个区间不是相邻的区间，因此把（4，4）重新入队，得到队列(0，1)，(2，3)，(4，4)；再取两个区间（0，1）和（2，3），将其一趟归并，得到排序结果（12，13，21，23）合并后（0，3）入队，队列为（4，4），（0，3）。

步骤5：由于（4，4）和（0，3）不是相邻的，把（4，4）再次入队，队列为（0，3），（4，4）。

步骤6：取出（0，3）和（4，4），将其一趟归并，得到排序结果（12，13，21，23，96）合并后入队（0，4）。

步骤7：由于此时队列中只有一个区间，合并完毕，算法结束。

此算法的瑕疵在于，如果后一个数组的所有数据都小于前一个数组的数据，那么要移动次数为两个数组元素个数的乘积。如果申请一个另外的数组，将两个数组中有序数据赋值到新的数组中将更节省效率，但是这种情况极少，而且开辟新的数组又需要 $O(n)$个辅助空间。

显然，每趟归并所花的时间是 $O(n)$，对于有 $n$ 个元素的数组来说，每一步都以 2 的倍数合并，所以做$\lceil \log 2^n \rceil$趟归并后就完成整个归并排序。因此，二路归并排序算法的时间复杂度为 $O(n\log_2 n)$。

本节中二路归并需要一个队列保留中间过程，需要辅助空间 $O(n)$。

一般而言，二路归并只能在顺序表上实现。二路归并排序是稳定的。

利用二叉树理解二路归并更便于理解。将 $n$ 个无序数据看作一个二叉树的最下一层的所有叶子，一趟归并后，该二叉树的倒数第二层的每一个结点有左、右两个孩子（$n$ 为偶数）或仅有一个结点只有左孩子（$n$ 为奇数），其他结点都有两个孩子，这正好说明此时的每一个有序集包含两个元素，依次类推，倒数第三层、倒数第四层……直至二叉树的根构建出来后，整个排序结束，而二叉树的根就是排序结果。

可以证明，这棵二叉树的深度是 $\log_2 n$ 量级，又因为每一趟归并所耗费的时间最多为 $O(n)$，所以整个二路归并的时间效率为 $O(n\log_2 n)$。

## 8.5.2 自顶向下的方法

采用分治法（该算法的详细内容见本书第 10 章）进行**自顶向下**的算法设计，形式更为简单。设归并排序的当前区间是 data[0…n−1]，采用分治法来进行归并排序主要有三个步骤。

步骤 1：将当前区间一分为二，即求分裂点 $m=(0+n-1)/2$，只要区间长度大于 1 的就不断进行递归分解。

步骤 2：递归地对两个子区间 data[0…m]和 data[m＋1…n−1]进行归并排序。

步骤 3：将已排序的两个子区间 data[0…m−1]和 data[m＋1…n−1]归并为一个有序的区间 data[0… n−1]。

采用自顶向下的二路归并实现函数如下：

```
void mergeSort(int data[],int low, int high){
  int m;
  if(low < high){
    m=(low+high) /2;
    mergeSort(low,m);
    mergeSort(m+1,high);
    mergeOne(data,low,m,high);
  }
}
```

为了理解这个算法，以序列 13，12，21，2，96，10 为例来讲解。主函数调用 mergeSort (data，0，4)，执行递归调用过程如图 8.11 所示。

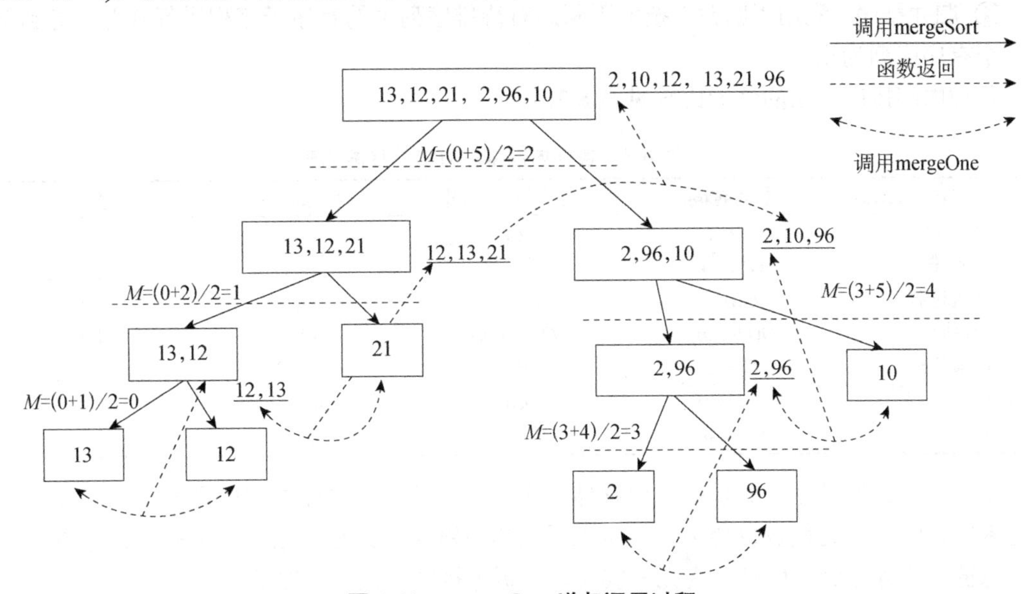


图 8.11　mergeSort 递归调用过程

从过程图可以看到，自顶向下方法就是不断对区间进行折半划分，直到每个区间的长度为 1（这个过程是一个递归的过程），然后再对两个区间进行合并，不断回退（即为归约的过程）。

长度为 $n$ 的数列，需进行$\lceil \log_2 n \rceil$趟二路归并，每趟归并的时间为 $O(n)$，故其时间复杂度在最好、最坏情况下均是 $O(n\log_2 n)$。

自顶向下的二路归并采用递归实现，从图 8.11 也可以看出，该方法实现的二路归并过程类似一个类完全二叉树的构建，因此算法的时间复杂度是 $O(n\log_2 n)$，递归需要 $O(n)$个辅存空间，该算法是稳定的，且只能在顺序表上实现。

## 8.6 内部排序方法的比较和选择

迄今为止，已有的排序方法远远不止本章所讨论的几种，排序方法的研究受到极大关注，不仅因为排序在信息技术领域的重要性，而且因为不同的排序方法应用在不同的场景表现出的优缺点也不相同。一般而言，选取一个排序方法常需考虑的因素包括待排序列的大小，包括条目个数及每一个元素的信息量；对时间效率的要求；对稳定性的要求；硬件可提供的冗余内存等。

各种内部排序按所采用的基本思想(策略)可分为：插入排序、交换排序、选择排序、归并排序和基数排序（基数排序本书略），它们的基本策略如下。

① 插入排序。依次将无序序列中的元素，按其值的大小插入到已排好子序列的适当位置，直到所有的元素都插入为止。具体的方法有直接插入、折半插入和希尔排序。

② 交换排序。对于待排序列中的元素，两两比较大小，并对反序的两个元素进行交换，直到整个序列中没有反序的元素为止。具体的方法有冒泡排序、快速排序。

③ 选择排序。不断地从待排序列中选取最小的元素，放在已排好序的序列的最后，直到所有元素都被选取为止。具体的方法有直接选择排序、堆排序。

④ 归并排序。利用“归并”技术不断地对待排序列中的有序子序列进行合并，直到合并为一个有序序列为止。

各种内部排序方法的性能比较见表 8.3。

**表 8.3 各种内部排序方法的性能比较**

| 方法 | 平均时间 | 最坏所需时间 | 附加空间 | 稳定性 |
|---|---|---|---|---|
| 直接插入 | $O(n^2)$ | $O(n^2)$ | $O(1)$ | 稳定 |
| 希尔排序 | $O(n^{1.3})$ | 同平均 | $O(1)$ | 不稳定 |
| 直接选择 | $O(n^2)$ | $O(n^2)$ | $O(1)$ | 不稳定 |
| 堆排序 | $O(n\log_2 n)$ | $O(n\log_2 n)$ | $O(1)$ | 不稳定 |
| 冒泡排序 | $O(n^2)$ | $O(n^2)$ | $O(1)$ | 稳定 |
| 快速排序 | $O(n\log_2 n)$ | $O(n^2)$ | $O(\log_2 n)$ | 不稳定 |
| 归并排序 | $O(n\log_2 n)$ | $O(n\log_2 n)$ | $O(n)$ | 稳定 |

本章中讨论的排序一般是在顺序存储结构上实现的，在排序过程中需要移动大量元素，当元素很多时，时间耗费也会很多，可以采用静态链表作为存储结构。但有些排序方法在采用静态链表作为存储结构时，则无法实现，如折半排序、快速排序等。

## 本章小结

本章介绍了排序的概念和有关知识，主要对插入排序、交换排序、选择排序、归并排序等四类内部排序方法进行了讨论，分别介绍了各种排序方法的基本思想、排序过程和实现算法，分析了各种算法的时间复杂度和空间复杂度，对一些比较复杂的排序算法，给出示例数据演示算法过程，以帮助理解。在对比各种排序方法的基础上，提出一些参考建议。

由于排序运算在计算机应用中十分重要，建议深刻理解各种内部排序的基本思想和特点，熟悉内部排序的具体过程、各种算法的时间复杂度及其分析方法，以便在实际应用中，根据具体问题的要求，选用或设计出高效的排序算法。

综合本章介绍的各种排序算法，可以得到以下结论。排序算法的时间效率无外乎两种：$O(n^2)$ 和 $O(n\log_2 n)$。其中效率更高的 $O(n\log_2 n)$ 主要有快速排序、堆排序、二路归并排序等，且这些排序可结合二叉树分析，这说明二叉树在本课程中的十分重要，期望同学们能将知识融会贯通，学以致用。

# 本章习题

**一、填空题**

1. 大多数排序算法都有两个基本的操作：_____和_____。

2. 在对一组元素（54，38，96，23，15，72，60，45，83）进行直接插入排序时，当把第7个元素60插入到有序数组中时，为寻找插入位置至少需比较_____次。

3. 在插入和选择排序中，若初始数据基本正序，则选择_____；若初始数据基本反序，则选择_____。

4. 在堆排序和快速排序中，若初始元素接近正序或反序，则选择_____；若初始元素基本无序，则最好选择_____。

5. 对 $n$ 个元素的集合进行冒泡排序，在最坏的情况下所需要的时间是_____。若对其进行快速排序，在最坏的情况下所需要的时间是_____。

6. 对 $n$ 个元素的集合进行归并排序，所需要的平均时间是_____，所需要的附加空间是_____。

7. 对 $n$ 个元素的表进行二路归并排序，完成整个归并排序需进行______趟（遍）。

8. 设要将序列（Q，H，C，Y，P，A，M，S，R，D，F，X）中的关键码按字母升序排列，则冒泡排序一趟扫描的结果是________________________；初始步长为4的希尔（shell）排序一趟的结果是________________________；二路归并排序一趟扫描的结果是________________________；快速排序一趟扫描的结果是________________________；堆排序初始建堆的结果是________________________。

9. 在堆排序、快速排序和归并排序中，若只从存储空间考虑，则应首先选取______方法，其次选取______方法，最后选取______方法；若只从排序结果的稳定性考虑，应选取______；若只从平均情况下速度最快考虑，则应选取______方法。

10. 具有 $n$ 个结点的“类完全二叉树”与“完全二叉树”相同之处是：剪除各自的最后一层的叶子，它们都是______。

**二、选择题**

1. 将5个不同的数据进行直接插入排序，至多需要比较次数为（　　）。

A. 8　　B. 9　　C. 10　　D. 25

2. 排序方法中，从未排序序列中依次取出元素与已排序序列（初始时为空）中的元素进行比较，将其放入已排序序列的正确位置上的方法，称为（　　）。

A. 希尔排序　　B. 冒泡排序　　C. 插入排序　　D. 选择排序

3. 从未排序序列中挑选元素，并将其依次插入到已排序序列（初始时为空）的一端的方法，称为（　　）。

A. 希尔排序　　B. 归并排序　　C. 插入排序　　D. 选择排序

4. 对 $n$ 个不同的排序码进行冒泡排序，在下列哪种情况下比较的次数最多。（　　）

A. 从小到大排列好的　　B. 从大到小排列好的

C. 元素无序　　D. 元素基本有序

5. 快速排序在下列哪种情况下最易发挥其长处。（　　）

A. 被排序的数据中含有多个相同排序码

B. 被排序的数据已基本有序

C. 被排序的数据完全无序

D. 被排序的数据中的最大值和最小值相差悬殊

6. 对 $n$ 个元素的表做快速排序，在最坏情况下，算法的时间复杂度是（　　）。

A. $O(n)$　　B. $O(n^2)$　　C. $O(n\log_2 n)$　　D. $O(n^3)$

7. 若一组元素的排序码为 46，79，56，38，40，84，则利用快速排序的方法，以第一个元素为基准得到的一次划分结果为（　　）。

A. 38，40，46，56，79，84　　B. 40，38，46，79，56，84

C. 40，38，46，56，79，84　　D. 40，38，46，84，56，79

8. 下列序列中，（　　）是堆。

A. 16，72，31，23，94，53　　B. 94，23，31，72，16，53

C. 16，53，23，94，31，72　　D. 16，23，53，31，94，72

9. 堆排序属于（　　）。

A. 插入　　B. 选择

C. 交换　　D. 归并

10. 堆的形状是一棵（　　）。

A. 二叉排序树　　B. 满二叉树

C. 完全二叉树　　D. 类完全二叉树

11. 下述几种排序方法中，辅助内存要求最大的是（　　）。

A. 插入排序　　B. 快速排序

C. 归并排序　　D. 选择排序

**三、算法设计题**

1. 在链表上实现线性整数直接插入排序算法。

2. 在链表上实现线性整数冒泡排序算法。

# 第 9 章　查找

**查找**又称检索，它是数据处理中经常使用的一种运算，从某种意义上来说，排序的目的是查找。

本书前面曾经讨论过一些简单的查找运算，但由于查找运算的使用频率很高，几乎在任何一个计算机系统软件和应用软件中都会涉及，所以，当问题所涉及的数据量相当大时，查找方法的效率就显得尤为重要，尤其是在一些响应效率要求比较高的系统中，一个优秀的查找算法是系统的关键。本章内容主要包括顺序查找、折半查找、二叉排序树查找及散列查找等。

顺序查找、折半查找在前面有所涉及，而二叉排序树查找和散列查找可以理解成为查找而动态构建的数据集及其存储格式，通过对它们的效率分析比较出各种查找方法的优劣，这也是本章的重点。

由于查找运算的主要操作是比较元素，所以，通常把查找过程中对元素需要执行的**平均比较次数**（也称平均查找长度）作为衡量一个查找算法效率优劣的标准。**平均查找长度** ASL（Ayerage Serach Length）定义为

$$\mathrm{ASL}=\sum_{i=1}^{n} p_i c_i$$

其中，$n$ 是元素的个数；$p_i$ 为查找列表中第 $i$ 个数据元素的概率；$c_i$ 为找到列表中第 $i$ 个数据元素时，已经进行过的元素比较次数，显然对于相同规模的数据集 $n$，ASL 越小，查找效率越高，该查找算法越好。

## 9.1　线性表的查找

线性表是逻辑结构最简单的一种存储形式。本节将介绍三种在线性表上的查找方法，分别为顺序查找、二分查找和分块查找，将基于简单的整型数组或链式结构来分析具体的查找过程，以便于理解查找算法及其特点。

### 9.1.1　顺序查找

**顺序查找**是一种最简单的查找方法。它的基本思想：从表的一端开始，顺序扫描线性表，

依次将扫描到的元素与给定值 $K$ 相比较，若当前扫描到的结点与 $K$ 值相等则查找成功；若扫描结束后仍未找到与 $K$ 值相等的结点，则查找失败。顺序查找方法既适用于线性表的顺序存储结构也适用于链式存储结构，下面依次给出两种方法的具体实现。

在顺序表上的实现如下：

```
//顺序查找实现
int sequentialSearch(int data[   ],int n,int Key){
 int i;
 for(i=0;i<n;i++) {
  if(Key==data[i]) return i;//找到就返回
 }
  return-1;
}
```

链式存储结构上顺序查找的实现如下：

```
//链式查找实现
typedef struct node
{
  int data                              //此处假设数据元素只包含一个整型的元素域
  struct node *next;                    //结点后继结点
}LinkList;

//假定在已有链表 list 中去查找
LinkList * sequentialSearch(LinkList *list,int Key){
  while(list!=NULL){
      if(list->data == Key) return list;   // 查到对应的结点
      list =list->next;                    // 往后继结点偏移一个
 }
 return NULL;                              // 查不到
}
```

顺序查找的效率分析：从表的一端开始顺序扫描线性表，依次将扫描到的结点元素和给定值 $K$ 相比较。各结点等概率查找条件下平均查找长度为

$$\text{ASL} = \left[n+(n-1)+(n-2)+\cdots+2+1\right]/n = (n+1)/2$$

有时，表中的各结点查找概率不相等，例如，在由全体学生的病历档案组成的线性表中，体弱多病的同学的病历的查找概率必然高于健康的同学。在不等概率的情况下，顺序查找的平均查找长度为

$$\text{ASL} = p_1 + 2p_2 + \cdots + (n-1)p_{n-1} + np_n$$

显然，当 $p_n \leqslant p_{n-1} \leqslant \cdots \leqslant p_1$ 时 ASL 达到最小值。因此应将表中各结点按照查找概率由大到小存放，以便提高查找效率，若事先不知道各结点的查找概率，可将以上算法做如下修改，每当查找成功就将找到的结点与其前驱结点交换。这样，使得查找概率大的结点在查找过程中不断前移，便于在以后的查找中减少查找次数。

顺序查找的优点是算法简单，且对表的结构无任何要求，既适用于线性表的顺序存储结构，也适用于线性表的链式存储结构，既可用于无序查找，也可用于有序查找。缺点是查找效率低，算法的时间复杂度为 $O(n)$，当 $n$ 较大时，不宜采用顺序查找。

## 9.1.2　二分查找

**二分查找**，又称**折半查找**，它是一种效率较高的查找方法。其优点是通过一次比较，尽可能多地排除一些数据，因此查找效率高，平均性能好。但该算法的缺点是要求待查表为有序表，且要求顺序存储，因此不易进行插入、删除操作。折半查找方法适用于不经常变动而查找频繁的有序表。

关于二分查找，在第 8 章的折半插入中已涉及，其时间效率为 $O(\log_2 n)$。下面利用二叉树的概念来解释二分查找的实现过程。

假设在一组有序序列中查找 $k$ 值，二分查找首先比较该序列的中间数据，此时，将中间数据想象成一个二叉树的根；如果比较的结果是该中间数据比 $k$ 大，则进一步比较有序序列前半部分的中间数据；反之，将比较有序序列后半部分的中间数据。此时，将这两个中间数据可以想象成二叉树根的左、右两个孩子，依次类推，最终将构建出一个“类完全二叉树”。

基于这个类完全二叉树，将比较容易地分析出二分查找的时间效率。事实上，二分查找的过程是从该二叉树根出发，沿某一条路径最多抵达叶子的过程，因此二分查找的效率不大于该二叉树的深度。所以说是“最多”，是因为如果在某次折半时找到了 $k$ 值，那么所路过的结点个数必定小于等于二叉树的深度。

而对于有 $n$ 个结点的类完全二叉树而言，其深度与完全二叉树一样，是$\lfloor \log_2 n \rfloor+1$，因此折半查找的时间效率为 $O(\log_2 n)$。

从类完全二叉树中不仅可以轻易地得到折半查找的时间效率，还可以方便地发现折半的本质：在类完全二叉树中，每一次比较的失败，将决定下一步搜索该二叉树的哪一棵左、右子树，即每一次失败的比较，就将丢弃待查数据的一半数据，这种大量的丢弃，使得待查数据集减小的速度很快，从而有效地提高了查找的效率。

如图 9.1 所示是有序集 3，12，13，26，29，32，36，55，61，79，94，101，111 折半查找过程构建的二叉树。

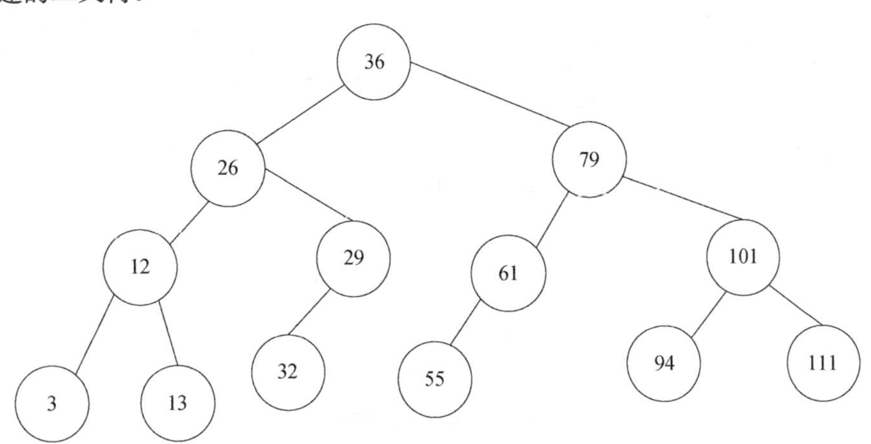


**图 9.1　类完全二叉树**

需要注意的是，虽然二分查找的时间效率为 $O(\log_2 n)$，但在实际计算该查找算法的 ASL 时，并不能一概而论，以上面的类完全二叉树为例，其 ASL 计算过程如下：

一次查找，1 个数据；

二次查找，2 个数据；

三次查找，4 个数据；

四次查找，6 个数据（注意，虽然二分查找的第四次查找可以决定 8 个数据，但因为一共只剩 5 个元素）。

所以，依据 ASL 定义，考虑到等概率情况（每个元素被查找概率为 1/13），有

$$ASL=(1\times1+2\times2+3\times4+4\times6)/13=3.15$$

但若是顺序查找，则

$$ASL=(1+2+3+4+\cdots+13)/13=7$$

### 9.1.3 分块查找

**分块查找**，又称**索引顺序查找**，其性能介于顺序查找和二分查找之间。

分块查找的基本思想：将数组 data[n]分为 $m$ 块，前 $m-1$ 块中每块结点个数为 $S=\lceil n/m \rceil$，第 $m$ 块结点个数小于等于 $S$。每一块中的元素不一定有序，但是块与块之间是有序的，即前一块最大的元素要小于后一块最小的元素。抽取各块中最大的元素和其在数组 data 中的位置构成一个索引数组 index[ ]。由于表 data 是分块有序的，那么索引表是一个递增有序表。接下来以示例和图解的形式来分析分块查找的整个过程。

假设被查找的分块表中元素序列为

23，12，13，3，7，21，31，32，44，38，24，48，60，58，94，49，96，53

此时 data[n]有 18 个元素，假设分成 3 块，每块中有 6 个元素。此时，第一块结点中最大元素为 23，比第二块结点最小元素 24 小，第二块结点最大元素为 48，比第三块最小元素 49 要小，如图 9.2（a）所示，灰色结点表示块中最大元素。我们将三块中数据最大的元素及其位置放置在二维表中，如图 9.2（b）所示。

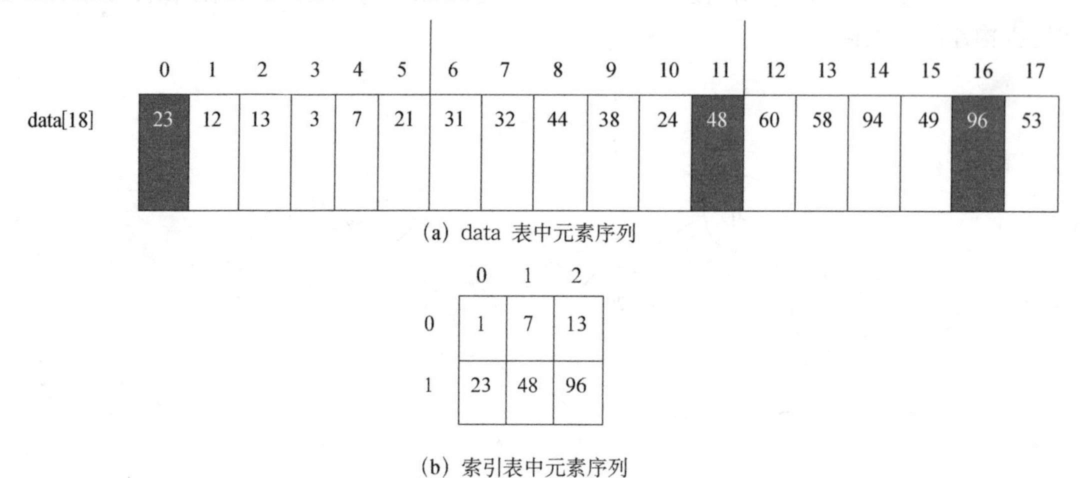


（a）data 表中元素序列

|   | 0 | 1 | 2 |
|---|---|---|---|
| 0 | 1 | 7 | 13 |
| 1 | 23 | 48 | 96 |

（b）索引表中元素序列

**图 9.2 分块查找**

分块查找的基本思路：首先查找索引表，因为索引表是有序表，所以可以采用二分查找或顺序查找，以确定待查的结点在哪一块中，然后在分块表 data 中顺序查找这一块的元素，直到找到或者不存在为止。假设给定值 key=24，先查询索引表，确定在第二块中，再在分块

表中查询第二块中所有元素，直到 data[10]=24，查找结束。

以下代码给出分块查找法的具体实现。

```
//分块查找
int blockSearch（int m,int data[  ],int index[  ][m],int n,int key）{
 //分块查找元素为 key 的记录，m 为索引表列数，n 为分块表的长度
  int i=0,j,k,indexlocation=0;
  for（k=0;k<m;k++）      //查找索引表，找到元素在分块表的区间
  if（index[1][k]>=key）{
     indexlocation=index[0][k];
     break;
 }
  int num=indexlocation/m; //待查找元素在分块表中第几块
  if（k>=m） return -1;
  i=n/m*（num-1）;         //待查找区间的起始位置
  if（k==m-1）             //若元素在最后一块，此块不一定均分
  j=n-1;                   //待查找区间的终点位置
  else
  j=n/m*num-1;             //待查找区间的终点位置
  i=n/m*（num-1）;
  printf（"indexlocation=%d i=%d j=%d",indexlocation,i,j）;
  for（i=0;i<=j;i++）           //在块中区间查找元素
  if（data[i]==data）    return i;
  return -1;
}
```

由于分块查找实际上是两次查找过程，因此整个算法的平均查找长度是两次查找的平均查找长度之和。

如果以二分查找来确定块，则分块查找的平均查找长度为

$$\mathrm{ASL}=\mathrm{ASL}_{\mathrm{bn}}+\mathrm{ASL}_{\mathrm{sq}}\approx\log_2(b+1)-1+(s+1)/2\approx\log_2(n/s+1)+s/2$$

其中，$\mathrm{ASL}_{\mathrm{bn}}$表示块内查找，$\mathrm{ASL}_{\mathrm{sq}}$表示块间查找。

如果以顺序查找来确定块，则分块平均查找长度为

$$\mathrm{ASL}=(b+1)/2+(s+1)/2=(s^2+2s+n)/(2s)$$

其中，$b$ 表示数据被分成多少块，$n$ 表示数据的长度，$s$ 为 $n/b$。

在实际应用中，分块查找不一定要将线性表分成大小相等的若干块，而应该根据表的特征进行分块。而索引表中可以利用三元组表来存储数据，这样一旦查找到元素所在的区间，就可以直接查找分块表中区间元素。三元组索引表如图 9.3 所示，第一列为块中初始位置，第二列为块中终点位置，第三列为块中最大元素。例如，一个学校的学生登记表，可按系代号或班代号分块。若要查询某个学生的信息，先在索引表中二分查找，找到其所在的系或者班的块，然后进行顺序查找或者二分查找（假设学生学号顺序排列），这样效率就得到了极大的提高。

| 0 | 5 | 23 |
|---|---|---|
| 6 | 11 | 48 |
| 12 | 18 | 96 |

图 9.3 三元组索引表

分块查找的优点是，在表中插入或删除一个元素时，只要找到该元素所属的块，就在该块内进行插入和删除运算。因块内元素的存放是任意的，所以，插入或删除比较容易，无须移动大量数据。分块查找的主要代价是增加一个辅助数组的存储空间和将初始表分块排序的运算。

## 9.2 树表的查找

从以上讨论内容可知，当线性表作为表的组织形式时，可以有三种查找法，二分查找效率最高。但由于二分查找要求表中元素有序，且不能用链表作为存储结构。因此，当需要频繁进行插入或者删除操作时，为维护表的有序性，势必要移动表中的很多结点，这种由移动结点引起的额外时间开销，就会抵消二分查找的优点。

本节将介绍二叉排序树作为表的组织形式，称为树表。下面将讨论如何构建二叉排序树及在该树上进行的查找方法。

### 9.2.1 二叉排序树

**二叉排序树**的定义：二叉排序树或者是一棵空树，或者是满足下列性质的二叉树。

① 若左子树不为空，则左子树上所有结点的值都小于根结点的值。

② 若右子树不为空，则右子树上所有结点的值都大于根结点的值。

③ 左、右子树分别是二叉排序树。

从二叉排序树的定义可得出二叉排序树的一个重要性质：若按中序遍历一棵二叉排序树时，所得到的结点序列是一个递增序列。例如，图 9.4 所示的树即为二叉排序树，若中序遍历图示的二叉排序树，则可得有序序列为 3，12，24，31，45，53，61，94，96，100。

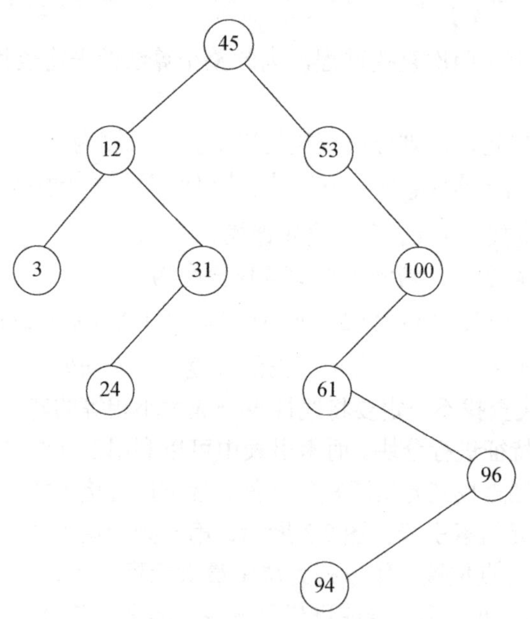


**图 9.4　二叉排序树示例**

在二叉排序树的操作中，为方便结点插入与删除，使用二叉链表作为存储结构，其结点类型与第 6 章相似，定义如下。

```
typedef struct node{
  int data;                //结点值
```

```
    struct node *lchild;   //左子树
    struct node *rchild;   //右子树
}BSTree;
```

### 1. 二叉排序树的插入和生成

在二叉排序树中插入一个新结点，要保证插入后仍满足该树是二叉排序树。

插入操作思路：在 BSTree 树中插入一个新结点 x 时，若二叉排序树为空，则令新结点 x 为插入后二叉排序树的根结点；否则，将结点 x 的元素与根结点 T 的元素进行比较，分三种情况。

① 若相等，不需要插入。

② 若 x＜T->data，则结点 x 插入到 T 的左子树中。

③ 若 x＞T->data，则结点 x 插入到 T 的右子树中。

而子树中的插入过程和树中的插入过程相同，如此进行下去，直到把结点 x 作为一个新的树叶插入到二叉排序树中，或者直到发现树中已有结点 x 为止。显然上述的插入过程是递归定义的，具体递归算法如下。

```
BSTree *insertBSTree（BSTree *tree,int data）{
    BSTree *temp;
    if（tree==NULL）{ //当树为空时，新建结点并赋给 tree，回调函数
    temp=（BSTree*）malloc（sizeof（BSTree））;
    temp->data=data;
    temp->lchild=NULL;
    temp->rchild=NULL;
    return temp;
     }
    if（data<tree->data）         //递归左子树
    tree->lchild=insertBSTree（tree->lchild,data）;
    elseif（data>tree->data）     //递归右子树
    tree->rchild=insertBSTree（tree->rchild,data）;
    }
```

由于插入操作是从根结点开始逐层向下查找插入位置的，因此，也很容易写出插入过程的非递归算法。

```
BSTree * insertBSTree（BSTree *tree,int data）{
   BSTree *parent,*temp;   //parent 用来保存新结点的父亲结点，temp 表示新结点
   temp=tree;
   while（temp）{                                /*查找插入位置*/
        if（data==temp->data）
        eturn tree ;                             /* 若二叉排序树 tree 中已有 data，则无须插入 */
        parent=temp;
        temp=（data<temp->data）?temp->lchild:temp->rchild;
        }
        temp=（BSTree*）malloc（sizeof（BSTree））; /*生成待插入的新结点*/
        temp->data=data;
        temp->lchild=temp->rchild=NULL;
        if（tree==NULL）
        tree=temp;                               /*原树为空时 temp 结点为根结点*/
        elseif（data<parent->data）
        parent->lchild=temp;
```

```
        else
        parent->rchild=temp;
        return tree;
    }
```

对于给定的一个元素序列，可以利用插入算法逐步创建一棵二叉排序树。将二叉排序树初始化为一棵空树，然后逐个读入元素，每读入一个元素，就调用上述插入算法将新元素插入当前已生成的二叉排序树中，直至元素序列插入完毕。生成二叉排序树的算法如下。

```
//二叉排序树的建立
//根据输入的结点序列，建立一棵二叉排序树，并返回根结点的地址
BSTree *creatbstree（ ）{
   BSTree *t=NULL;
   int   key;
   printf（"\n 请输入一个以-1 为结束标记的结点序列：\n"）；
   scanf（"%d",&key）；          /*输入一个元素*/
   while（key!=-1）{
       t=insertbstree（t,key）；  /*将 key 插入二叉排序树 t，调用插入函数*/
 scanf（"%d",&key）；
}
return t;                       /*返回建立的二叉排序树的根指针*/
}
```

假设有结点序列为 11，13，12，24，96，31，以非递归算法演示二叉排序树的构建过程。

① 初始时将结点 11 读入，此时树为空，将 temp 结点作为树根。

② 再次读入 13，遍历二叉排序树，因为 13＞11，所以在 temp 的右子树中查找，temp=temp->rchild，此时 temp 为空，则生成新结点并将新结点赋予父结点 parent 的右子树。

③ 再次读入 12，遍历整个二叉排序树，因为 12＞11，所以遍历 temp 的右子树，temp=temp->rchild，又因为 12＜13，所以遍历 temp 的左子树，temp=temp->lchild，此时 temp 为空，则生成新结点并将新结点赋予父结点 parent 的左子树。

④ 依次插入，将所有结点全部插入完毕。插入过程如图 9.5 所示。

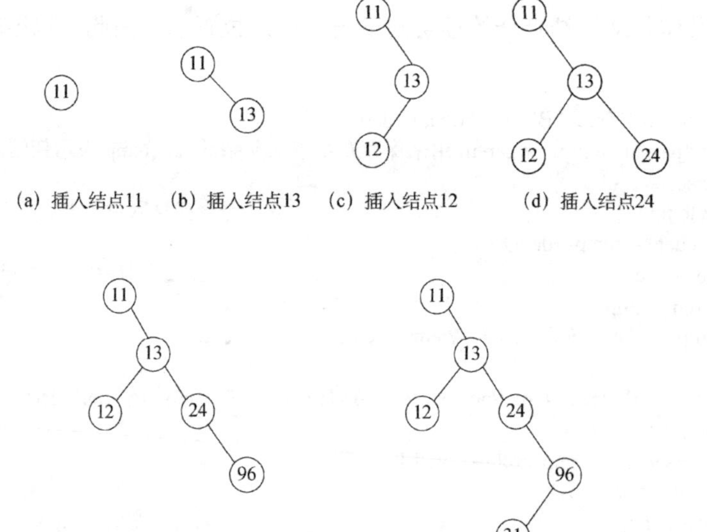


（a）插入结点11 （b）插入结点13 （c）插入结点12 （d）插入结点24

（e）插入结点96 （f）插入结点31

**图 9.5 二叉排序树插入过程示例**

### 2. 二叉排序树的查找

因为二叉排序树可看作一个有序表，所以在二叉树上进行查找，与二分查找类似，是逐步缩小查找范围的过程，根据二叉排序树的特点，查找过程如下。

若二叉排序树为空，则查找不成功；否则将待查元素 key 与根结点（T）元素 data 进行比较，有以下几种情况。

① key=T->data：则查找成功，返回根结点地址。

② key<T->data：则进一步查左子树。

③ key>T->data：则进一步查右子树。

显然这是一个递归过程，可用递归算法实现查找。

```
//二叉排序树的递归查找
/*在二叉排序树 node 中查找元素为 key 的结点，若找到则返回该结点的地址，否则返回 NULL*/
BSTree* bstSearch（BSTree *tree,int key）{
    if（tree==NULL||key==tree->data）
    return tree;
    if（key<tree->data）
    return bstSearch（tree->lchild,key）;     //递归地在左子树中检索
    return bstSearch（tree->rchild,key）;     //递归地在右子树中检索
}
```

非递归实现方法如下：

```
//二叉排序树非递归查找
BSTree* bstSearch（BSTree *tree,int key）{
    if（tree==NULL）     return NULL;  // 空树，查找不成功
    while（key!=tree->data）{
        if（key<tree->data）
        tree=tree->lchild;
        else
        tree=tree->rchild;
    }
  return tree;
}
```

可以看出，在二叉排序树上进行查找，若成功，则是从根结点出发走了一条从根到待查结点的路径，若不成功，则是从根结点出发走了一条从根到某个叶子的路径。因此与二分查找类似，整个查找比较的次数不超过树的深度。然而，二分查找法查找长度为 $n$ 的有序表，其判定树是唯一的，正如前面所讨论的，是一个类完全二叉树，因此深度在 $\log_2 n$ 量级，而含有 $n$ 个结点的二叉排序树却不唯一，因此其查找效率不一定就是 $O(\log_2 n)$。

对于含有同样一组结点的表，结点插入顺序不同，二叉树的形态和深度也不同，如图 9.6（a）所示的树，是按如下顺序构成的：45，24，55，12。而如图 9.6（b）所示的树，是按如下顺序构成的：12，24，45，55。这两棵树的深度分别为 3 和 4，因此，查找失败时，元素比较次数分别为 3 和 4，查找成功情况下，它们查找的平均长度也不同。

由此可见，在二叉排序树上进行查找的平均查找长度和树的形态有关。在最坏情况下，即二叉排序树是通过把一个有序表的 $n$ 个结点一次插入生成的，其实，该二叉排序树是一个单支二叉树，所以 ASL=（$n$+1）/2；在最好情况下，二叉排序树的形态和二叉判定树的形态

相似，也是一个类完全二叉树，此时 ASL 为$\log_2 n$。

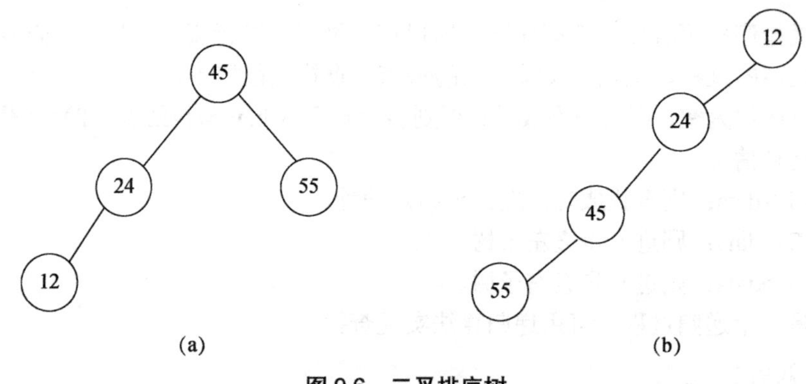


图 9.6 二叉排序树

事实上，若考虑把 $n$ 个结点，按各种可能的次序插入到二叉排序树中，则有 $n!$棵二叉排序树。

在具体计算一个二叉排序树的 ASL 时，要依据树的形态来进行统计。以图 9.5 所示的二叉排序树为例，有以下结论。

一次查找：1 个元素。

二次查找：1 个元素。

三次查找：2 个元素。

四次查找：1 个元素。

五次查找：1 个元素。

因此

$$ASL=(1\times1+2\times1+3\times2+4\times1+5\times1)/6=3$$

3. 二叉排序树的删除

和插入相反，删除在查找成功之后进行，若查找失败则说明被删结点不在二叉排序树中，则不做任何操作。设删除结点为*p，其父结点为*f，对二叉树进行删除操作时，仅删除*p 而不是把以*p 为根的子树都删去，并且要求在删除*p 之后，仍然保持二叉排序树的特性。删除操作可分以下三种情况讨论。

① 被删除结点*p 为叶子结点：若 p 是叶子结点，即左、右子树均为空，由于删除叶子结点不会破坏整棵树的结构，则可直接删除 p，如图 9.7 所示。

② 被删除结点*p 只有左子树或者只有右子树：因为这两种删除操作类似，所以将其归为一种情况进行讨论，并以*p 没有左子树为例进行具体分析。

- 第一种情况。若*p 是根结点，则只要将*p 的右子树作为树根，如图 9.8 所示。
- 第二种情况。若*p 非根结点且其右子树不为空时，删除*p 结点后的树调整为：若*p 结点为父结点*f 的左子树，则删除*p 结点之后，将*p 的右子树链到*f 的左子树；同理，若*p 结点为父结点*f 的右子树，则删除之后的操作即是将*p 的右子树链接到*f 的右子树，如图 9.9 所示。

被删结点*p 没有右子树的情形类似。

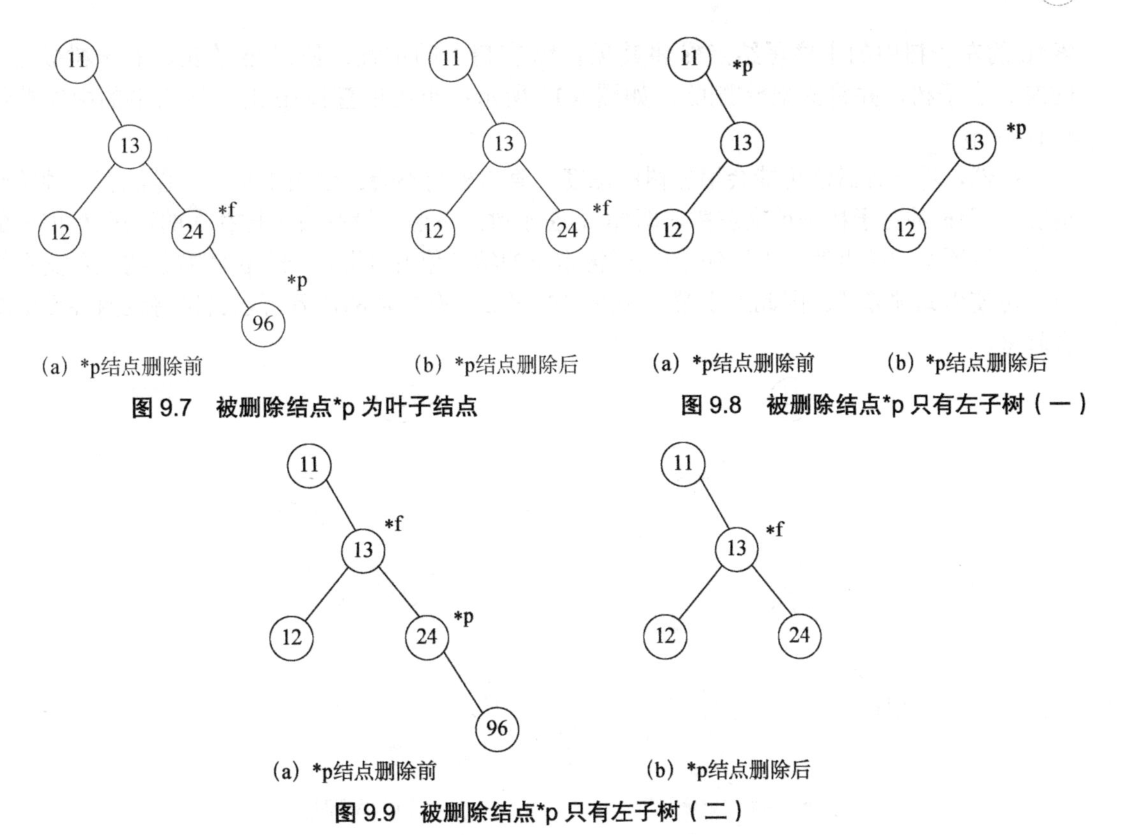


(a) *p结点删除前 (b) *p结点删除后

图 9.7 被删除结点*p 为叶子结点

(a) *p结点删除前 (b) *p结点删除后

图 9.8 被删除结点*p 只有左子树（一）

(a) *p结点删除前 (b) *p结点删除后

图 9.9 被删除结点*p 只有左子树（二）

③ 被删除的结点*p 既有左子树又有右子树。这种情况比较复杂。

若结点左、右子树均不为空，此时有两种做法可以删除*p 结点并保持二叉排序树的特性。

● 第一种方法。令*p 的左子树直接链接到*p 的父结点*f 的左子树或右子树上（*p 为*f 的左子树或右子树），然后将*f 的右子树链接到*p 左子树的中序尾结点*s（即左子树中最大的结点）的右子树上，如图 9.10 所示。

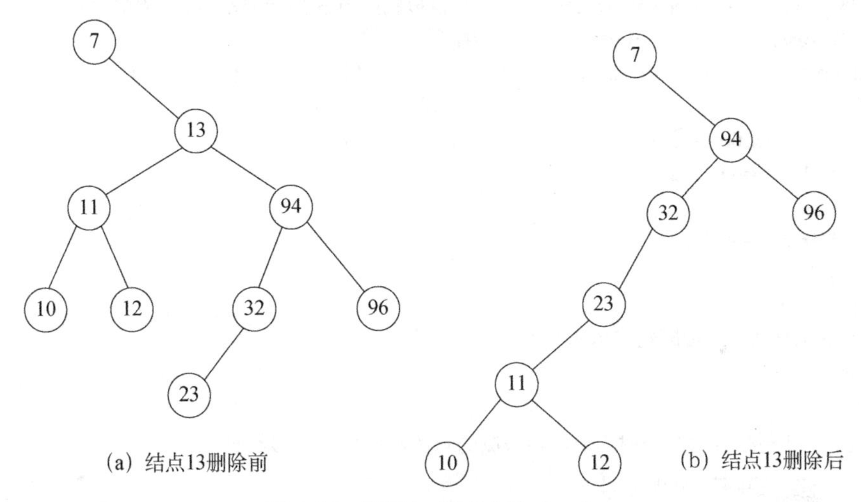


(a) 结点13删除前 (b) 结点13删除后

图 9.10 删除*p 结点方法（一）

● 第二种方法。也可以将*p 的右子树链接到*f 的左子树或右子树上，然后将*p 的左子树链接到*p 右子树下的中序首结点（可将其看作右子树中最小的结点）；也可以直接搜索*p 的左子树中的中序尾结点*s 将其顶替*p 在树中的位置，使得*p 的左、右子树成为*s 的左、右子树，并将原来*s 删除，如图 9.11 所示；也可以查找*p 的右子树中的中序首结点代替*p。

显然，第一种做法可能会增加树的深度，第二种则不会。但由于第二种做法有一种特殊情况，即*p 的左子树是单支左树，即*p 的左子树向下遍历没有右子树存在的情况（即*p 的左子树下所有的结点值均小于*p 的左子树本身的结点值）；同理，若*p 的右子树是单支右树也不可使用此种算法。因此给出第一种形式的算法，有兴趣的读者可以尝试将这两种算法结合起来。

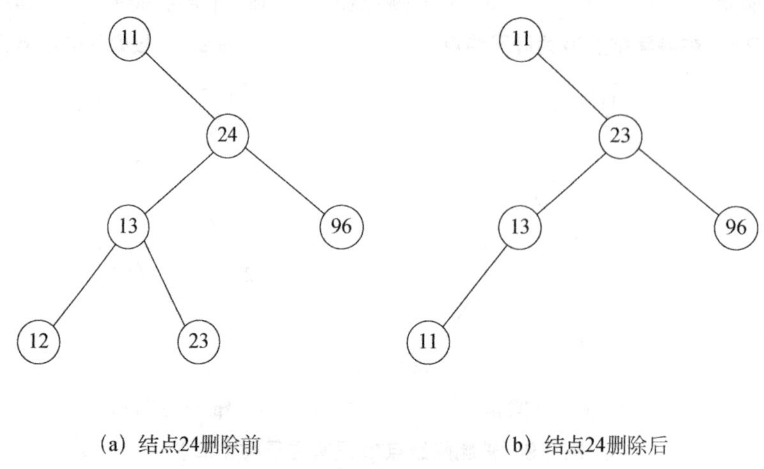


(a) 结点24删除前　　(b) 结点24删除后

**图 9.11　删除*p 结点方法（二）**

二叉排序树中删除结点算法如下。

```
//在二叉排序树 tree 中删除结点值为 data 的结点
BSTree* deleteBSTree（BSTree *tree,int data）{
  BSTree *f=NULL,*p=NULL,*child;
  BSTSearchOne（tree,data,&f,&p）;    //查找被删结点 p 为待查结点，f 为父结点
  if（p） {                           //找到待删除结点
  if（p->lchild==NULL&&p->rchild==NULL）{  //情况 1，被删结点为叶子结点
  f（f） {                            //待删除结点有父结点
     if（f->lchild==p）
     f->lchild=NULL;
     else
     f->rchild=NULL;
     }
 else
    tree=NULL;  //被删结点为树根
    free（p）;
   }
//情况 2，被删结点的左子树为空，用被删结点的右子树替代该结点
else   if（p->lchild==NULL）{
    if（f）{                           //被删结点有父结点
     if（f->lchild==p）
     f->lchild=p->rchild;              //p 是其父结点的左孩子
```

```
      else
      f->rchild=p->rchild;                        //p 是其父结点的右孩子
    }
      else
          tree=p->rchild;                         //被删结点为树根
          free（p）;
          }
          //情况 2，被删结点的右子树为空，用被删结点的左子树替代该结点
        else
            if（p->rchild==NULL）{
              if（f） {                          //被删结点有父结点
                if（f->lchild==p）               //p 是其父结点的左孩子
                f->lchild=p->lchild;
                else
                        f->rchild=p->lchild;  //p 是其父结点的右孩子
                }
            else
              tree=p->lchild;
              free（p）;
              }
             /*情况 3， 被删结点的左、右子树均不为空，用右子树代替被删结点，同时将被删结
点的左子树连接为右子树中序首结点的左孩子*/
            else{
              child=p->rchild;
              while（child->lchild）              //找被删结点右子树中的中序首结点;
              child=child->lchild;
                                                  //将被删结点的左子树连接到 child 的左子树;
              child->lchild=p->lchild;
              if（f）{                            //被删结点有父结点;
                if（f->lchild==p）
                f->lchild=p->rchild;
                else
                f->rchild=p->rchild;
                }
              else
              tree=p->rchild;                     //被删结点为树根
              free（p）;
              }
            }
    return tree;
  }
```

因为此时的查找既需要找到待删结点，也需要找到待删结点的父结点，因此需要调整非递归方式的查找，算法如下。

```
//p 返回待查结点 data 在二叉排序树中的地址，f 返回待查结点 data 的父结点地址
void BSTSearchOne（BSTree tree,int data, BSTree **f,BSTree **p）{
   *f=NULL;
   *p=tree;
   while（*p）{
     if（data==（*p）->data） return ;
     *f=*p;
     *p=（data<（*p）->data）?（*p）->lchild:（*p）->rchild;
     }
 return ;
}
```

通过上述讲解，应当对二叉排序树的删除有了一定的了解，二叉排序树的删除是本小节比较复杂的部分，学习本节内容，并不一定要记住如何正确删除二叉排序树中某一结点，而是需要掌握问题的解决思路，并加深对二叉树的理解，提高复杂问题的分析能力。

## 9.2.2 平衡的二叉排序树（AVL 树）

从上节的讨论可知，二叉排序树的查找效率取决于树的形态，而构造一棵二叉排序树与结点插入的次序有关。但是结点插入的先后次序往往是预先设定的，这就需要找到一种动态平衡的方法，对于任意给定的元素序列都能构造出一棵左右相对对称的二叉树。

我们把左右匀称的二叉树称为平衡二叉树，它的严格定义是平衡二叉树或者空树，或者任何结点的左子树和右子树高度最多相差 1 的二叉树。通常，将二叉树上任一结点的左子树高度和右子树高度之差，称为该结点的平衡因子。因此，平衡二叉树上所有结点的平衡因子只可能是−1，0，1。换句话说，若一棵二叉树上任一结点的平衡因子的绝对值都不大于 1，则该树是平衡二叉树，例如，在图 9.12 中，图 9.12（a）是一棵平衡二叉树，而图 9.12（b）所示的树含有平衡因子为 2 的结点，故它是一棵非平衡二叉树，图中结点内的数字是平衡因子。

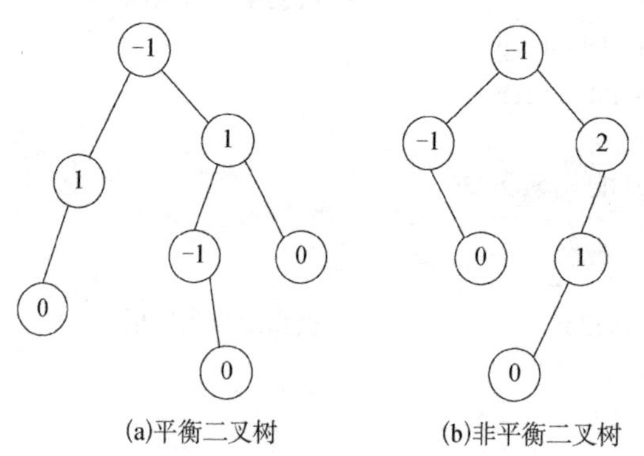


**图 9.12　平衡和非平衡二叉树示例**

如何构造出一棵平衡二叉树呢？Adelson-Velskii 和 Landis 提出了一个动态保持二叉排序树平衡的方法，其基本思想：在构造二叉排序树的过程中，每当插入一个结点时，首先检查是否因插入而破坏了树的平衡。若是，则找出其中最小不平衡子树，在保持排序树特性的前

提下，调整最小不平衡子树中各结点之间的连接关系，以达到新的平衡。通常将得到的平衡二叉树，简称为 AVL 树。

所谓最小不平衡子树是指，以离插入结点最近、且平衡因子绝对值大于 1 的结点作为根的子树。为简化讨论，假设二叉排序树的最小不平衡子树的根结点是 A，调整该子树的规律可归纳为下列四种情况。

### 1. LL 型调整操作

在 A 的左子树的左子树上插入结点，使 A 的平衡因子由 1 变为 2 而失去平衡，其一般形式如图 9.13（b）所示。这种情况下的调整规则：将 A 的左孩子 B 提升为新二叉树的根，将原来的根 A 连同其右子树向右下旋转，使其成为 B 的右子树，而 B 的原右子树 C 则作为左子树接到 A 上。调整结果如图 9.13(c)所示。因为是左子树(Left sub-tree)的左子树(Left sub-tree)插入新的结点而导致不平衡，所以这种平衡方法称为“LL 型调整操作”。RR 型调整操作，LR 型调整操作，RL 型调整操作皆与此类似。

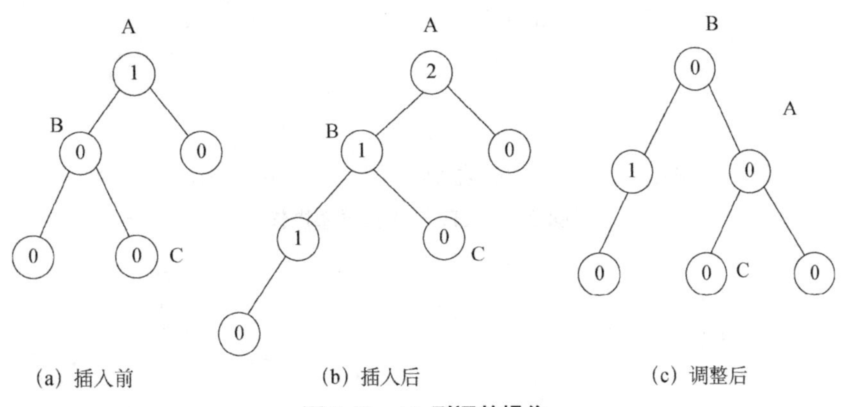


(a) 插入前　　(b) 插入后　　(c) 调整后

**图 9.13　LL 型调整操作**

### 2. RR 型调整操作

RR 型调整规则与 LL 型调整规则对称，如图 9.14 所示。将 A 的右孩子 B 提升为新二叉树的根；将原来的根连同其左子树向左下旋转，使其成为新树根 B 的左子树；而 B 的原左子树则作为右子树连接到 A 上。

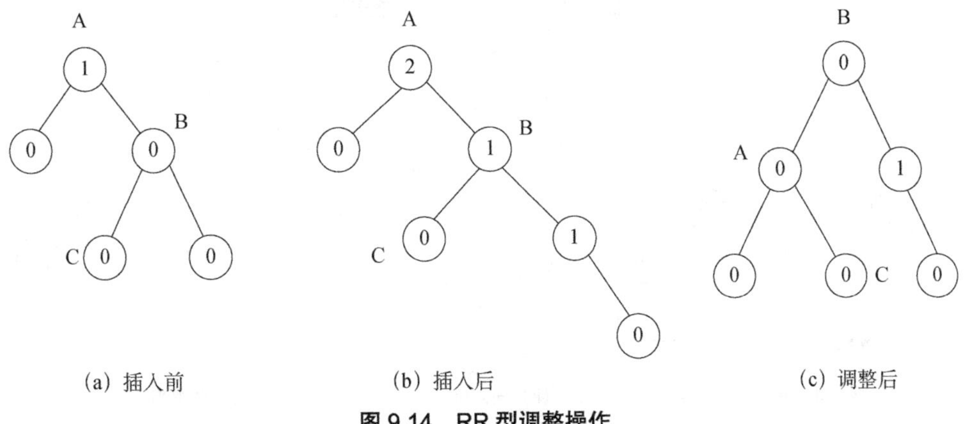


(a) 插入前　　(b) 插入后　　(c) 调整后

**图 9.14　RR 型调整操作**

### 3. LR 型调整操作

由于在 A 的左孩子（L）的右子树（R）上插入结点，使 A 的平衡因子由 1 变为 2，从而失去平衡。LR 型调整有三种情况，下面一一列举。

① 第一种情况。结点 C 本身就是刚插入的结点，将其记为 LR（0），如图 9.15 所示。

② 第二种情况。新结点插入 C 的左子树中，将其记为 LR（L），如图 9.16 所示。

③ 第三种情况，新结点插在 C 的右子树中，将其记为 LR（R），如图 9.17 所示。

它们的调整规则相同，将 A 的孙子结点 C［即 C 是 A 的左孩子（L）的右孩子（R），不妨称 C 是 A 的 LR 孙子］提升为新的二叉树的根，原 C 的双亲 B 连同其左子树向左下旋转，使其成为新根 C 的左子树，而原 C 的左子树 D 则成为 B 的右子树，原根 A 连同其右子树向右下旋转，使其成为新根 C 的右子树，而原根 C 的右子树 E 则成为 A 的左子树。

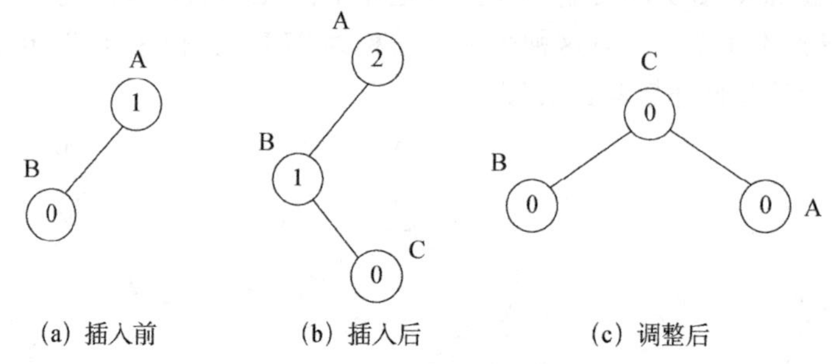


图 9.15　LR（0）型调整操作

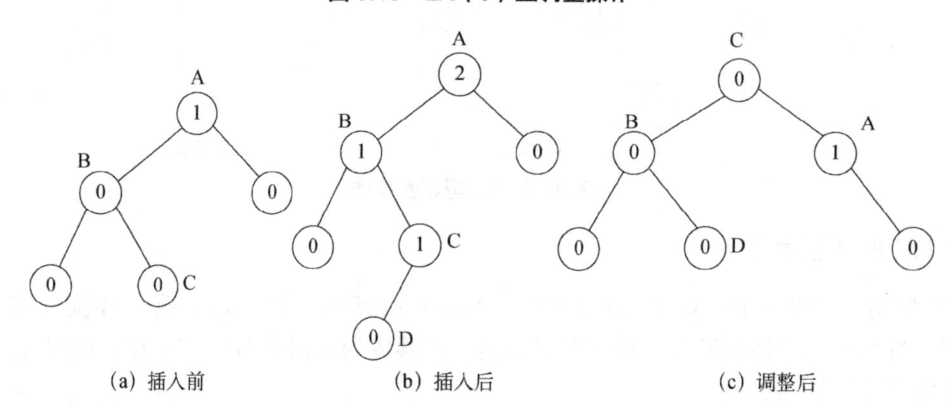


图 9.16　LR（L）型调整操作

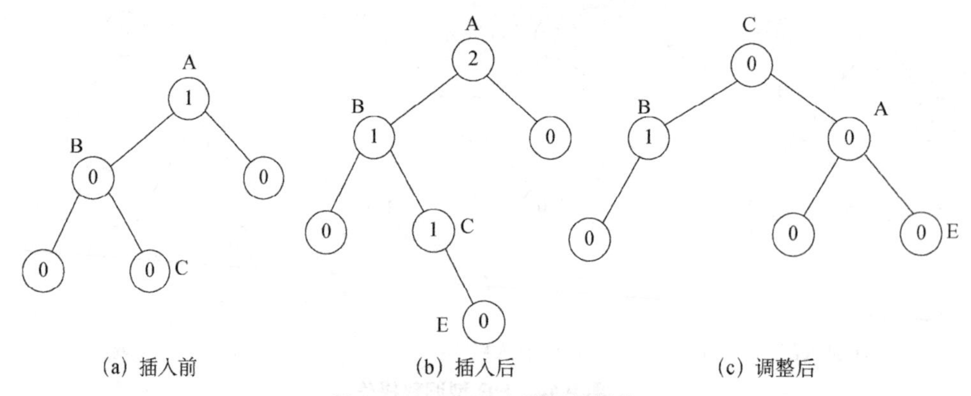


图 9.17　LR（R）型调整操作

### 4.RL 型调整操作

RL 型调整规则与 LR 型调整规则对称，通过对 LL 型、RR 型和 RL 型调整规则的学习，可以分析 RL 型调整操作的过程。

在上述的调整操作中，仅需改变少量的指针，而且调整后新子树的高度和插入前子树的高度一样，因此，无须考虑变动最小不平衡子树之外的结点，即可完成对整个二叉排序树的平衡。

现在介绍 AVL 树的插入算法。由于需要知道每个结点的平衡因子大小，所以在用链表建树时加入一个 balance 属性，用来表示每个结点的平衡因子大小。树结点结构体描述如下：

```
typedef struct node{
  int data;
  int balance;
  struct node *lchild;
  struct node *rchild;
}BSTree;
```

首先定义一个函数 insertAVLTree（ ）来完成查找和插入操作，开始时 tree 是 AVL 树的根，递归比较 tree->data 和 data 的大小，若 tree->data>data，则 tree=tree->lchild；反之，则 tree=tree->rchild，继续进行比较，直到 tree=NULL 时创建结点并连接到树。

在回溯过程中若发现某结点的平衡因子由 0 变为 1 或－1（取决于新增结点的插入位置），那么该结点的父结点即为最小不平衡子树。调用函数 changeL（ ）或 changeR（ ）将此父结点作为树根进行调整（选择的函数取决于新增结点的插入位置），并调整与其相关的结点的平衡因子。每插入一个结点，都要对整个树进行添加、查找、调整。

下面给出的是 AVL 树插入调整的完整算法。

```
void changeL（BSTree **tree）{   //新结点连到非平衡点的左子树中
  BSTree *p1,*p2;
  p1=（*tree）->lchild;
  if（p1->balance==1）{          //LL 型调整
    （*tree）->lchild=p1->rchild;
      p1->rchild=*tree;
      （*tree）->balance=0;
      （*tree）=p1;
  }
 else                            //LR 型调整
 {
    p2=p1->rchild;
    p1->rchild=p2->lchild;
    p2->lchild=p1;
    （*tree）->lchild=p2->rchild;
    p2->rchild=*tree;
  //调整平衡度
  if（p2->balance==1）{
     （*tree）->balance=-1;
      p1->balance=0;
   }else{
```

```
        (*tree) ->balance=0;
         p1->balance=1;
    }
      (*tree) =p2;
    }
  (*tree) ->balance=0;
  }

   void changeR (BSTree **tree) {         //新结点连到非平衡点的右子树中
      BSTree *p1,*p2;
      p1= (*tree) ->rchild;
      if (p1->balance==-1) {               //RR 型调整
          (*tree) ->rchild=p1->lchild;
          p1->lchild=*tree;
          (*tree) ->balance=0;
          (*tree) =p1;
      }
      else                                 //RL 型调整
      {
          p2=p1->lchild;
   p1->lchild=p2->rchild;
   p2->rchild=p1;
   (*tree) ->rchild=p2->lchild;
   p2->lchild= (*tree) ;
   //调整平衡度;
   if (p2->balance==-1)
   {
       (*tree) ->balance=1;
       p1->balance=0;
   }
   else
   {
       (*tree) ->balance=0;
       p1->balance=-1;
   }
   (*tree) =p2;
   }
   (*tree) ->balance=0;
   }

   void insertAVLTree (int data,BSTree **tree,int *h) { //*h 标记，当*h=0 时，出现不平衡结点
   if (*tree==NULL) {
       *tree= (BSTree) malloc (sizeof (bstnode) ) ;                    /*生成根结点*/
     (*tree) ->data=data;
     (*tree) ->balance=0;
     *h=1;
     (*tree) ->lchild= (*tree) ->rchild=NULL;
```

```
    }else
     if (data< (*tree) ->data)  {                          /*在左子树中插入新结点*/
       insertAVLTree (data,& (*tree) ->lchild,h) ;
       if (*h)                                             /*左子树中插入了新结点*/
       switch ( (*tree) ->balance) {
           case -1: { (*tree) ->balance=0;*h=0;break;}
           case 0:  { (*tree) ->balance=1;break;}
           case 1:  {changeL (tree) ;*h=0;break;}/*进行左改组*/
           }
       }
   else
   if (data> (*tree) ->data) {                             /*在右子树中插入新结点*/
      insertAVLTree (data,& (*tree) ->rchild,h) ;
      if (*h)                                              /*右子树中插入了新结点*/
      switch ( (*tree) ->balance) {
          case 1:    (*tree) ->balance=0;*h=0;break;
          case 0:    (*tree) ->balance=-1;break;
          case -1:   changeR (tree) ;*h=0;break; /*进行右改组*/
        }
    }
   else    *h=0;
 }
```

可以证明：含有 $n$ 个结点的 AVL 树，树的高度为 $\log_2 n$ 。由于在 AVL 树上查找时，和元素比较的次数不会超过树的高度，且增删过程中保持动态的平衡，所以不会出现单支树的情形，因此，查找 AVL 树的时间复杂度是 $O(\log_2 n)$。然而，动态平衡过程仍需花费不少时间，故在实际应用中是否采用 AVL 树，还是要根据具体情况而定。一般情况下，若结点元素是随机分布的，且数据量较大，则可使用二叉排序树。

## 9.3　散列表的查找

在前面讨论的各种数据结构（如线性表、二叉排序树等）中，结点在数据结构中的相对位置是随机的，位置和结点的元素之间不存在确定的关系。因此，在查找结点时需要进行一系列元素的比较。这一类查找方法建立在比较基础上。

在顺序查找时，比较结果为“＝”或“≠”两种可能，在二分法查找和二叉排序树的查找时，比较的结果为“＜”“＝”“＞”三种可能，查找的效率依赖于查找过程中进行比较的次数。是否可以不用比较就能直接计算出记录的存储地址，从而找到所要的结点呢？散列（或哈希）存储就是面向该类的问题。

### 9.3.1　散列表

**散列**（Hashing）是一种重要的存储方法，也是一种常见的查找方法。它的基本思想：

以结点的元素值 key（或关键字）作为自变量，通过一个确定的函数关系 hash，计算出对应的函数值 hash（key），该函数值就是结点的存储地址，将结点存入 hash（key）所指的存储位置。

查找时再根据要查找的元素用同样的函数计算地址，然后到相应的地址单元里去取要找的结点。因此，散列法又称元素—地址转换法。用散列法存储的线性表叫作**散列表**，上述的函数 hash 称为散列函数，hash（key）称为散列地址。

通常散列表的存储空间是一个一维数组，散列地址是数组的下标，为了和之前有所区别，将这个一维数组空间简称为散列表。下面先看几个简单的例子。

【例 9.1】已知一个含有 70 个结点的线性表，其元素都是由一个十进制数字组成，则可将此线性表存储在如下散列表中。

int HashTable[70];

其中，HashTable[i]存放元素为 i 的结点，即散列函数为 hash（key）=key。但是，这种存储现实中几乎是不可能的，请思考一下具体原因。

【例 9.2】已知线性表的元素集合为：

S={and，begin，do，end，for，go，if，repeat，then，until，while}

则可设散列表为 HashTable2[26][8]，假设每一个单词长度不超过 8 个字符。

散列函数 hash2（key）的值，取元素 key 中的第一个字母在字母表{a，b，c，…，z}中的序号（序号范围是 0～25），即

hash2（key）=26−asc（geychar（key））

其中，key 设为长度为 8 的字符数组，利用 hash2 构造的散列表，见表 9.1。

【例 9.3】若在例 9.2 的集合 S 中增加 4 个元素构成集合 $S_1$=S+{else，array，with，up}，此时，虽然仍可取例 9.2 中说明的数组来存放 $S_1$ 对应的散列表，但是，不宜取 hash2 作为 $S_1$ 的散列函数，这是因为对于不同的两个元素，由 hash2 得到的散列地址可能相同。例如，hash2（else）=hash2（end），这就意味着在 HashTable2 [4]上要填入元素不等的两个结点，显然这是不合理的。通过分析集合 $S_2$，可取散列函数 hash3（key）的值为 key 中首尾字母在字母表中序号的平均值，则用 hash3 构建的散列表，见表 9.2。

表 9.1 关键字集合 S 对应的散列表

| 散列地址 | 关键字 |
|---|---|
| 0 | and |
| 1 | begin |
| 2 | |
| 3 | do |
| 4 | end |
| 5 | for |
| 6 | go |
| 7 | |
| 8 | if |
| . | |
| . | |

续表

| 散列地址 | 关键字 |
| --- | --- |
| · | |
| 17 | repeat |
| 18 | |
| 19 | then |
| 20 | util |
| 21 | |
| 22 | while |
| ⋮ | |

**表 9.2 关键字集合 $S_2$ 对应的散列表**

| 散列地址 | 关键字 |
| --- | --- |
| 0 | |
| 1 | |
| 2 | |
| 3 | end |
| 4 | else |
| 5 | |
| 6 | if |
| 7 | begin |
| 8 | do |
| 9 | |
| 10 | go |
| 11 | for |
| 12 | array |
| 13 | while |
| 14 | with |
| 15 | util |
| 16 | then |
| 17 | up |
| 18 | repeat |

由上面的例子可知：

① 在建立散列表时，若散列表函数是一对一的函数，则在查找时，只需根据散列函数对给定值进行某种运算，即可得到待查结点的存储位置。因此，查找过程无须进行元素的比较。例如，在例 9.1 中查找元素为 i（0≤i≤99）的结点，若 HashTbable1[i]非空，则 HashTbable1[i]就是待查结点，否则查找失败。

② 在一般情况下，散列表的空间必须比结点的集合大，此时虽然浪费了一定的空间，但是换取了查找效率。

设散列表空间大小为 $m$，填入表中的结点数是 $n$，则称 $\alpha=n/m$ 为散列表的装填因子。一般情况下，常在区间[0.65，0.9]上取 $\alpha$ 的适当值。

③ 散列函数的选取原则：运算尽可能简单，函数的值域必须在表长的范围之内，尽可能

使得参数不同时，散列函数值也不相同。

④ 若某个散列函数 hash 对于不相等参数得到相同的散列地址[即 hash（key1）=hash（key2）]，则将该现象称为冲突，而发生冲突的这两个元素则称为该散列函数的同义词。

例如，对于元素集合 $S_2$，若使用例 9.2 中的散列函数 hash2 就会发生冲突：hash2（else）= hash2（end），hash2（array）=hash2（and）等。因此，在例 9.3 中选取 hash3 函数，从而避免了冲突。

但是在实际运用中，不产生冲突的散列函数是难以构建的，因为通常元素的取值集合远远大于表空间的地址集。例如，要在 C 语言的编译程序中，对源程序中的标志符建立一个散列表，而一个源程序中出现的标志符是有限的，设表长为 1000 足够。然而，不同的源程序使用的标志符一般也不相同，按 C 语言规定，标志符是长度不超过 8 的以字母开头的字符串，因此，元素（即标志符）取值的集合大小为

$$C_{26}^{1}\times C_{36}^{7}\times 7!=1.09388\times 10^{12}$$

于是，共有 $1.09388\times 10^{12}$ 个可能的标志符，要映射到 $10^3$ 个可能的地址上，因此，产生冲突是大概率事件。通常，散列函数是一个多对一函数，冲突是不可避免的。一旦发生了冲突，就必须采用相应措施予以解决。

综上所述，散列法查找必须研究以下两个主要问题。

① 选择一个计算简单且冲突尽量少的“均匀”的散列函数。

② 确定一个解决冲突的方法，即寻求一种方法存储产生冲突的同义词。

## 9.3.2 散列函数的构造方法

散列函数的种类繁多，这里不一一列举。下面仅介绍几种计算简单且效果较好的散列函数。为讨论简单，以下均假定元素是数值型，若是非数字型则可先将其转换成数值型。

### 1. 直接定址法

取元素或元素的某个线性函数作为哈希地址，即

$$H(key)=key \text{ 或 } H(key)=a\cdot key+b$$

其中 a，b 为常数。

直接定址法所得地址集合与元素集合大小相等，不会发生冲突，但实际中很少使用。

### 2. 数字分析法

对元素进行分析，取元素的若干位或组合作为哈希地址。该法适用于元素位数比哈希地址位数大，且可能出现的元素已知的情况。

| ① | ② | ③ | ④ | ⑤ | ⑦ | ⑥ | ⑧ |
|---|---|---|---|---|---|---|---|
| 5 | 4 | 2 | 2 | 6 | 7 | 3 | 3 |
| 5 | 4 | 2 | 1 | 4 | 4 | 4 | 3 |
| 5 | 4 | 2 | 2 | 5 | 5 | 3 | 3 |
| 5 | 4 | 2 | 4 | 2 | 6 | 6 | 4 |
| 5 | 4 | 2 | 6 | 4 | 1 | 1 | 4 |
| 5 | 4 | 2 | 8 | 6 | 2 | 6 | 4 |
| 5 | 4 | 2 | 9 | 1 | 3 | 4 | 4 |
| 5 | 4 | 2 | 7 | 9 | 1 | 5 | 4 |

图 9.18 数字分析法

【例 9.4】设有 80 个数据元素，每一个元素为 8 位十进制数，哈希地址为 2 位十进制数，通过分析数据集，可以仅取差异较大的中间值作为哈希函数值（如图 9.18 所示）。通过分析可知，如果仅取元素的第 1 位、仅取元素的第 2 位、仅取元素的第 3 位，或第 8 位都是不好的，而数据集的 3，4，5，6 位分布均匀，可以取其中的两位，或两两运算后的结果。

### 3. 平方取中法

将元素平方后取中间几位作为哈希地址。

一个数平方后中间几位和数的每一位都有关，则由随机分布的元素得到的散列地址也是随机的。散列函数所取的位数由散列表的长度决定。这种方法适用于全部元素未知的情况，是一种较为常用的方法。

### 4. 折叠法

将元素分割成位数相同的几部分（最后一部分可以不同），然后取这几部分的叠加和作为哈希地址。

数位叠加有移位叠加和间界叠加两种。移位叠加：将分割后的几部分低位对齐相加。间界叠加：从一端到另一端沿分割界来回折迭，然后对齐相加。该方法适用于元素位数很多，且每一位上数字分布大致均匀的情况。

假设元素为0442205864，哈希地址位数为4 。两种不同的地址计算方法如图9.19所示。

```
  5 8 6 4              5 8 6 4
  4 2 2 0              4 2 2 0
      0 4                  0 4
---------            ---------
1 0 0 8 8              6 0 9 2

H(key)=0088          H(key)=6092

(a) 移位叠加          (b) 间界叠加
```

图9.19　折叠法

### 5. 除留余数法

取元素被某个整数p除后所得余数作为哈希地址，即H（key）=key mod p 。这种方法的关键是选取适当的p。如果p为偶数，则总是将奇数的关键码转换为奇数地址，偶数的关键码转换为偶数地址；如果p是关键码的奇数的幂次，则转换的地址相当于取关键码的最后几位，这些情况都不好。

实际中，一般取p为不大于基本区域长度n的较大的素数比较好（本章所采用的示例，为方便，常取p为大于基本区域长度n的一个较小的素数）。

例如，n=8，16，32，64，128，256，512，1024

可以取p=13，17，31等。

当然，p值越大，冲突概率越小，装填因子也越小。

除留余数法地址计算公式简单，但依赖于p值的选取及关键码值的分布。

### 6. 随机数法

取元素的随机函数值作为哈希地址，即 H（key）=random（key）。当散列表中元素长度不等时，该方法比较合适。

选取哈希函数，一般考虑以下因素。

① 计算哈希函数所需时间。

② 元素的长度。

③ 哈希表长度（哈希地址范围）。
④ 元素分布情况。
⑤ 记录的查找频率。

### 9.3.3 处理冲突的方法

哈希存储难以避免冲突，处理冲突的方法基本上可分为两大类：**开放地址法和链地址法**。

1. 开放地址法

基本方法：当冲突发生时，形成某个探测序列，按此序列逐个探测散列表中的其他地址，直到找到给定的元素或一个空地址（开放的地址）为止，将发生冲突的记录放到该地址中。

形成探测序列的方法不同，所得到的解决冲突的方法也不相同。下面介绍几种常用的探测方法，并假设散列表 HT 的长度为 m，结点个数为 k。首先列出散列地址的计算公式：

$$H_i(key)=[H(key)+d_i] \bmod m，i=1，2，…，k (k\leqslant m-1)$$

其中，H（key）为哈希函数；m 为散列表长度，$d_i$是第 i 次探测时的增量序列，$H_i$（key） 表示经第 i 次探测后得到的散列地址。

（1）线性探测法

将散列表 T[0，…，m−1]看成循环向量。当发生冲突时，从初次发生冲突的位置依次向后探测其他的地址。

（2）二次探测法

增量序列一般为 $d_i$=1，2，3，…，m−1。设初次发生冲突的地址是 h，则依次探测 T[h+1]，T[h+2]…直到 T[m−1]时又循环到表头，再次探测 T[0]，T[1]，…，T[h−1]。探测过程终止的情况有如下三种。

第一种：探测到的地址为空，表中没有记录。如果查找则失败；如果插入，则将记录写入到该地址。

第二种：探测到的地址有给定的元素，若是查找则成功；若是插入则失败。

第三种：直到 T[h]仍未探测到空地址或给定的元素，散列表满。

设散列表长为 7，记录元素组为 15，14，28，26，56，23，散列函数为 H（key）=key MOD 7，冲突处理采用线性探测法。则计算的散列地址为

H（15）=15 mod 7=1

H（14）=14 mod 7=0

H（28）=28 mod 7=0 冲突 $H_1$（28）=1 又冲突 $H_2$（28）=2

H（26）=26 mod 7=5

H（56）=56 mod 7=0 冲突 $H_1$（56）=1 又冲突 $H_2$（56）=2 又冲突 $H_3$（56）=3

H（23）=23 mod 7=2 冲突 $H_1$（23）=3 又冲突 $H_3$（23）=4

结果如图 9-20 所示。

| 0 | 1 | 2 | 3 | 4 | 5 | 6 |
|---|---|---|---|---|---|---|
| 14 | 15 | 28 | 56 | 23 | 26 | |

**图 9.20 线性探测法**

线性探测法的优点：只要散列表未满，总能找到一个不冲突的散列地址。其缺点：每个产生冲突的记录被散列到离冲突最近的空地址上，从而又增加了更多的冲突机会（这种现象称为冲突的“聚集”）。

仍以上述示例关键码，增量序列为

$$d_i=1^2，-1^2，2^2，-2^2，3^2，\cdots，\pm k^2\ (k\leqslant\lfloor m/2\rfloor)$$

则采用二次探测法进行冲突处理，结果为：

H（15）=15 mod 7=1　　　H（14）=14 mod 7=0

H（28）=28 mod 7=0　冲突　$H_1$（28）=1　又冲突

H2（28）=4

H（26）=26 mod 7=5

H（56）=56 mod 7=0　冲突　$H_1$（56）=1　又冲突

H2（56）=0　又冲突　$H_3$（56）=4　又冲突　$H_4$（56）=2

H（23）=23 mod 7=2　冲突　$H_1$（23）=3

二次探测法的优点：探测序列跳跃式地散列在整个表中，不易产生冲突的“聚集”现象，其缺点是不能保证探测到散列表的所有地址，如图 9.21 所示。

| 0 | 1 | 2 | 3 | 4 | 5 | 6 |
|---|---|---|---|---|---|---|
| 14 | 15 | 56 | 23 | 28 | 26 | |

图 9.21　二次线性探测法

（3）随机探测法

增量序列使用一个随机函数产生一个落在闭区间[1，m−1]的随机序列。

假设表长为 11 的哈希表中已填元素为 17，60，29，散列函数为 H（key）=key mod 11，现有第 4 个元素为 38，按上述三种处理冲突的方法，将它填入图 9.22 中。

线性法：H（38）=38 mod 11=5　冲突

$H_1$=（5+1）mod 11=6　冲突

$H_2$=（5+2）mod 11=7　冲突

$H_3$=（5+3）mod 11=8　不冲突

二次法：H（38）=38 mod 11=5　冲突

$H_1$=（$5+1^2$）mod 11=6　冲突

$H_2$=（$5-1^2$）mod 11=4　不冲突

随机法：H（38）=38 mod 11=5　冲突

设随机数序列为 9，则 $H_1$=（5+9）mod 11=3 不冲突

| 0 | 1 | 2 | 3 | 4 | 5 | 6 | 7 | 8 | 9 | 10 |
|---|---|---|---|---|---|---|---|---|---|---|
| | | | 38 | 38 | 60 | 17 | 29 | 38 | | |

图 9.22　随机探测法

（4）再哈希法

再哈希法又称双散列函数探测法。即构造若干个哈希函数，当发生冲突时，利用不同的哈希函数再计算下一个新哈希地址，直到不发生冲突为止。即

$$H_i=RH_i(key)\quad i=1，2，\cdots，k$$

其中，$RH_i$ 表示一组不同的哈希函数，第一次发生冲突时，用 $RH_1$ 计算，第二次发生冲突时，用 $RH_2$ 计算。依次类推，直到得到某个 $H_i$ 不再冲突为止。该方法的优点是不易产生冲突的“聚集”现象，其缺点是计算时间的增加。

2. 链地址法

**链地址法**又称**拉链法**。其解决冲突的做法：将所有元素为同义词的结点链接在同一个单链表中。若选定的散列函数的值域为 0～m-1（散列地址），则可将散列表定义为一个由 m 个头指针组成的指针数组 HTP[m]中，凡是散列表地址为 i 的结点，均插入到以 HTP[i]为头指针的单链表中，插入位置可以在表头或表尾或按元素排序插入（类似于邻接表）。

假设有一组元素（19，14，23，1，68，20，84，27，55，11，10，79），哈希函数为 H（key）=key MOD 13，用链地址法处理冲突，其哈希表如图 9.23 所示 。链地址法不易产生冲突的“聚集”，删除记录也较简单，但装填因子不高。

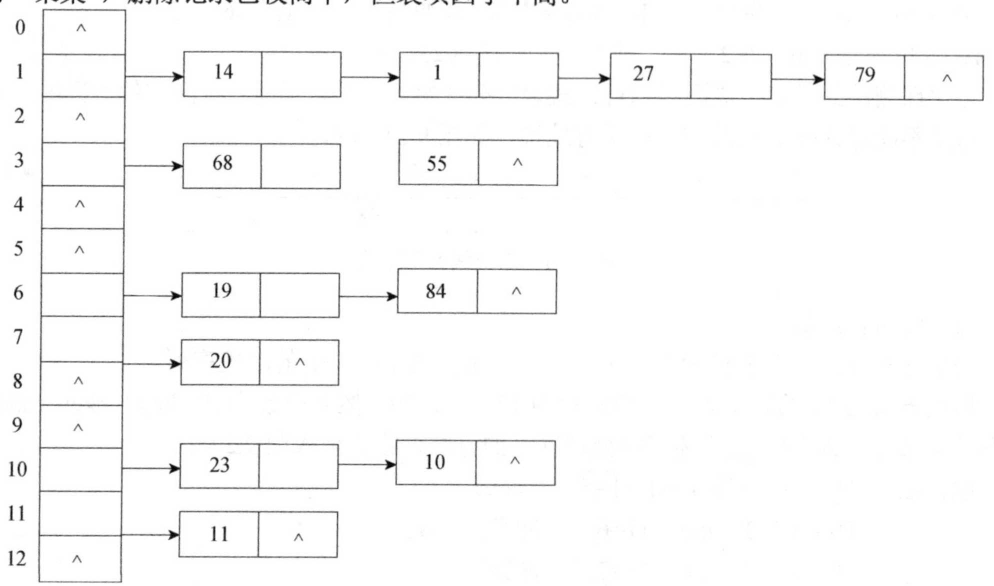


**图 9.23 用链地址法处理冲突的哈希表**

下面代码采用拉链法构建散列表，数据结构描述如下。

```
#define   MAXSIZE   10
typedef int    datatype;
tyepdef struct dNode{
   datatype data;              //   存储数据信息域
   int     key;                //   存储数据的关键字
   struct dNode *next;         //  结点指针
}Node;
typedef struct{
   Node * elem[];              //数组，动态分配
   int count;                  //当前元素个数
}HashTable;
```

函数 InitHashTable 的功能是初始化散列表，参数 HashTable 传入一个散列表指针，maxSize 是散列表中顺序表头长度。

```
//散列表初始化
void InitHashTable（HashTable *h, int maxSize）{
  int i;
  h->count= MAXSIZE;
  h->elem=（Node *）malloc（MAXSIZE*sizeof（Node *））;// 构建链表头顺序数组
  for（i=0;i<m;i++）
 h->elem[i]=NULL;                                    //  初始化每个头指针
}
```

哈希函数采用除留余数法，代码如下。

```
//构造哈希函数
int Hash（int key）    //除留余数法
{
  return key%MAXSIZE;
}
```

存储数据函数：insertHash 的功能是存入数据 key。

```
//插入操作
   void insertHash（HashTable *h,int key，datatype data）{
     int index=Hash（key）;                      //求哈希地址
     Node *p=（Node*）malloc（sizeof（Node））;// 分配结点空间
     p->key=key;
     p->data=data;
     p->next=h->elem[index];                     // 采用头插法，把冲突的都放在第一位
     h->elem[index]=p;
  }
```

取数据函数如下：

```
// 根据关键字进行取数据
    datatype searchHash（HashTable *h,int key）{
      Node *p=NULL;
      int index=Hash（key）;                         //  定位到哪条指针链
      if （h->elem[index]== NULL）   return NULL;    // 指针为空，则返回空
      p=h->elem[index];
      while（p!=NULL&&p->key!=key）                  // 沿着指针链，逐一比较
      p=p->next;
      if（p==NULL）   return NULL;                   // 链表遍历完毕，说明存此元素
      datatype temp=p->data;                         // 否则就存在，把数据域的值取出
     free（p）;                                      //  释放结点空间
     return temp;                                    // 返回
   }
```

## 9.3.4 散列表的查找及分析

散列表的查找过程和建表过程相似。假定给定的值为 K，根据建表时设定的散列函数 H，计算出散列地址 H（K），若表中该地址对应的空间未被占用，则查找失败；否则，将该地址中的结点与给定值 K 比较，若相等则查找成功；否则，按建表时设定的处理冲突方法查找下一个地址。如此反复下去，直到某个地址空间未被占用（查找失败）或者元素比较相等（查

找成功）为止。

由同一个散列函数采用不同的解决冲突方法构造的散列表，其平均查找长度是不相同的。在一般情况下，假设散列函数是均匀的，则不同的解决冲突方法得到的散列表的平均查找长度不同。表 9.3 给出在等概率的情况下，采用五种不同方法处理冲突时，散列表的平均查找长度。

**表 9.3 不同方法解决冲突是散列表的平均查找长度**

| 解决冲突的方法 | 平均查找长度 | |
|---|---|---|
| | 成功的查找 | 不成功的查找 |
| 线性探测法 | $[1+1/(1-\alpha)]/2$ | $[1+1/(1-\alpha)]/2$ |
| 二次探测、随机探测或双散列函数探测法 | $-\ln(1-\alpha)/\alpha$ | $1/(1-\alpha)$ |
| 拉链法 | $1+\alpha/2$ | $\alpha+\exp(-\alpha)$ |

从表 9.3 可见，散列表的平均查找长度不是结点个数 $n$ 的函数，而是装填因子 $\alpha$ 的函数。因此在设计散列表时，可选择 $\alpha$ 以控制散列表的平均查找长度。显然，$\alpha$ 越小，产生冲突的机会就会越少；但 $\alpha$ 过小，空间的浪费就过多。只要 $\alpha$ 选择合适，散列表上的平均查找长度就是一个常数。例如，当 $\alpha=0.9$ 时，对于成功的查找，线性探测法的平均查找长度是 5.5；二次探测、随机探测和双散列函数探测的平均查找长度是 2.56；拉链法的平均查找长度为 1.45。

需要注意的是，上述表格给出的平均查找长度，是针对 $n$ 很大的情况，类似于折半查找及二叉排序树查找，在具体某一数据集上进行查找效率分析时，可以给出准确的 ASL 结果。

以图 9.23 所举示例，假设元素集（19，14，23，1，68，20，84，27，55，11，10，79）采用两种哈希冲突解决方案进行哈希表存储：开放地址的线性探测法及链地址法，开放地址的线性探测法哈希函数为 H（key）=key mod 13，则对应的哈希表见表 9.4。

**表 9.4 数据集开放地址的线性探测哈希表**

| 地址 | 0 | 1 | 2 | 3 | 4 | 5 | 6 | 7 | 8 | 9 | 10 | 11 | 12 |
|---|---|---|---|---|---|---|---|---|---|---|---|---|---|
| 元素 | | 14 | 1 | 68 | 27 | 55 | 19 | 20 | 84 | 79 | 23 | 11 | 10 |
| 冲突次数 | | 0 | 1 | 0 | 3 | 2 | 0 | 0 | 2 | 8 | 0 | 0 | 2 |

上述数据集采用链地址法存储的哈希表如图 9.23 所示，此时，两种查找平均长度的计算分析如下。

从表 9.4 可知，开地址的线性探测法存储的哈希表，1 次就能查找成功的共有 6 个元素（冲突为 0 的元素），2 次可以查找成功的有 1 个元素（冲突次数为 1），3 次可以查找成功的有 3 个元素（冲突次数为 2），4 次可以查找成功的有 1 个元素（冲突次数为 3），5，6，7，8 次可以查找成功的有 0 个元素（冲突次数为 4，5，6，7），9 次可以查找成功的有 1 个元素（冲突次数为 8），每个元素被查找的概率为 1/12，则其平均查找长度为

$$ASL=(1\times6+2\times1+3\times3\times4\times1+9\times1)/12=2.5$$

在采用链地址法存储的哈希表（如图 9.23 所示）上进行查找时，1 次可以查找成功的元素有 6 个（边表的首元结点个数），2 次可以查找成功的元素有 4 个（边表的第 2 个结点个数），3 次及 4 次可以查找成功的元素有 1 个（边表的第 3 结点及第 4 结点个数），则其平均查找长度为

$$ASL=(1\times 6+2\times 4+3\times 1+4\times 1)\ /12=1.75$$

显然，采用链地址法解决冲突的查找效率高于采用开放地址的线性探测法，当然，前者的装填因子也较大，如果降低开地址的装填因子，即线性探测法哈希函数中取模的数值为比 13 更大的一个质数，如 17 或 19 等，那么其 ASL 将会变小，有兴趣的同学可以自己进行验证。

## 本章小结

本章介绍了查找中常用的一些算法，包括线性查找、二分查找、二叉排序树、平衡二叉排序树、哈希查找等几种，从算法的查找效率、对存储格式的要求、数据集原始特征等多个方面分析了各自的特点。

总体而言，平均查找长度无外乎两种情况：$O(n)$ 和 $O(\log_2 n)$。类似于排序，在效率较高的查找算法中，可以看到二叉树的相关特征。

需要注意的是，本章介绍的二叉排序树查找，虽然出发点是分析在这种格式数据集上的相关查找特性，但事实上，可以从另一个角度看待这一问题。由于查找是数据处理中的一个非常重要的算法，因此在构建一个数据集时，必须考虑后期在查找领域的诸多应用，而常规、高效的查找一般要求数据集是有序的，且是顺序保存的。依据已有知识，可知在顺序表上，插入一个数据的时间效率不高，但“有序”这一要求却使得在构建一个新的数据集时，会存在频繁地插入，为解决这一矛盾，提出排序二叉树及其平衡策略。由于二叉树可以采用链表保存，这保证数据的插入可以高效实现，而平衡的二叉树可以提高查找效率，问题得到了解决。

哈希表出现的目的是高效地查找，随着廉价冗余内存的普遍使用，哈希查找也越来越普便，当前在很多高级语言中，都包含哈希函数。

## 本章习题

**一、填空题**

1. 在数据存储无规律的线性表中进行查找的有效方法是_________。

2. 线性有序表（a1，a2，a3，…，a256）是从小到大顺序保存的，对一个给定的值 k，用二分法检索表中与 k 相等的元素，在查找不成功的情况下，最多需要检索_________次。

3. 假设在有序线性表 a[20]上进行折半查找，则比较 1 次查找成功的结点数为 _________，比较 2 次查找成功的结点数为_________，比较 5 次查找成功的结点数为_________，平均查找长度为_________。

4. 折半查找有序表（4，6，12，20，28，38，50，70，88，100），若查找表中元素 20，它将依次与表中元素_________比较大小。

5. 在各种查找方法中，平均查找长度与结点个数 $n$ 无关的查找方法是_________。

6. 散列法存储的基本思想是由________决定数据的存储地址。

7. 有一个表长为 $m$ 的散列表，初始状态为空，现将 $n$（$n<m$）个不同的关键码插入到散列表中，解决冲突的方法是用线性探测法。如果这 $n$ 个关键码的散列地址都相同，则在该哈希表上查找全部数据需要的总次数是________。

8. 给定关键字序列 6，11，78，10，1，3，9，2，4，21，分别用二分查找（假设已排序）、二叉排序树查找、散列查找［用线性探查法（模取 11 的 HASH 函数）和链地址法（模取 7 的 HASH 函数）］实现平均查找长度，则二分查找________，二叉排序树查找________，线性探查法________，链地址法________。

9. 折半查找比二叉排序树查找的时间性能________。

10. 散列表的地址区间为 0～17，散列函数为 H（K）=K mod 17。采用线性探测法处理冲突，并将关键字序列 26，25，72，38，8，18，59 依次存储到散列表中，则元素 59 存放在散列表中的地址是________。

## 二、简答题

1. 在第 9.3.1 节中，曾提到“散列函数为 hash（Key）=key，但是，这种存储现实中几乎是不可能的”请回答具体有哪些原因。

2. 折半查找适不适合链表结构的序列，为什么？用二分查找的查找速度必然比线性查找的速度快，这种说法对吗？

3. 假定对有序表（3，4，5，7，24，30，42，54，63，72，87，95）进行折半查找，试画出折半查找过程的判定树。

4. 设哈希（Hash）表的地址范围为 0～17，哈希函数为 H（K）＝K mod 16。用线性探测法和散列法处理冲突，输入元素序列为（10，24，32，17，31，30，46，47，40，63，49），画出哈希表的示意图，假定每个元素的查找概率相等，求平均查找长度。

5. 从时间效率出发，分析比较查找、排序的各自特点，并解释为什么查找比排序效率高一个量级 $O(n)$。

6. 已知如下所示长度为 12 的表：

（Jan，Feb，Mar，Apr，May，June，July，Aug，Sep，Oct，Nov，Dec）

试按表中元素的顺序依次插入一棵初始为空的二叉排序树。

（1）画出插入完成之后的二叉排序树，并求其在等概率的情况下查找成功的平均查找长度。

（2）若对表中元素先进行排序构成有序表，求在等概率的情况下对此有序表进行折半查找时查找成功的平均查找长度。

（3）按表中元素顺序构造一棵平衡二叉排序树，并求其在等概率的情况下查找成功的平均查找长度。

## 三、算法设计题

1. 已知 11 个元素的有序表为（05，13，19，21，37，56，64，75，80，88，92），请写出折半查找的算法程序，查找元素为 key 的数据元素。

2. 写一个判别给定二叉树是否为二叉排序树的算法，设此二叉树以二叉链表作为存储结构。且树中结点的元素均不同。

3. 已知一个含有 1 000 个记录的表，元素为中国人姓氏的拼音，请给出此表的一个哈希表设计方案，要求它在等概率情况下查找成功的平均查找长度不超过3。

4. 已知某哈希表的装载因子小于1，哈希函数H（key）为元素（标志符）的第一个字母在字母表中的序号，处理冲突的方法为线性探测开放地址法。试编写一个按第一个字母的顺序输出哈希表中所有元素的算法。

5. 设计一个在有序的链表上进行查找的函数。

# 第 10 章　经典算法分析

本章主要讲解分治算法、动态规划算法、贪心算法、回溯算法及分支限界算法等几种经典的算法，不仅可以了解算法的魅力所在，也希望在实际工程中能有所应用。

解决实际问题的经典算法一般都具有一定的复杂度或抽象特征，因此本章对每一种算法都是从算法的概念思想、计算框架，以及算法应用示例等步骤逐一进行分析介绍的，希望能够综合运用前面几章所学知识，理解并掌握相关算法。

## 10.1　分治算法

### 10.1.1　算法思想

**分治算法**的思想就是把一个复杂的问题分成两个或多个相同或相似的子问题，再把子问题分成更小的子问题，通过这种分解，直到子问题可以简单地直接求解为止，原问题的解则转变为各个子问题解的合并。

这种“分而治之”的数据处理技巧是很多高效算法的基础，如排序算法（快速排序，归并排序），在大数据的 MapReduce 处理模式中也有体现。

任何一个可以用计算机求解的问题所需的计算时间都与其规模有关，问题的规模越小，越容易直接求解，解题所需的计算时间也越少。例如，对于 $n$ 个元素的排序问题，当 $n=1$ 时，不需任何计算；$n=2$ 时，只要做一次比较即可排好序；$n=3$ 时只要做 3 次比较即可…而当 $n$ 较大时，问题就不那么容易处理了。要想直接解决一个规模较大的问题，有时是相当困难的。

分治算法所能解决的问题一般具有以下几个特征。

① 问题的规模缩小到一定的程度就可以容易地解决。绝大多数问题都满足这个特征，因为问题的计算复杂性一般是随着问题规模的增加而增加的。

② 问题可以分解为若干个规模较小的相同问题，即该问题具有最优子结构性质。该特征是应用分治算法的前提，且它也是大多数问题可以满足的，此特征反映了递归思想的应用。

③ 用该问题分解出子问题的解，可以合并为该问题的解。如果具备了第一条和第二条特征，而不具备本条特征，则可以考虑用贪心算法或动态规划算法。

④ 问题所分解出的各个子问题是相互独立的，即子问题之间不包含公共的子问题。本条

特征涉及分治算法的效率，如果各子问题是相互不独立的则分治算法要做许多不必要的工作，重复地解公共的子问题，此时虽然可用分治算法，但一般动态规划算法更好。

### 10.1.2 算法的解题思路及框架

分治算法按照如下三个步骤进行。

① **分解**，将要解决的问题划分成若干规模较小的同类问题。

② **求解**，当子问题划分得足够小时，用较简单的方法解决。

③ **合并**，按原问题的要求，将子问题的解逐层合并构成原问题的解。

该算法的一般框架如下：

```
DivideAndConquer（P） {
  if |P|≤n0                          // P 问题规模小于可计算的范围，则进行计算
  return（ADHOC（P））               // ADHOC（P）是该分治算法中的基本子算法
  //否则将 P 分解为较小的子问题 P1,P2, …,Pk
  for （ int i=1; i<= k;  i++）
  yi= Divide-and-Conquer（Pi）       //递归解决 Pi
 T =MERGE（y1,y2, …,yk）;           // 合并子问题的解
  return（T）;
}
```

其中|P|表示问题的规模，n0 为一阈值，表示当问题 P 的规模不超过 n0 时，问题容易直接解出，不必再继续分解。ADHOC（P）是该分治法中的基本子算法，用于直接解决小规模的问题 P。因此，当 P 的规模不超过 n0 时，直接用算法 ADHOC（P）求解。

算法 MERGE（$y_1$，$y_2$，…，$y_k$）是该分治算法中的合并子算法，将 P 的子问题 $P_1$，$P_2$，…，$P_k$ 的相应的解 $y_1$，$y_2$，…，$y_k$ 合并为 P 的解。

根据分治算法的分割原则，原问题应该分为多少个子问题才较适宜？各个子问题的规模应该怎样才适当？这些问题是不能一概而论的，也没有规定的标准，但从大量实践中总结发现，在用分治算法时，最好使子问题的规模大致相同。换句话说，将一个问题分成大小相等的 k 个子问题的处理方法是行之有效的。许多问题可以取 k=2。这种使子问题规模大致相等的做法出自一种平衡子问题的思想，它的处理效果更好。

分治算法的合并步骤是算法的关键所在。有些问题的合并方法比较明显，而有些问题合并方法比较复杂，或者是有多种合并方案。究竟应该怎样合并，没有统一的模式，需要具体问题具体分析。

### 10.1.3 应用示例

【例 10.1】以常用的假币问题为例，一个袋子里装有 100 枚硬币，其中有一枚为假币，而且假币的重量比真币的轻。假币和真币从外形看一模一样，无法分辨出来。请从中找出这枚假币。

分析：该问题满足分治算法的特征，可以把一堆钱币 $n$（规模比较大）分成两堆（$n/2$），比较两堆钱币的重量大小，假币一定在重量小的那堆。经过这一轮分解，算法规模已减半，继续按照此思路下去直到 $n$=1 时，就能确认假币。

上述问题自然想到“类完全二叉树”的形态。

假定每一个钱币的重量存放在一个一维数组 data[ ]中，下列函数 checkCoin 返回值是代表哪一个位置是一枚假币。

```
int checkCoin（int data[  ],int low, int high）{
  int mid=（low+high）/2;
  int weight1=sum（data,low,mid）;
  int weight2 =sum（data,mid+1,high）;
  if（weigh1> weight2）{
    if（mid+1 == high）   return mid+1;  // 只有一枚硬币，可以判别
    return checkCoin（data,mid+1,high）  // 继续分解
}
  if（ low == mid） return low;           // 只有一枚硬币，可以判别
  return checkCoin（data,low,mid）;        // 继续分解
}
```

【例 10.2】利用分治算法进行归并排序。

分治算法求解排序问题的思想很简单，只需以某种方式将序列分成两个或多个子序列，分别进行排序，再将已排序的子序列合并成一个有序序列即可。归并排序是运用分治策略的排序算法的典型。

分析：归并排序的分解很简单，难点在于合并（merge）函数。下面使用分治算法求解，分治算法两路合并算法可描述为三步：第一步，将待排序的元素序列一分为二，得到两个长度基本相同的子序列；第二步，对两个子序列分别排序，若子序列较长则继续细分，直至子序列的长度不大于 1 为止，因为只有不大于 1 的数列可直接求解，此为关键步骤；第三步，将排好序的子序列合并成一个有序数列，第 8 章中的 mergeOne 函数即为以上的 merge 函数。

以数组 5，2，4，7，1，3，2，6 为例给出归并过程，如图 10.1 所示。

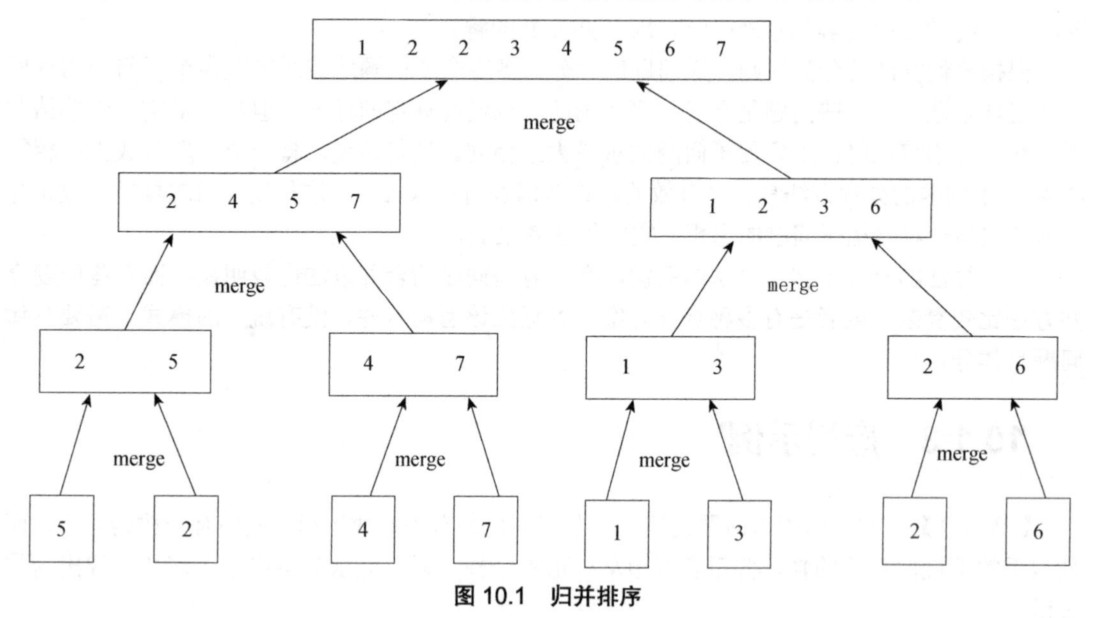


**图 10.1　归并排序**

具体的代码可参见本书第 8 章归并排序相关内容。

# 10.2 动态规划算法

## 10.2.1 算法基本概念

**动态规划**过程：每次决策依赖于当前状态，又随即触发新的状态，进而引起状态的转移。一个决策序列就是在变化的状态中不断产生出来的，所以，这种多阶段最优化决策解决问题的过程就称为动态规划。

基本思想与分治算法类似，将待求解的问题分解为若干个子问题，按顺序求解各子阶段，前一子问题的解，为后一子问题的求解提供有用的信息。在求解任一子问题时，列出各种可能的局部解，通过决策保留那些有可能达到最优的局部解，丢弃其他局部解。依次解决各子问题，最后一个子问题就是初始问题的解。

由于多数动态规划存在重叠子问题这个特点，为减少重复计算，对每一个子问题只解一次，一般情况下会将其不同阶段的不同状态保存在一个缓冲区中。

与分治算法最大的差别：适合于用动态规划算法求解的问题，经分解后得到的子问题往往不是相互独立的（即下一个子阶段的求解是建立在上一个阶段解的基础上的）。

能利用动态规划求解的问题一般要满足如下三个性质。

① 最优化原理。如果问题的最优解所包含的子问题的解也是最优的，就称该问题具有最优子结构，即满足最优化原理。

② 无后效性。即某阶段状态一旦确定，就不受这个状态以后决策的影响，即某状态以后的过程不会影响以前的状态，只与当前状态有关。

③ 有重叠子问题。即子问题之间不是独立的，一个子问题在下一阶段决策中可能被多次使用到。注意：该性质并不是动态规划适用的必要条件，但是如果没有这条性质，动态规划算法同其他算法相比就不具备优势。

## 10.2.2 算法的解题思路及框架

动态规划所处理的问题是一个多阶段决策问题，一般由初始状态开始，通过对中间阶段决策的选择，达到结束状态。这些决策形成了一个决策序列，同时确定了完成整个过程的一条活动路线，通常称为求最优的活动路线，如图 10.2 所示。

**初始状态→| 决策1 |→| 决策2 |→…→| 决策$n$ |→ 结束状态**

**图 10.2　动态规划决策过程**

动态规划的设计都有着一定的模式，一般要经历以下几个步骤。

① 划分阶段。按照问题的时间或空间特征，把问题分为若干个阶段。在划分阶段时，注意划分后的阶段一定要是有序的或者是可排序的，否则问题就无法求解。

② 确定状态和状态变量阶段。将问题发展到各个阶段时所处的各种情况用不同的状态表示出来。当然，状态的选择要满足无后效性。

③ 确定决策并写出状态转移方程阶段。因为决策和状态转移有着天然的联系，状态转移

就是根据上一阶段的状态和决策导出本阶段的状态，所以如果确定了决策，状态转移方程也就可写出。但事实常常相反，根据相邻两个阶段的状态之间的关系来确定决策方法和状态转移方程。

④ 寻找边界条件阶段。给出的状态转移方程是一个递推式，需要一个递推的终止条件或边界条件。一般来说，只要解决问题的阶段、状态和状态转移决策确定了，就可以写出状态转移方程，包括边界条件。

### 10.2.3 应用示例

在示例之前，本节先介绍几个基本概念。

① 子序列的定义。子序列就是在给定序列中去掉零个或者多个元素的序列。

例如，给定一个序列 X={$x_1$，$x_2$，…，$x_n$}，另外一个序列 Z={$z_1$，$z_2$，…，$z_k$}，如果存在 X 的一个严格递增下标序列<$i_1$，$i_2$，…，$i_k$>，使得对所有 j=1，2，…，k，有 $x_{ij}=z_j$，则 Z 是 X 的子序列。例如，Z={B，C，D，B}是 X={A，B，C，B，D，A，B}的一个子序列，相应的下标为<2，3，5，7>，从定义可以看出子序列直接相邻元素不要求在原序列中也相邻，但前后关系需保存。

② 公共子序列。给定两个序列 X 和 Y，如果 Z 既是 X 的一个子序列又是 Y 的一个子序列，则称序列 Z 是 X 和 Y 的公共子序列。

例如，X={A，B，C，B，D，A，B}，Y={B，D，C，A，B，A}，则序列{B，C，A}是 X 和 Y 的一个公共子序列，但不是最长公共子序列。因为它的长度等于 3，而子序列{B，C，A，B}长度等于 4，序列 {B，C，B，A}也是 X 和 Y 的公共子序列。

示例：求最长公共子序列 LCS（Longest Common Subsequence）。

问题描述：给定两个序列 X={$x_1$，$x_2$，…，$x_m$}和 Y={$y_1$，$y_2$，…，$y_n$}，求 X 和 Y 的最长公共子序列。

案例分析：如何找出一个最长公共子序列？如果序列比较短，可以采用列举法列出 X 的所有子序列（假定它的长度为 $m$，则有 $2^m$ 个子序列），然后检查是否是 Y 的子序列（假定其长度为 $n$，则有 $2^n$ 个子序列），并记录所发现的最长子序列。如果序列比较长，这种方法具有指数级 $O$（$2^{m+n}$）的时间效率，几乎是没有实际意义的。

能否采用动态规划算法求解问题，需要知道求解问题是否具有最优子结构解，对于该案例，看下面的分析。

$X_i$=<$x_1$，…，$x_i$>**即 X 序列的前 i 个字符 （1≤i≤m）（前缀）**

$Y_j$=<$y_1$，…，$y_j$>**即 Y 序列的前 j 个字符 （1≤j≤n）（前缀）**

假定 Z=<$z_1$，…，$z_k$>∈LCS（X，Y）。

① 若$x_m = y_n$（最后一个字符相同），则可用反证法证明：该字符必是 X 与 Y 的任一最长公共子序列 Z（设长度为 k）的最后一个字符，即$z_k = x_m = y_n$，且 $Z_{k-1}$∈LCS（$X_{m-1}$，$Y_{n-1}$），即 Z 的前缀 $Z_{k-1}$ 是 $X_{m-1}$ 与 $Y_{n-1}$ 的最长公共子序列。此时，问题转换成求解 $X_{m-1}$ 与 $Y_{n-1}$ 的 LCS（$X_{m-1}$，$Y_{n-1}$）；而 LCS（X，Y）的长度，它等于 LCS（$X_{m-1}$，$Y_{n-1}$）的长度加 1。

② 若 $x_m \neq y_n$，则也不难用反证法证明：要么 Z∈LCS（$X_{m-1}$，Y），要么 Z∈LCS（X，$Y_{n-1}$）。由于 $z_k \neq x_m$ 与 $z_k \neq x_n$ 其中至少有一个必成立，若 $z_k \neq x_m$ 则有 Z∈LCS（$X_{m-1}$，Y）；

类似的，若 $z_k \neq x_n$ 则有 Z∈LCS（X，$Y_{n-1}$）。此时，问题就转换成求 $X_{m-1}$ 与 Y 的 LCS 及 X 与 $Y_{n-1}$ 的 LCS。LCS（X，Y）的长度为

$$\max\{LCS（X_{m-1}，Y）的长度, LCS（X，Y_{n-1}）的长度\}$$

由于上述 $x_m \neq y_n$ 的情况中，求 LCS（$X_{m-1}$，Y）的长度与 LCS（X，$Y_{n-1}$）的长度，这两个问题不是相互独立的，两者都需要求 LCS（$X_{m-1}$，$Y_{n-1}$）的长度。另外，两个序列的 LCS 中包含了两个序列的前缀的 LCS，故此问题具有最优子结构性质，可以考虑用动态规划法。

下面从三个步骤进行求解。

第一步，LCS 的最优子结构定义：设 X={$x_1$，$x_2$，…，$x_m$}和 Y={$y_1$，$y_2$，…，$y_n$}为两个序列，并设 Z={$z_1$，$z_2$，…，$z_k$}为 X 和 Y 的任意一个 LCS，则必须满足如下条件。

① 如果 $x_m=y_n$，那么 $z_k=x_m=y_n$，而且 $Z_{k-1}$ 是 $X_{m-1}$ 和 $Y_{n-1}$ 的一个 LCS。

② 如果 $x_m \neq y_n$，那么 $z_k \neq x_m$，Z 是 $X_{m-1}$ 和 $Y_n$ 的一个 LCS。

③ 如果 $x_m \neq y_n$，那么 $z_k \neq y_n$，Z 是 $X_m$ 和 $Y_{n-1}$ 的一个 LCS。

根据上面 LCS 的子结构的定义可知，要找序列 X 和 Y 的 LCS，可以根据 $x_m$ 与 $y_n$ 是否相等进行判断，如果 $x_m=y_n$ 则产生一个子问题，否则产生两个子问题。

用 length[i][j]记录序列 Xi 和 Yj 的最长公共子序列的长度。其中，Xi=<x1，x2，…，xi>，Yj=<y1，y2，…，yj>。当 i=0 或 j=0 时，空序列是 Xi 和 Yj 的最长公共子序列，故 length[i][j] = 0。其他情况下，由定理可建立如下递归关系。

设 length[i][j]为序列 $X_i$ 和 $Y_j$ 的一个 LCS 的长度。如果 i=0 或者 j=0，即一个序列的长度为 0，则 LCS 的长度为 0。LCS 问题的最优子结构的递归式如下：

$$length[i][j] = \begin{cases} 0 & \text{if } i = 0 \text{ or } j = 0 \\ length[i-1][j-1] + 1 & \text{if } i，j>0 \text{ and } x_i = y_j \\ \max(length[i][j-1], length[i-1][j]) & \text{if } i，j>0 \text{ and } x_i \neq y_j \end{cases} \quad 式（10.1）$$

第二步，计算 LCS（X，Y）的长度。

计算序列的长度并将结果保存到一个二维数组 length[m+1][m+1]中，引入一个维度与 length 相同的二维数组 token[m+1][m+1]，用来保存最优解的构造过程，便于后续打印公共子序列。m 和 n 分别表示两个序列的长度。该函数的代码如下。

```
void lengthLCS（ char X[   ],char Y[   ],int length[   ][   ],int token[   ][   ]）{
   int i, j;
   int m =strlen（X）;// 求得 X 的长度
   int n =strlen（Y）;// 求得 Y 的长度
                        // 下面两循环是初始化 length 数组;
   for（i=0; i<=m; i++）  length[i][0]=0;
   for（i=0; i<=n; i++）  length[0][i]=0;
   for（ i=1; i<=m; i++   ）
   for  （ j=1; j<=n; j++）{
    if （X[i-1] == Y[j-1]）{
         length[i][j] =length[i-1][[j-1]+1; // 表示第一种求解
              token[i][j]=1;              // 表示第一种情况
       }else if  （  length[i-1][j] >= length[i][j-1]）{
          length[i][j] = length[i-1][j];   // 表示第二种求解
          token[i][j]=2;                   // 表示第二种情况
       }else {
```

```
                length[i][j]= length[i][j-1]; //表示第三种求解
                token[i][j]=3;                  // 表示第三种情况
        }
    }
}
```

由上述代码可以看出 lengthLCS 运行时间为 $O$（$m \times n$），要比列举法好得多。为了更好地理解上述程序，举一个具体例子：设所给的两个序列为 X=<A，B，C，B，D，A，B>和 Y=<B，D，C，A，B，A>。由函数 lengthLCS 可计算出 length 和 token 两个数组的值，如图 10.3 所示；length 和 token 两个数组维度是一样的，把两个数组显示到一幅图上，token 数组三个数字用标志符来表示。

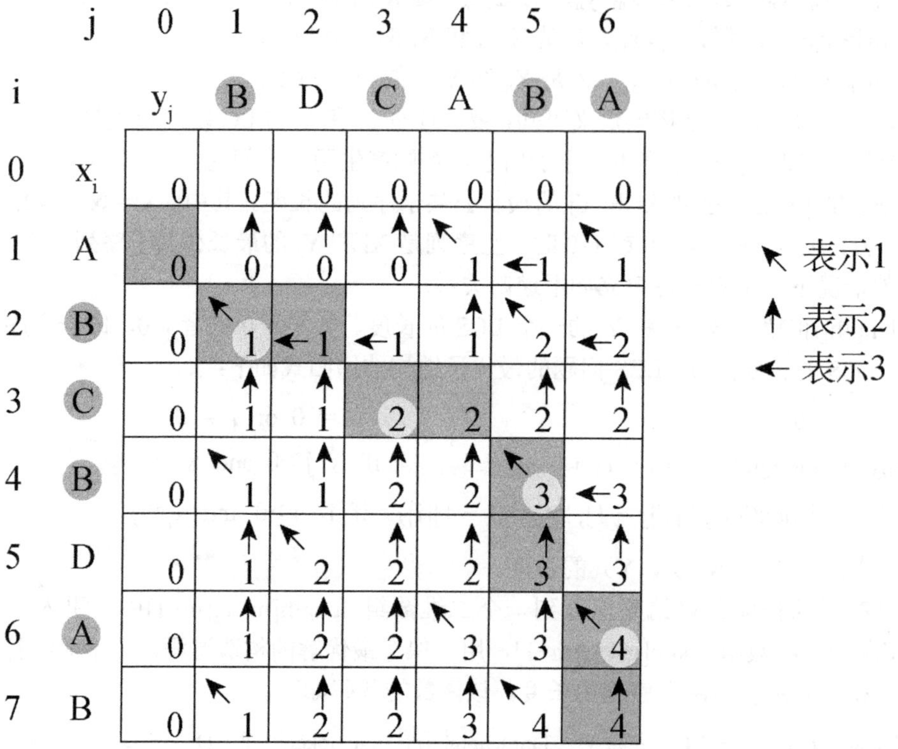

| | j | 0 | 1 | 2 | 3 | 4 | 5 | 6 |
|---|---|---|---|---|---|---|---|---|
| i | | $y_j$ | B | D | C | A | B | A |
| 0 | $x_i$ | 0 | 0 | 0 | 0 | 0 | 0 | 0 |
| 1 | A | 0 | ↑0 | ↑0 | ↑0 | ↖1 | ←1 | ↖1 |
| 2 | B | 0 | ↖1 | ←1 | ←1 | ↑1 | ↖2 | ←2 |
| 3 | C | 0 | ↑1 | ↑1 | 2 | 2 | ↑2 | ↑2 |
| 4 | B | 0 | ↖1 | ↑1 | ↑2 | ↑2 | ↖3 | ←3 |
| 5 | D | 0 | ↑1 | ↖2 | ↑2 | ↑2 | ↑3 | ↑3 |
| 6 | A | 0 | ↑1 | ↑2 | ↑2 | ↖3 | ↑3 | ↖4 |
| 7 | B | 0 | ↖1 | ↑2 | ↑2 | ↑3 | ↖4 | ↑4 |

↖ 表示1
↑ 表示2
← 表示3

**图 10.3　案例求解结果**

第 i 行和第 j 列中的方块包含 length[i][j]的值，以及指向 token[i][j]的箭头。在位置 lengh[7][6]为 4，表示 X 和 Y 的一个 LCS<B，C，B，A>的长度。对于<i，j>0，length[i][j]仅依赖于是否有 $x_i=y_i$，及 length[i−1][j]和 length[i][j−1]的值，这几个项都在 length[i][j]之前计算。

第三步，输出 X，Y 的最长公共子序列。

从计算结果来看，可得出以下结论。

当 token[i][j]=1 时（意味着 $x_i=y_i$ 是 LCS 的一个元素），表示 $x_i$ 与 $y_j$ 的最长公共子序列是由 $x_{i-1}$ 与 $y_{j-1}$ 的最长公共子序列在尾部加上 $x_i$ 得到的子序列。

当 token[i][j]=2 时，表示 $x_i$ 与 $y_j$ 的最长公共子序列和 $x_{i-1}$ 与 $y_j$ 的最长公共子序列相同。

当 token[i][j]=3 时，表示 $x_i$ 与 $y_j$ 的最长公共子序列和 $x_i$ 与 $Y_{j-1}$ 的最长公共子序列相同。

据此分析，根据第二步中保存的结果，从 token[m][n]开始，当遇到 1 时，表示 $x_i=y_j$ 是

LCS 中的一个元素。通过递归即可求出 LCS 的序列元素，代码如下。

```
void prntLCS（int token[][], char X[],intm, int n）{
    if（m==0 || n==0 ）  return ;
    if（ token[m][n] ==1 ）{
      printLCS（token,X,m-1,n-1）;
      printf（"---> %c ", X[m-1]）;
     }else if （ token[m][n] == 2 ）
    printLCS（token,X,m-1,n）;
    else
printLCS（token,X,m,n-1）;
}
```

为了重构一个 LCS 的元素，从右下角开始跟踪 token[i][j]的箭头即可，这条路径标示为阴影，这条路径上的每一个“↖”对应一个使 $x_i=y_i$ 为一个 LCS 的成员的项。所以根据上述，该函数将最终输出“B C B A”或“B D A B”。

## 10.3 贪心算法

### 10.3.1 算法基本概念

**贪心算法**是指所求问题的整体最优解可以通过一系列局部最优解选择，即贪心选择来达到。这是贪心算法可行的第一个基本要素，也是贪心算法与动态规划算法的主要区别。

贪心选择采用从顶向下、迭代的方法做出相继选择，每做一次贪心选择就将所求问题简化为一个规模更小的子问题。对于一个具体问题，要确定它是否具有贪心选择的性质，必须确定每一步所做的贪心选择最终能得到问题的最优解。通常首先可以确定问题的一个整体最优解，是从贪心选择开始的，而且做了贪心选择后，原问题简化为一个规模更小的类似子问题；然后，用归纳法证明，通过每一步贪心选择，最终可得到问题的一个整体最优解。

当一个问题的最优解包含其子问题的最优解时，称此问题具有最优子结构性质。运用贪心策略在每一次转化时都取得了最优解。问题的最优子结构性质是该问题可用贪心算法或动态规划算法求解的关键特征。贪心算法的每一次操作都对结果产生直接影响，而动态规划则不是。贪心算法对每个子问题的解决方案都做出选择，不能回退；动态规划则会根据以前的选择结果对当前进行选择，有回退功能。动态规划主要运用于二维或三维问题，而贪心一般是一维问题。所以采用贪心策略时一定要仔细分析其是否满足无后效性。

### 10.3.2 算法的解题思路及框架

① 该算法创建两个集合：一个包含已经被考虑过并被选出的候选对象，另一个包含已经被考虑过但被丢弃的候选对象。

② 其中一个函数检查一个候选对象的集合是否提供了问题的解答。该函数不考虑此时的解决方法是否最优。

③ 另一个函数检查一个候选对象的集合是否可行，是否可向该集合添加更多的候选对象以获得一个解。与上一个函数一样，此时不考虑解决方法的最优性。选择函数可以指出哪一个剩余的候选对象最有希望构成问题的解。

④ 最后，目标函数给出解。

为了解决问题，需要寻找一个构成解的候选对象集合，它可以优化目标函数，使得贪心算法逐步进行。最初，算法选出的候选对象的集合为空，然后，根据选择函数，算法从剩余候选对象中选出最有希望构成解的对象。如果集合中加上该对象后不可行，那么该对象就被丢弃并不再考虑，否则就加到集合里。每一次都扩充集合，并检查该集合是否构成解。如果贪心算法正确进行，那么找到的第一个解通常是最优的。

贪心算法解题框架如图 10.4 所示。

```
从问题的某一初始解出发；
while （能朝给定总目标前进一步）
{
利用可行的决策，求出可行解的一个解元素；
}
由所有解元素组合成问题的一个可行解；
```

**图 10.4 贪心算法解题框架**

### 10.3.3 应用示例

【例 10.3】0-1 背包问题：有一个背包，背包容量 $M$=150kg。有 7 个物品，物品不可以分割，见表 10.1。要求尽可能让装入背包中的物品总价值最大，但不能超过总容量。

**表 10.1 物品重量和价值**

| 物品 | A | B | C | D | E | F | G |
|---|---|---|---|---|---|---|---|
| 重量（kg） | 35 | 30 | 6 | 50 | 40 | 10 | 25 |
| 价值（元） | 10 | 40 | 30 | 50 | 35 | 40 | 30 |

示例分析：

设定目标函数为

$$\sum pi \text{ 最大}$$

约束条件是装入的物品总重量不超过背包容量：

$$\sum wi \leqslant M \ (M=150)。$$

下面要根据一些策略来进行求解。

策略 1：每次挑选价值最大的物品装入背包，得到的结果是否最优？

策略 2：每次挑选所占重量最小的物品装入，是否能得到最优解？

策略 3：每次选取单位重量价值最大的物品，是否能得到最优解？

贪心算法是很常见的算法之一，这是由于它简单易行，容易构造贪心策略。

稍微复杂的是，它需要证明后才能真正运用到实际问题的求解中，贪心策略一旦经过证明成立后，它就是一种高效的算法。

一般来说，贪心算法的证明围绕着：整个问题的最优解一定由贪心策略中存在的子问题的最优解得来，这个结论并不都成立，对于本例中的 3 种贪心策略，都无法成立，解释如下。

策略 1：选取价值最大者。

反例：*W*=30；物品：A B C；重量：28 12 12；价值：30 20 20。根据策略，首先选取物品 A，接下来就无法再选取；反之，选取 B，C 则更好。

策略 2：选取重量最小。它的反例同第一种策略的反例。

策略 3：选取单位重量价值最大的物品。

反例：*W*=30；物品：A B C；重量：28 20 10；价值：28 20 10。根据策略 3，三种物品单位重量价值一样，程序无法依据现有策略做出判断，如果选择 A，则答案错误。

对于选取单位重量价值最大的物品这个策略，可以再加一条优化的规则：对于单位重量价值一样的，则优先选择重量小的。这样，上面的反例就解决了。

但是，如果题目如下所示，这个策略也不可行。

*W*=40；物品：A B C；重量：25 20 15；价值：25 20 15。

总体而言，对于本示例，用贪心算法并不一定可以求得最优解，需要改进算法才可能得到新的解。

【例 10.4】本节对第 1 章提到的十字路口着色问题，利用贪心算法给予解决。

该问题可以归为图的着色判定问题，即给定无向连通图 G 和 m 种不同的颜色。用这些颜色为图 G 的各顶点着色，每个顶点着一种颜色，是否有一种着色法使 G 中任意相邻的 2 个顶点的颜色是不同的。

分析：本题采用贪心算法，根据 Welch Powell 法的思路，按如下规则进行着色。

步骤 1：将 G 的顶点按照度数递减的次序排列。

步骤 2：使用第一种颜色对第一个顶点着色，并按照顶点排列的次序，对与前面着色点不邻接的每一顶点着以相同颜色。

步骤 3：用第二种颜色对尚未着色的顶点重复步骤 2，直到所有顶点着色完成为止。

算法描述如下。

对图的存储采用邻接矩阵的方式，假设存在二维数组 graph[n][n]，顶点个数为 N，默认顶点序列为{0，1，2，3，…，n−1}，存储每个顶点的颜色及度信息，如下：

```
type struct {
    int index;  // 在数组的脚标
    int   color; //着色，初始化为 0
    int degree; //度数，初始化为 0
}Vextex;
```

CreateGraph（int graph[　][　]，int n）函数创建一个无向连通图，数据以链接矩阵进行存储，参数传递一个二维数组，本函数的代码可以参见第 7 章相关内容。

countDegree 函数求出无向连通图所有顶点的度，graph 参数表示连通图的二维矩阵，Vers[　]代表顶点的结构体矩阵，N 表示顶点数。

```
//  统计各个顶点的度数
void countDegree（int graph[  ][  ],Vertex vers[  ],int N）{
```

```
    int i,j;
    for（i=0;i<N; i++）
    for（j=0;j<N;j++）
    vers[i].degree=vers[i].degree+graph[i][j];
}
```

sortVertex 函数实现对顶点数组按度数进行由高到低排序，其中，参数 vers[ ]是顶点结构体的一维数组。

drawColor 函数实现着色功能，参数 graph[ ][ ]表示无向连通图的二维矩阵，vers[ ]是顶点结构体数组。

```
void drawColor（int graph[ ][ ],Vertex vers[ ],int N）{
    int i,j;
    int colors=0; // colors 代表着色的数
    countDegree（graph,vers,N）;//计算顶点的度数
    sortVertex（vers,N）;
    while（1）{ //按步骤进行着色
        colors++;
      //找到第一个未着色的点进行着色
      for（i=0;i<N;i++）
      if（ vers[i].color==0） { vers[i].color=colors; break;}
      if （i == N） break; //while 循环退出的条件,所有顶点都已着色
    // 把与该顶点不相邻且未着色的顶点，着该色
      for（j=0; j<N; j++）{
        if（vers[j].color ==0 &&graph[vers[i].index][vers[j].index] == 0
&&i!=j）
          vers[j].color = color;
      }
    } //end while
}
```

为便于理解该算法，进一步举例分析着色问题，如图 10.5 所示。

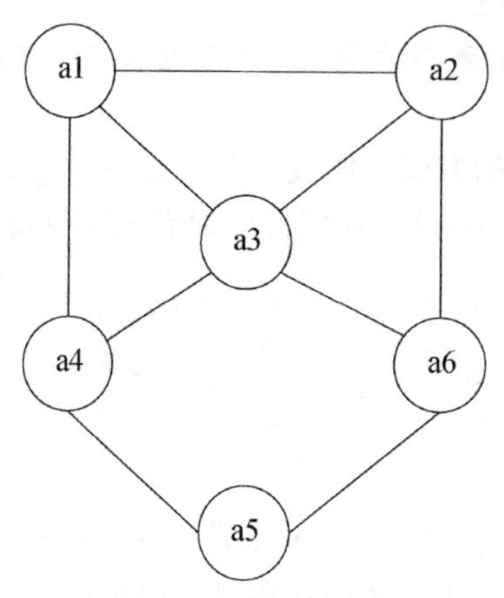


**图 10.5 着色示意图**

① 根据上述代码分析，建立按度数由高到底的序列，结果见表 10.2。

表 10.2　顶点按度数排序表

| 顶点 | a3 | a1 | a2 | a4 | a6 | a5 |
| --- | --- | --- | --- | --- | --- | --- |
| 度数 | 4 | 3 | 3 | 3 | 3 | 2 |

② 再从度数由高到底顺序，逐步选点并着色，过程见表 10.3。

表 10.3　着色步骤表

| 选取顶点 | 着色 | 不相邻的顶点着同样色 |
| --- | --- | --- |
| a3 | 红色 | a5 红色 |
| a1 | 蓝色 | a6 蓝色 |
| a2 | 黄色 | a4 黄色 |
| 顶点都已着色 | | |

我们再回顾第 1 章十字路口着色问题，对十字路口问题，重新以图 10.6 表示，独立的顶点可以不考虑。

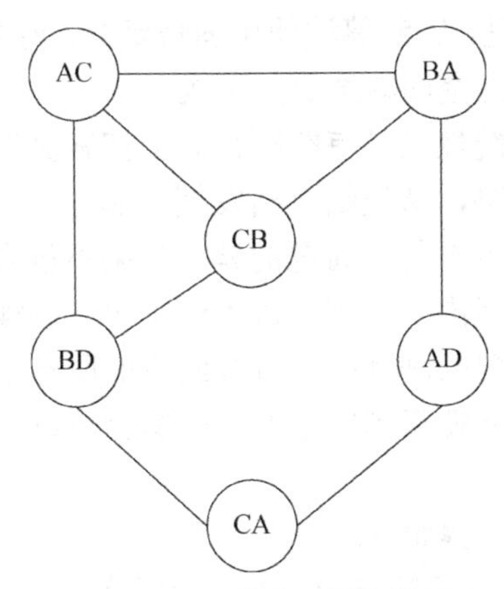


图 10.6　十字路口着色问题

① 计算出各个顶点的度数并进行排序，见表 10.4。

表 10.4　顶点排序表

| 顶点 | CB | AC | BA | BD | AD | CA |
| --- | --- | --- | --- | --- | --- | --- |
| 度数 | 3 | 3 | 3 | 3 | 2 | 2 |

② 逐步选点并着色，过程见表 10.5。

表 10.5　着色步骤表

| 选取顶点 | 着色 | 不相邻的顶点着同样色 |
| --- | --- | --- |
| CB | 红色 | CA，AD 红色 |
| AC | 蓝色 | |
| BA | 黄色 | BD 黄色 |
| 顶点都已着色 | | |

从上面的着色结果来看，存在一个问题：因为 CA，AD 两个顶点是相邻的，但是它们着同一种颜色，需要对算法做一些改进。如果某个顶点存在与相邻顶点同色的问题，则从颜色表中找出一个与周边顶点都不同的颜色。从表 10.5 可知，AD 可以着黄色。

这也进一步说明采用贪心算法求解问题，需要证明整个问题的最优解是由子问题的最优解得来的。但即使不能证明或证明结果是错误的，通过调整，也可以得到正确的解。另外，同一类问题在不同情况下（上述两个着色问题），解的结果也可能不一样（一个正确，一个不正确），这又涉及边界条件等问题，考虑到篇幅及复杂度，有兴趣的同学可以查找相关资料，自己深入研究。

## 10.4 回溯算法

### 10.4.1 基本概念及解题框架

**回溯算法**的基本思想：从一条路往前走，能进则进，不能进则退回来，换一条路再试。回溯算法其实就是穷举法。但是，回溯算法使用剪枝函数，剪去一些不可能到达最终状态（即解状态）的结点，从而减少状态空间树结点的生成。

回溯算法是一个既具有系统性又具有跳跃性的的搜索算法。它在包含问题的所有解的解空间树中，按照深度优先的策略，从根结点出发搜索解空间树，算法搜索至解空间树的任一结点时，总是先判断该结点是否不包含问题的解。如果不包含，则跳过以该结点为根的子树系统搜索，逐层向其祖先结点回溯；否则，进入该子树，继续按深度优先的策略进行搜索。回溯算法求问题的所有解时，要回溯到根，且根结点的所有子树都已被搜索遍才结束。而回溯算法求问题的任一解时，只要搜索到问题的一个解就可以结束。回溯算法适用于解一些组合数较大的问题。

用回溯算法解问题的一般步骤如下。

① 针对所给问题，确定问题的解空间。首先应明确定义问题的解空间，问题的解空间应至少包含问题的一个（最优）解。

② 确定结点的扩展搜索规则。

③ 以深度优先方式搜索解空间，并在搜索过程中用剪枝函数避免无效搜索。

设问题的解是一个 *n* 维向量（a1，a2，…，an），则约束条件是 ai（*i*=1，2，3，…，n）满足某种条件，记为 f（ai）。

### 10.4.2 应用示例

【例 10.5】8 皇后问题：在国际象棋棋盘（8 行 8 列）中放上 8 个皇后，使任意两个皇后都不能互相吃掉对方，即任意两个皇后都不能处于同一行、同一列或同一斜线上，共有多少种放法。

案例分析：皇后能吃同一行、同一列、同一对角线的任意棋子。所以，算法可以这样考虑。在每一行放入一个皇后，从第一行开始，每新的一行加皇后时，算法必须确保这个皇后必须不能与已经存在的所有皇后在同一行、同一列或同一条对角线上。所以参数就可以只设置一个行号，当行号达到 8 时（下标从 0 开始），算法就找到了一个答案。通过这种方式，不断尝试第一个皇后在第一行的位置，再进行回溯，就可以得到所有的结果。

虽然棋盘应以二维数组表示，但就本题而言，算法可用一维数组来存放 8 个皇后在 1~8

行中的列位置，具体原因说明如下。

用一维数组中元素的位置和值来表示皇后的位置，假设一维数组是 queen[　]，则 queen[0]=3 表示了在第 1 行第 4 列存在一个皇后，所以该棋盘虽然有 64 个位置（应该对应二维数组 queen[8][8]），但所求解的问题仅需要 8 个位置，且不需要关注这 8 个位置上的值（仅表示此位置为皇后）。

采用一维数组代替二维数组大大节省了存储空间，同时也缩小了搜索规模。

printQueen（　）函数的功能是打印某一种摆放方式，参数 queen[　]存放各个皇后在每行的位置（即为列的位置），size 表示棋盘大小。

```
//打印一种摆放方式
void printQueen （int queen[  ], int size）{
  int i;
  for（i = 0; i <size; i++）{
   printf（"（%d,%d）----> ", i, queen[i]）;
  }
  printf（"\n"）;
}
```

checkLocation 函数检查每个皇后是否处在对角线上（由于算法是每行放一个皇后，因此不必检查同列问题），参数 queen[　]存放各个皇后在每行的位置（也是列的位置），current 表示当前皇后摆放的位置。函数返回值为 1 时，表示可以放，0 表示不可以。

```
// 检查当前位置能否放置皇后
int checkLocation（int queen[],int current）  {
  int i;
  for（i = 0; i <current; i++）{ /* 检查横排和对角线上是否可以放置皇后 */
  if（queen[i] == queen[current] || abs（queen[i] - queen[current]）  ==  （current - i））
  return 0;
  }
return 1;
}
```

receiptQueen（　）函数采用回溯算法进行皇后摆放问题。参数 index 为开始摆放的位置，size 为棋盘大小。

```
// 用回溯算法尝试皇后位置;
void receiptQueen（int index，int size）{
 int i;
 for（i = 0; i <size; i++）{
   queen[index] = i; //表示皇后摆到的位置
   if（checkLocation（index））{ // 判决该位置是否能够摆放
      if（index== size- 1）
      printQueen  （）;// 已经获取了一种摆放方法，进行输出
      else
      receiptQueen  （n + 1，size）; /* 否则继续摆放下一个皇后 */
      }
    }
 }
```

思考：从上述实现算法来看，假定是 8 皇后问题，则一维数组的内容可以为{0，1，2，3，4，5，6，7}，棋盘摆放问题其实就是对 8 个数的排列组合问题，再对每个排列进行位置判别。该算法的实现请自行完成。

## 10.5 分支限界算法

### 10.5.1 算法思想

分支限界算法类似于回溯算法，是一种在问题的解空间 T 树上搜索问题解的算法。但是在一般情况下，分支限界算法与回溯算法的求解目标不同。回溯算法的求解目标是找出 T 中满足约束条件的所有解，而分支限界算法的求解目标则是找出满足约束条件的一个解，或是在满足约束条件的解中找出使某一目标函数值达到极大或极小的解，即在某种意义下的最优解。

分支限界算法的搜索策略：在扩展结点处，首先生成其所有的孩子结点（分支）；然后再从当前的扩展结点表中选择下一个扩展结点。为有效地选择下一扩展结点，以加速搜索进程，在每一扩展结点处，计算一个函数值（限界），并根据这些已计算出的函数值，从当前扩展结点表中选择一个最有利的结点作为下一个扩展结点，使搜索朝着解空间树上有最优解的分支推进，以便尽快找出一个最优解。

选择下一个扩展结点主要有如下几种不同的分支搜索方式。

① FIFO 搜索：按照队列先进先出原则选取下一个结点为扩展结点。

② LIFO 搜索：按照栈先进后出原则选取下一个结点为扩展结点。

③ 优先队列式搜索：按照优先队列中规定的优先级选取优先级最高的结点成为当前扩展结点。

### 10.5.2 算法的解题思路及框架

设求解最大化问题时，解向量为 **X**=（x1，x2，…，xn），xi 的取值为 Si，ri 表示 xi 的子树个数。在使用分支限界搜索问题的解空间树时，首先根据限界函数估算目标函数的界[down, up]，即上下界；然后从根结点出发，扩展根结点的 ri 个孩子结点，从而构成分量 xi 的 ri 种可能的取值方式。

对这 ri 个孩子结点分别估算可能的目标函数 bound（xi），其含义：以该结点为根的子树所有可能的取值不大于 bound（xi），即

bound（x1）≥bound（x1，x2）≥…≥bound（x1，…，xn）

若某孩子结点的目标函数值超出目标函数的下界，则将该孩子结点丢弃；否则，将该孩子结点保存在待处理结点中间结果表中。再从中间结果表中找出目标函数极大值结点作为扩展的根结点，重复上述工作。直到求出一个叶子结点的可行解 **X**=（x1，x2，…，xn），及目标函数值 bound（x1，x2，…，xn）。

分支限界算法框架可描述如下。

步骤 1：如果问题的目标最小化，设定目前最优解的值 Z=∞。

步骤 2：根据分枝法则，从尚未被搜索的结点（局部解）中选择一个结点，并搜索该结点所有子树根结点。

步骤 3：计算每一个新分枝出来的结点的下限值。

步骤 4：对每一结点进行求解条件测试，若结点满足以下任意一个条件，则此结点不再被考虑。

- 结点的下限值大于等于最优解值。
- 在此结点中，已具最小下限值的可行解，但是此可行解小于最优解的值，则需更新最优解的值。

步骤 5：判断是否仍有尚未搜索的结点，如果有，则进行步骤 2；如果已无，则演算停止，并得到最优解。

## 10.5.3　应用示例

【例 10.6】本节针对第 7 章的单源点最短路径求解问题介绍分支限界算法的应用。

问题描述：在图 10.7 所给的有向图 G 中，每一条边都有一个非负边权。要求找出图 G 从源顶点 s 到目标顶点 t 之间的最短路径。

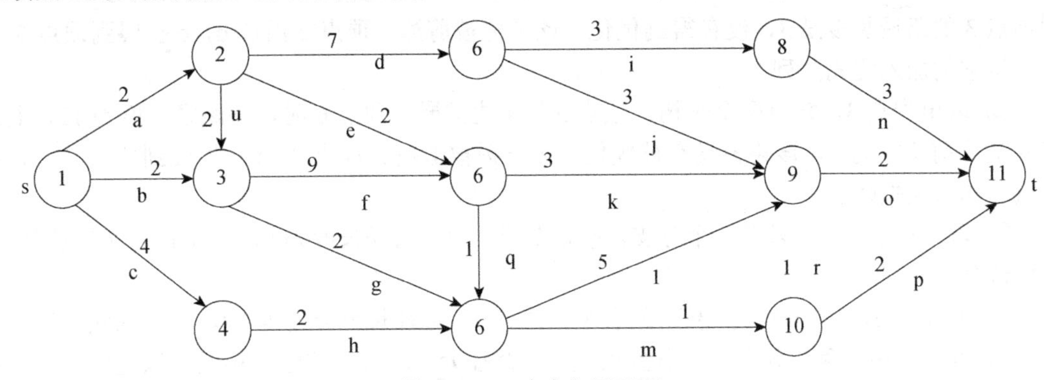


图 10.7　一个有向无环图

如图 10.8 所示是用优先队列分支限界算法解有向图 10.7 的单源点最短路径问题产生的解空间树。其中，每个结点旁边的数值表示该结点所对应的当前路长（图的权值）。

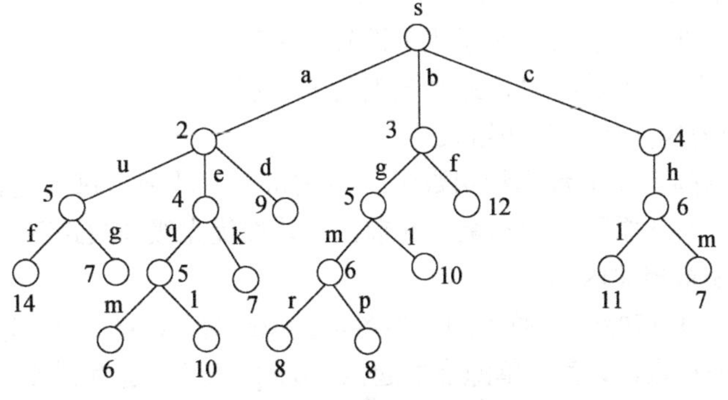


图 10.8　图 10.7 的解空间

求解过程具体分析如下。

① 先从源顶点 s 开始扩展，3 个相邻顶点 2，3，4 被插入到队列中。注意，队列中每个元素为一个二元对（v，m），分别表示顶点和路径长度。队列见表 10.6。

**表 10.6 演算过程队列变化表**

| 步骤 | 队列内容 |
|---|---|
| s 顶点扩展 | （2，2），（3，3），（4，4） |
| 取顶点 2 | （3，3，），（4，4），（5，9），（6，4） |
| 取顶点 3 | （4，4），（5，9），（6，4），（7，5） |
| 取顶点 4 | （5，9），（6，4），（7，5） |
| 取顶点 5 | （6，4），（7，5），（8，12），（9，12） |
| 取顶点 6 | （7，5），（8，12），（9，7） |
| 取顶点 7 | （8，12），（9，7），（10，6） |
| 取顶点 8 | （9，7），（10，6），（11，15） |
| 取顶点 9 | （10，6），（11，9） |
| 取顶点 10 | （11，8） |
| 到达终点 | 得出 s->t 的路径长度为 8 |

② 取出顶点 2，它有 3 个子树。顶点 2 沿边 u 扩展到顶点 3 时，路径长度为 5，而源点到顶点 3 的路径长度是 3，没有得到优化，该子树被剪掉。顶点 2 沿边 d，e 扩展到顶点 5，6 时，将它们加入优先队列。

③ 取出顶点 3，它有两个子树。顶点 3 沿 f 边扩展到顶点 6 时，该路径长度为 12，而顶点 6 的当前路径为 4，该路径没有被优化，该子树被剪枝。顶点 3 沿 g 扩展到顶点 7 时，将顶点 7 加入优先队列。

④ 取出顶点 4，它只有一个分支，扩展到顶点 7，路径长度为 6，大于顶点 7 当前路径，剪掉该分支。

⑤ 取顶点 5，两个分支扩展到顶点 8 和顶点 9，路径长度分别为 12，12，入队。

⑥ 取顶点 6，两个分支可扩展到顶点 7，路径为 5，与当前路径相同可以更新（或不更新）；扩展到顶点 9 时路径分别为 7，小于当前路径更新，见表 10.6。

⑦ 取顶点 7，两个分支扩展到顶点 9，路径为 10，大于当前路径，剪掉；扩展到顶点 10，路径为 6，入队。

⑧ 取顶点 8，扩展到顶点 11，路径为 15，入队。

⑨ 取顶点 9，扩展到顶点 9，小于当前路径，更新。

⑩ 取顶点 10，扩展到顶点 11，路径长度为 8，更新。

⑪ 所有顶点都考虑完毕，算法结束。

由于采用优先队列，以下代码利用数组队列 Queue，队列里每个元素是单源点到某个结点的最短距离，它的入队原则为距离最短在前，出队按优先级（按距离最短），有关队列操作的实现，可参见第 3 章相关内容。

函数 initDist（ ）初始化单源点到其他各点最短距离，cost[ ][ ]参数描述一个有向图的权值表，N 代表顶点数，v 表示单源点的起点，dist[ ]表示起点到各顶点的最短距离。

```
// 初始化单源点距离
void initDist（int cost[ ][ ],int N, int v, int dist[ ]）{
   int i;
```

```
    for（ i=0;i< N; i++）
    dist[i]=cost[v][i];
}
```

函数 getShortPathByDijkstra（ ）表示获取单源点最短路径。

```
//求单源点最短路径
void getShortPathByDijkstra（int cost[ ][ ],int N,int v,int dist[ ]）{
    Queue queue;                              // 建立一个队列
    int temp;
    inQueue（&queue,v）;                      //  起点入队
    d[v] = 0;                                 //初始化;
    while （isEmpty（&queue））{             // 判断活动队列是否为空
      int temp = outQueue（&queue）;// 从队列中出队
      for （int i = 0;i < N ; i++）{
      if （dist[i] > d[temp] + cost[temp][i]）{
         dist[i] = d[temp] + cost[temp][i];
         inQueue（&queue,i）;
         }
      }
    }
}
```

## 本章小结

信息技术的快速发展，表现在多个方面，其中核心的内容是算法的研究，无论是数据挖掘、大数据、云计算等，都无法回避对算法的探究。一方面，算法本身的抽象性、复杂性使得对算法的研究需要一个渐进的过程；另一方面，已有算法在应对不同数据的规模、数据特征时，其表现也会出现较大的不同。因此，对已有算法的改进、新算法的探索一直成为计算机领域的热点问题，可以预测，这是未来计算机领域的主要研究内容之一。

本章主要介绍了 5 个常用算法，大多最优化问题可以利用这些算法来进行解决。

作为本教材的最后 1 章，不同于前面内容的讲解，本章对算法的分析及示例的列举都稍显粗略，一方面，前面 9 章的内容属于算法与数据结构的基本知识，是解决相关问题必备的工具；另一方面，最优化问题在有限的篇幅及时间内难以详尽。

总体而言，本章的一个目的是开阔眼界，也非常希望经过本章的学习，学生对算法产生探索的兴趣，即使对其中的一两个算法进行深究并彻底掌握，对以后在实际中的应用也将大有益处，同时，也体现了合格工程人才对复杂问题求解的能力。

## 本章习题

**算法设计题**

1. 用回溯算法实现 4 皇后问题。

2. 跳马问题。在 $n×m$ 棋盘上有一个中国象棋中的马：①马走日字；②马只能往右走。请找出所有（一条）可行路径，使得马可以从棋盘的左下角（1，1）走到右上角（$n$，$m$）。

3. 素数环：把从 1~20 这 20 个数摆成一个环，要求相邻的两个数的和是一个素数。

4. 用贪心算法求解最小生成树，可任选一种生成树算法（Prim 或 Kruskal），要求先对算法进行描述和复杂性分析，再编程实现，并给出测试实例。

5. 一辆汽车加满油后可以行驶 $N$ 千米。旅途中有若干个加油站。若要使沿途的加油次数最少，设计一个有效的算法，指出应在哪些加油站停靠加油，并证明你的算法能产生一个最优解。

6. 买书问题。有一书店引进了一套书，共有 3 卷，每卷书定价是 60 元，书店搞促销，推出一个活动，活动如下：（1）如果单独购买其中一卷，那么可以打 9.5 折；（2）如果同时购买两卷不同的图书，那么可以打 9 折；（3）如果同时购买三卷不同的图书，那么可以打 8.5 折。如果小明希望购买第 1 卷 $x$ 本，第 2 卷 $y$ 本，第 3 卷 $z$ 本，那么至少需要多少钱呢？（$x$，$y$，$z$ 为三个已知整数）。

7. 用贪心算法完成求单源点最短路径问题。

8. 最小哈密顿环问题：输入一个无向连通图 G=（V，E），每个结点都没有到自身的边，每对结点间都有一条非负加权边，要求输出一个权值和最小的哈密顿环（事实上，输入图是一个完全图，因此哈密顿环是一定存在的）。

# 参考文献


［1］唐善策等.数据结构（用 C 语言描述）.北京：高等教育出版社，2010.

［2］张乃孝.算法与数据结构：C 语言描述(第 3 版）.北京：高等教育出版社，2011.

［3］科尔曼（美）.算法导论（第 3 版）.北京：机械工业出版， 2013.

［4］Sedgewick.算法（第 4 版）.北京：人民邮电出版社，2012.

［5］Robert Sedgewick 等.算法分析导论（第 2 版）.北京：电子工业出版社， 2015.

［6］Karumanchi.数据结构与算法经典问题解析.北京：机械工业出版社， 2016.

［7］梅霍内，葛秀慧.算法与数据结构.北京：清华大学出版社，2013.

［8］Clifford A. Shaffer.数据结构与算法分析（C++版第三版）.北京：电子工业出版社，2013.

［9］张新华.算法竞赛宝典.北京：清华大学出版社，2016.

［10］殷人昆.数据结构（C 语言描述）.北京：清华大学出版社，2012.

［11］严蔚敏.数据结构（C 语言版）（第 2 版）.北京：人民邮电出版社，2016.

［12］严蔚敏等.数据结构题集（C 语言版）.北京：清华大学出版社， 2012.

［13］维斯著，冯舜玺译.数据结构与算法分析：C 语言描述（第 2 版）.北京：机械工业出版社，2004.

［14］梅因等.数据结构——C++版（第 4 版）.北京：科学出版社，2012.

［15］左飞.算法之美——隐匿在数据结构背后的原理.北京：电子工业出版社，2015.

［16］陈广.数据结构（C#语言描述）（第 2 版）.北京：北京大学出版社，2014.

［17］施伯乐.数据结构教程.上海：复旦大学出版社，2011.

［18］徐士良等.实用数据结构（第 3 版）.北京：清华大学出版社，2011.

［19］网站：百度百科（https://baike.baidu.com/）

［20］网站：博客（http://blog.csdn.net/v_JULY_v/article/details/6110269）

# 参考文献


[1] [illegible]，2016.

[2] [illegible]（第3版）. 北京：[illegible]出版社，2011.

[3] [illegible]. 北京：[illegible]，2015.

[4] [illegible]. 北京：[illegible]，2012.

[5] Robert Sedgewick. [illegible]（第2版）. 北京：[illegible]出版社，2015.

[6] Karumanchi. [illegible]. 北京：[illegible]，2016.

[7] [illegible]. 北京：[illegible]出版社，2013.

[8] Clifford A. Shaffer. 数据结构与算法分析（C++版）（第三版）. 北京：电子工业出版社，2013.

[9] [illegible]. 北京：[illegible]大学出版社，2014.

[10] [illegible]（C语言版）. [illegible]大学出版社，2012.

[11] [illegible]（第2版）. 北京：人民邮电出版社，2016.

[12] [illegible]. 北京：[illegible]出版社，2012.

[13] [illegible]（原书第2版）. 北京：机械工业出版社，2004.

[14] [illegible]（第4版）. [illegible]出版社，2012.

[15] [illegible]. 北京：电子工业出版社，2015.

[16] [illegible]（C语言描述）（第2版）. 北京：北京大学出版社，2014.

[17] [illegible]. 上海：复旦大学出版社，2011.

[18] [illegible]实用数据结构（第2版）. 北京：清华大学出版社，2011.

[19] [illegible]. https://baike.baidu.com/

[20] [illegible]. http://blog.csdn.net/[illegible]